大型火电机组运行维护培训教材

DAXING HUODIAN JIZU YUNXING WEIHU PEIXUN JIAOCAI

汽轮机分册

高澍芃　王晓明　文二小　编著

中国电力出版社
www.cepp.com.cn

内 容 提 要

本书为《大型火电机组运行维护培训教材》之一，本丛书按专业进行分册，从汽轮机、锅炉、电气、热控、化学等方面较系统、完整地介绍了大型火电机组的工作原理、结构、启动、正常运行、异常运行、运行中的监视与调整、机组停运、事故处理等方面内容，紧密结合现场实际。

本丛书的作者和审稿人均是长年工作在生产一线的技术人员，有较扎实的理论基础以及丰富的实践经验和培训经验。

本分册主要包括汽轮机概述、汽轮机的热力系统、汽轮机的DEH及调节保安系统、汽轮机的启停方式与维护及安全知识等内容。

本丛书既可供从事大型火电机组运行维护工作的技术人员培训使用，也可供电厂管理人员和高等院校相关专业师生参考。

图书在版编目(CIP)数据

大型火电机组运行维护培训教材. 汽轮机分册/高澍芃等编著. —北京：中国电力出版社，2010.4（2018.8 重印）

ISBN 978-7-5083-9409-1

Ⅰ. 大… Ⅱ. 高… Ⅲ. ①火力发电-发电机-机组-技术培训-教材 ②火电厂-蒸汽透平-技术培训-教材 Ⅳ. TM621

中国版本图书馆 CIP 数据核字(2009)第 160413 号

中国电力出版社出版、发行

（北京市东城区北京站西街 19 号 100005 http://www.cepp.com.cn）

三河市百盛印装有限公司印刷

各地新华书店经售

*

2010 年 4 月第一版　　2018 年 8 月北京第三次印刷

787 毫米×1092 毫米　16 开本　15.25 印张　369 千字

印数 3501—4500 册　　定价 **33.00** 元

前言

在电力工业快速持续发展的今天，积极发展清洁、高效的发电技术是国内外共同关注的课题，对于能源紧缺的我国更显得必要和迫切。在国家有关部、委的积极支持和推动下，我国大型火电机组的国产化及高效大型火电机组的应用逐步提高。我国现代化、高参数、大容量火电机组正在不断投运和筹建，其发电技术对我国社会经济发展具有非常重要的意义。因此，提高发电效率、节约能源、减少污染，是新建火电机组、改造在运发电机组的头等大事。

为帮助大型火电机组专业技术人员更快、更好地掌握新技术、新设备、新工艺，适应本职工作，了解、掌握高参数、大容量机组的结构、系统及运行知识，增强专业实践操作技能，提高处理异常、故障的应急能力，特组织专家编写本套丛书。希望广大技术人员通过本套丛书的学习，能够提高运行管理能力，做好设备的运行维护工作，从而更加有效地将这些新知识运用到实际的工作中。

本套丛书共分五册，分别为《汽轮机分册》、《锅炉分册》、《电气分册》、《热控分册》、《化学分册》，主要讲述大型火电机组的工作原理、结构、启动、正常运行、异常运行、运行中的监视与调整、机组停运、事故处理等方面内容。全书编写内容紧密结合现场实际，知识全面，数据充分。选材上注重新设备、新技术；内容上将基本理论与成功的实用技术和实际经验结合，有较强的针对性和可操作性，突出“干什么学什么，缺什么补什么”。

本丛书既可供从事大型火电机组运行维护工作的技术人员培训使用，也可供电厂管理人员和高等院校相关专业师生参考。

本书编写过程中，得到了鲁能山西河曲发电厂、山西武乡和信电厂、园电河北怀安热电厂、山西太原第一热电厂、山西榆次热电厂、山西省电力科学试验研究院等电厂、科研院所及相关技术人员的支持和帮助，在此表示感谢。

限于编者的水平和所收集的资料，书中的缺点和疏漏之处在所难免，恳请读者批评指正。

编 者

2010年1月

目　录

第一章

汽 轮 机 概 述

第一节 汽轮机设备总体概述

一、汽轮机概述

1. 汽轮机工作原理

汽轮机是以水蒸气为工质，将蒸汽的热能转变为机械能的一种高速旋转式原动机。与其他类型的原动机相比，它具有单机功率大、效率高、运转平稳、单位功率制造成本低和使用寿命长等一系列优点，是现代火电厂和核电站中所普遍采用的发动机。在现代火电厂和核电站中，汽轮机是用来驱动发电机组生产电能的，故汽轮机和发电机合称为汽轮发电机组，全世界发电总量的80%左右是由汽轮发电机组发出的。除用于驱动发电机外，汽轮机还常用来驱动泵、风机、压缩机和船舶螺旋桨等，所以汽轮机是现代化国家中重要的动力机械设备。

汽轮机的基本工作原理及过程是：使来自锅炉的过热蒸汽依次流过各级，将其热能转换成机械能。级是汽轮机中最基本的工作单元，在结构上，它由一列喷嘴叶栅（静叶栅）和紧邻其后与之相配合的动叶栅组成；在功能上，它完成将蒸汽的热能转变为机械能的能量转换过程。

通常，大功率的汽轮机组均设有汽轮机旁路系统，其主要功能是：

（1）在冷态、温态、热态和极热态下能启动机组，在整个启动过程中，能使汽轮机进口蒸汽压力、温度、流量稳步提高，满足汽轮机的要求，从而缩短机组的启动时间。

（2）在启动时，使蒸汽通过再热器以保护再热器不被干烧。

（3）满足空冷凝汽器冬季启动及低负荷时的防冻要求。

2. 汽轮机的分类

汽轮机的用途广泛，类型繁多，可以从不同的角度对汽轮机进行分类，一般常用的分类方式有以下几种：

（1）按工作原理分类。根据工作原理的不同，可将汽轮机分为冲动式汽轮机和反动式汽轮机：

1）冲动式汽轮机。主要由冲动级组成，蒸汽主要在喷嘴叶栅中膨胀，在动叶栅中只有少许膨胀；其结构为隔板型，动叶片嵌装在叶轮的轮缘上，喷嘴装在隔板上，隔板的外缘嵌入隔板套或汽缸内壁的相应槽道内。

2）反动式汽轮机。主要由反动级组成，蒸汽在喷嘴叶栅和动叶栅中的膨胀程度相同；其结构为转鼓型，动叶片直接嵌装在转子的外缘上，隔板为单体静叶环结构，它装在汽缸内壁或静叶保持环的相应槽道内。采用喷嘴调节的反动式汽轮机，因其第一级为部分进汽，为避免产生过大的漏汽损失，故第一级常采用单列或双列速度级而不做成反动级。

（2）按热力特性分类。

1）凝汽式汽轮机。进入汽轮机的蒸汽在汽轮机中做功后，排入高度真空状态的凝汽器，凝结成水。

2）背压式汽轮机。汽轮机的排汽压力高于大气压，排汽直接用于供热或工业用汽，无凝汽器。如排汽作为其他中低压汽轮机的工作蒸汽时，则称其为前置式汽轮机。

3）调整抽汽式汽轮机。在汽轮机某级后抽出部分一定压力的蒸汽向外供热，其余蒸汽在汽轮机内做完功后仍排入凝汽器。由于热用户对供热蒸汽的温度和压力有一定的要求，因而需要对这部分抽汽的压力进行自动调节；根据供热需要，又将供热蒸汽分为一次调整抽汽和两次调整抽汽。

4）抽汽背压式汽轮机。具有调整抽汽的背压式汽轮机。

5）中间再热式汽轮机。蒸汽在汽轮机内部分释能、做功（膨胀）后，被全部抽出送往锅炉的再热器加热，再热后的蒸汽重新返回汽轮机继续膨胀做功。

（3）按主蒸汽参数分类。

1）低压汽轮机。主蒸汽压力小于1.5MPa。

2）中压汽轮机。主蒸汽压力为2～4MPa。

3）高压汽轮机。主蒸汽压力为6～10MPa。

4）超高压汽轮机。主蒸汽压力为12～14MPa。

5）亚临界压力汽轮机。主蒸汽压力为16～18MPa。

6）超临界压力汽轮机。主蒸汽压力大于22.2MPa。

（4）按典型的整体结构分类（以600MW汽轮机为例）。有亚临界压力反动式四缸四排汽机组、亚临界压力冲动式三缸四排汽机组、亚临界压力冲动式四缸四排汽机组、超临界压力反动式四缸四排汽机组等多种形式。

此外，还有按蒸汽在汽轮机内的流动方向的不同分为轴流式和辐流式汽轮机，按用途分为电站汽轮机、工业汽轮机、船用汽轮机，按功率大小分为大功率汽轮机和中小功率汽轮机等多种分类方法。

（一）汽轮机本体的主要组成部件及其作用

1. 汽轮机的转子与叶片

（1）汽轮机的转子。汽轮机转子主要由主轴、叶轮、动叶片和联轴器等部件构成，动叶片和隔板上的导叶栅构成了汽轮机的通流部分，其作用是将蒸汽的热能转变为机械能，再通过叶轮和主轴带动发电机做功、产生电能。

转子工作时做高速的旋转运动，它不仅要完成能量转换、扭矩传递的作用，且一直要承受着动叶片、叶轮和主轴上各个零件转动时所产生的巨大离心力，因此转子必须用高强度的金属材料制作，对于在高温区工作的转子还要具备很好的耐热强度。

为了提高通流部分的效率，汽轮机的转子和静止部分必须保持较小的相对间隙，这就要求汽轮机的动、静部分必须制造精密、装配正确，转子上的任何缺陷都会影响到汽轮机的安全运行，严重时还可能酿成重大的设备和人身事故。所以说，转子是汽轮机极为重要的部件之一，其从毛坯制造开始，经过机械加工、钳工装配到质量检验的整个生产过程都有着极其严格的技术标准和要求。

现代大型汽轮机采用的转子型式有套装转子、整锻转子、套装—整锻组合转子和焊接转子四种类型。套装转子由叶轮和轴两部分组成，叶轮热套在轴上，采用过盈配合；此外，在轴上还套有推力盘、汽封套、联轴器等。这种结构的优点是加工方便，材料利用合理，叶轮与主轴锻件因尺寸小而质量容易保证等；缺点是不适用于高压转子的前几级，另外因套装叶轮在高温下可能产生叶轮与轴间的热套紧力消失而造成松动的问题，不如整锻转子安全。

整锻转子没有叶轮与主轴之间的松动问题，且结构紧凑，轴向尺寸小，强度和刚度比套装转子高，适用于在高温高压条件下工作；其主要缺点是因锻件尺寸大，需要大型的锻压设备，锻压技术要求高，锻件质量不易得到保证，成品率低，材料消耗大等。

焊接转子是由整个实心轮盘拼焊而成，其优点是轮盘无中心孔、转子应力小，且相对质量小、刚度大、材料能充分利用、能适应低压部分需较大的通流面积而需设计考虑的大直径要求；其缺点是要求加工材料要有良好的焊接性能，对加工过程中的焊接工艺要求较高且工序复杂，加工制造的周期也较长。

（2）汽轮机的叶片。叶片是汽轮机重要的零件之一，由多个叶片组成的叶栅起着将蒸汽的热能转换为动能，再将动能转换为汽轮机转子旋转机械能的作用。叶片是汽轮机中数量和种类最多的零件，其工作条件很复杂，除因高速转动和汽流作用而承受较高的静应力和动应力外，还因其分别处在高温过热蒸汽区、两相过渡区和湿蒸汽区内工作而承受高温、腐蚀和冲蚀作用。因此叶片结构的型线、材料、加工、装配质量等直接影响着汽轮机中能量转换的效率和汽轮机工作的安全性。所以在设计、制造叶片时，考虑到叶片既要有足够的强度，又要有良好的型线，以使汽轮机安全经济地运行。

叶片按用途可以分为静叶片和动叶片。所谓静叶片就是在汽轮机工作过程中静止不动的叶片，也称作喷嘴叶片。静叶片安装在隔板或汽缸上，其作用是把蒸汽的热能转换为蒸汽的动能。所谓动叶片就是在汽轮机工作过程中随汽轮机转子一起转动的叶片，也称作工作叶片，动叶片安装在叶轮（冲动式）或转鼓（反动式）上，其作用是把蒸汽的动能转换为机械能，使转子旋转。动叶片按其型线部分的特点（叶片型线沿叶高的变化规律），可以分为等截面直叶片、变截面直叶片、扭转叶片、三元流扭转叶片及可控涡流型叶片等。前两者流通效率低，后两者流通效率比较高，扭转叶片介于两者之间。等截面直叶片的型线沿叶高是不变的，这种叶片结构简单、加工方便、制造成本低，但流动效率相对较低。等截面直叶片一般用于汽轮机的高压短叶片级。变截面扭叶片的结构较复杂、加工困难、制造成本高，但流动效率高，所以随着加工技术的不断提高，现在扭叶片得到了广泛的应用。如国产600MW反动式汽轮机的全部静叶片和动叶片均采用了扭叶片。

动叶按其工作区域（工作环境）分，大体可分为三种类型：调节级动叶片（高压缸第一级）、中间级动叶片（调节级、次末级和末级以外的各级）、次末级和末级动叶片（低压缸的最后两极）。如我国东北某汽轮机厂制造的调节级动叶片，采用电脉冲加工，三只为一组，并自带整体围带，形成所谓三联叶片，叶片组沿径向插入转子叶轮槽，然后叶轮和叶片一起钻铰销钉孔。每三组有三个销钉，销钉与销孔有轻度的过盈配合（热胀冷缩原理）。三联叶片组装配合，各组围带之间留有间隙，便于膨胀。而高中低压缸其他级的动叶片全部采用可控涡流型动叶片。

2. 汽轮机的汽缸和轴承

（1）汽轮机的汽缸。汽轮机的外壳叫汽缸，它的作用是将汽轮机的通流部分与大气隔绝，形成封闭的汽室，使蒸汽能在其中流动做功。汽缸大体呈圆筒形或近似圆锥形，它一般做成水平对分式，分为上、下汽缸。大容量机组一般为多缸，即高压缸、中压缸和低压缸，并采用高中压缸反向布置的方式，从而达到降低轴向推力、节省和合理使用金属材料、提高机组启停灵活性的目的。

（2）支持轴承与推力轴承。支持轴承与推力轴承是汽轮机的重要部件之一。前者支持转子的全部重量，后者承担转子转动时的轴向推力，因此它们工作的好坏直接影响到汽轮机组的安全运行。

（3）滑销系统。汽轮机在启、停和变工况运行时，由于温度的变化。汽缸的轴向、水平和垂直方向均会产生热膨胀或收缩。为了保证汽缸能热胀冷缩，汽缸与台板、轴承座与台板之间均有一个研刮光滑的滑动面。为确保汽缸及轴承座在热胀冷缩过程中不改变汽轮机的中心位置，在汽缸与台板、轴承座与台板、汽缸与汽缸、汽缸与前轴承箱处均设有各种形式的销子，构成汽轮机的滑销系统。

滑销系统的作用是保证汽缸受热时可以自由膨胀并保持汽缸与转子中心的一致。

3. 隔板、静叶、汽封和盘车装置

（1）隔板。隔板主要用于冲动式汽轮机，有些反动式汽轮机也将静叶栅做成隔板式结构。隔板用来把汽缸分为若干个汽室，使蒸汽的压力、温度逐渐降低，蒸汽的热能在静叶组成的汽道（喷嘴）中（对于冲动式汽轮机是大部分，对于反动式汽轮机是一部分）被转换成动能，以很高的速度进入动叶片的流道，推动转子转动。工作时，隔板除承受前、后蒸汽压差所产生的均布载荷之外，还承受着从静叶汽道中喷出的高速汽流的反作用力矩。

隔板主要由外环、外围带、静叶栅、内围带、隔板体等组成。对于高、中压缸中的隔板，在外环处还设有与动叶顶部相对应的汽封体。上隔板装于上汽缸，下隔板装于下汽缸。上、下隔板之间由定位键定位（兼密封）。

（2）静叶。静叶（在调节级称喷嘴）是构成汽轮机级（静叶栅和动叶栅构成了汽轮机通流部分的“级”）的重要组成部分，蒸汽在其中完成膨胀、加速，将蒸汽的热转变成动能。从静叶（喷嘴）出来的高速汽流进入动叶，推动动叶从而使汽轮机转子驱动发电机发电。

为了减小静叶出流对动叶的激振，哈尔滨汽轮机厂 600MW NZK600-16.7/538/538 型机组采用了“弯曲汽道”静叶。

（3）汽封。汽轮机的汽封可分为轴端汽封和通流部分汽封。

轴端汽封系统的功能有两方面。在汽轮机压力段，它防止蒸汽向汽轮机外泄漏，确保进入汽轮机的全部蒸汽量都沿着汽轮机的叶栅通道前进、做功，是保证汽轮机效率的重要手段之一。在真空区段，它防止汽轮机外侧的空气向汽轮机内泄漏，保证汽轮机真空系统有良好的真空，从而保证汽轮机组有尽可能低的背压参数，即保证汽轮机效率。

汽轮机通流部分的汽封设置的目的是尽量减小蒸汽从高压区段通过非做功通道泄漏到低压段，以保证尽可能多的蒸汽在做功通道做功，这样才能保证汽轮机通流部分有较高的效率。

汽轮机各部位的动、静之间的间隙比较小。因此，汽封的主要功能是保证有效的密封、对中和避免动、静部分之间的碰磨。

（4）盘车装置。汽轮机盘车装置的主要功能，是在机组启动前或停机后用来盘动汽轮发电机组的轴系。

汽轮机在启动冲转前就要投入盘车装置，使轴系转动起来。检查汽轮机动、静部分是否存在磨碰现象；检查转子轴系的平直度是否合格；并在暖机过程中使汽轮机转子温度场均匀，避免转子因受热不均而造成弯曲。

机组停机后，由于汽缸及通流部分上、下之间存在温差，转子在这种不均匀温度场中，将因受热不均匀而产生弯曲。为了避免这种现象的产生，在汽轮机停机时，必须自动投入盘车装置，让转子继续转动，使转子周围的温度场均匀，直到汽缸的金属温度降到150℃以下为止。

盘车装置的驱动方式至少要备有自动和手动两种手段。不同的机组，自动盘车方式也有不同，有电动盘车、液动盘车、气动盘车等方式。盘车转速随机组也各不相同，有高速盘车，也有低速盘车，最低盘车速度约为2r/min，最高盘车速度约为49r/min。一般常见的汽轮机的盘车速度约在3.35～6.25r/min的范围之内。

（二）汽缸的结构

1. 高中压缸

大功率汽轮机高压缸的工作特点是缸内承受的压力和温度都很高，一般都采用双层缸结构，如图1-1所示即为某型汽轮机所采用的双层缸的结构。其内缸有6个压力级，内外缸之间的夹层与第七级后的蒸汽相通。在内外缸夹层空间对应第4级的位置上设置隔热环，将夹层空间分为2个区域，以降低内缸的温差。高压缸采用这种结构，汽流走向和流量适当，使得高压内、外缸各区域保持合理的温度和压力分布，减小了热应力和压差引起的应力。大容量中间再热机组中压缸的运行参数，压力不是很高，但温度一般与初参数相同。从回热系统的设计考虑，中压缸一般为单层缸隔板套结构，隔板套之间即为回热抽汽口。

在高中压缸的布置上，采用合缸和分缸两种方式。

如国产的600MW NZK600-16.7/538/538型机组的高中压缸为合并双层结构，其内外缸均为合金钢铸造而成，高、中压缸反向布置。这种结构和布置的优点是：

（1）高中压部分的进汽均在汽缸中部，即高温集中在汽缸中部，并且又采用双层结构，使热应力较小。

（2）高中压缸的两端分别是高压缸排汽和中压缸排汽，压力温度均较低，因此两端汽封漏汽较少，轴承受汽封温度的影响也较小。

（3）高中压通流部分反向布置，轴向推力可互相抵消一部分，再辅之增加平衡活塞，轴向推力也较易平衡，推力轴承的负荷较小，推力轴承的尺寸便小，有利于轴承座的布置。

（4）采用高中压合缸，可缩短主轴的长度，减少轴承数。

（5）采用双层结构，可以把巨大的蒸汽压力分摊给内外两层缸，减少了每层缸的压差和温差，缸壁和法兰可以相应减薄，在机组启停及变工况时，其热应力也相应减小，因此，有利于缩短启停时间和提高负荷的适应性。内缸主要承受高温及部分蒸汽压力的作用，其尺寸较小，故内缸壁可以较薄，从而减少了贵重耐热合金材料的消耗量。正常运行时，内外缸之间有蒸汽流动以使外缸得以冷却，故外缸的运行温度较低，可以采用一般的合金钢材料制造。在启动过程中，内外缸夹层中的蒸汽可使内外缸尽可能迅速同步加热，也有利于缩短启动时间。同时，外缸的内外压差比单层缸时降低了许多，因此减少了汽缸结合面漏汽的可能性，汽缸结合面的严密性能够得到保障。机组的蒸汽初参数越高，容量越大，采用双层缸的优点就越明显。

2. 低压缸

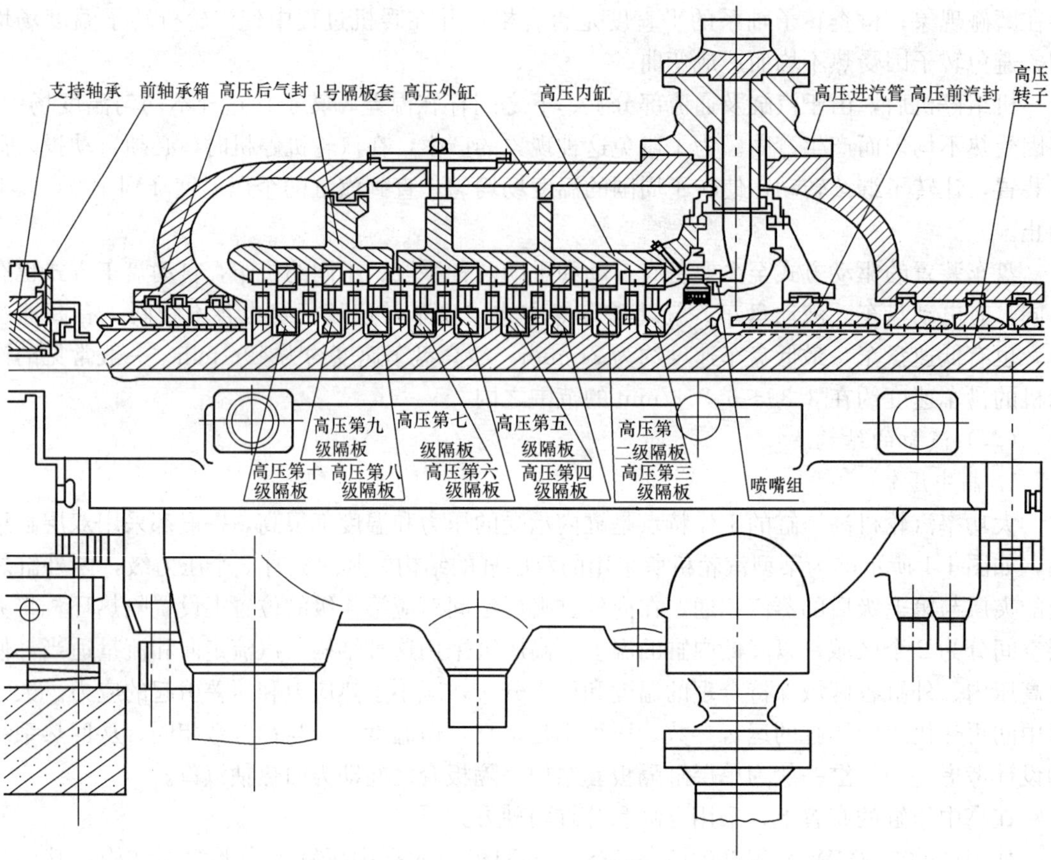

图 1-1　双层缸结构图

大容量机组的低压缸，由于进汽温度较高，一般采用焊接双层缸结构（为了更好地解决进汽温度较高的问题，有些机组采用三层缸结构），轴承座设在低压外缸上。

（1）低压内缸。低压内缸为焊接结构，沿水平中分面将内缸分为上、下两半，设有对称抽汽，为防止抽汽腔室之间的漏汽，在各抽汽腔室隔壁的水平中分面处用螺栓紧固。低压进汽温度较高，而内外缸夹层中的蒸汽温度只有 34℃左右，为了减少高温进汽部分的内外壁温差，在内缸中部外壁装有遮热板，在中间进汽部分环形腔室左右水平法兰上各开有弹性槽，并使整个环形的进汽腔室与其他部分分隔开，以减少热变形和热应力。内缸两端装有导流环，与外缸组成扩压段以减少排汽损失。内缸下半水平中分面法兰四角上各有一个猫爪搭在外缸上，支撑整个内缸和所有隔板的重量。水平法兰中部对应进汽中心处有立键，作为内缸的相对死点，使汽缸轴向定位而允许横向自由膨胀，内缸下半两端底部有纵向键，沿纵向中心线轴向放置，使汽缸横向定位而允许轴向自由膨胀。

（2）低压外缸。低压外缸采用焊接结构，其外形尺寸较大，为便于运输，在轴向分为三段，用垂直法兰螺栓连接；上半顶部进汽部分由带螺纹的波形管作为低压进汽管与内缸进汽口连接，以补偿内外缸胀差和保证密封。顶部两端共装有 4 个内径为 500mm 的大气阀，作为真空系统的安全保护措施，当缸内压力升高到 0.118～0.137MPa 时，大气阀中 1mm 厚的石棉橡胶板破裂，使蒸汽排空，以保护低压叶片的安全。

（三）转子的结构形式

汽轮机转子结构分为轮式和转鼓式两种类型。轮式转子具有装动叶片的叶轮，常用于冲动式汽轮机；而轮鼓式转子则没有装动叶片的叶轮，动叶片直接装在转鼓上面，这种类型的结构多用于反动式汽轮机。

轮式转子的结构按主轴与叶轮的组成方式可以分为整锻式、套装式、整锻—套装组合式及焊接式转子四种类型。

根据我们收集的资料可以看到，目前除了俄罗斯和日本三菱公司还采用有套装转子形式外，其他绝大多数的国内外汽轮机制造厂在加工制作600MW等级机组的汽轮机转子时，均采用的是整锻转子或焊接转子形式，且现在制造的整锻转子大多数没有中心孔。

1. 套装转子

套装转子的主轴一般都加工成阶梯形，叶轮最常用热套或其他方式套装在主轴上。多采用一个径向键，并通过转子两端的轴封套和中间叶轮与轴用轴向键连接。套装转子多适用于中、低参数的冲动式汽轮机，这种结构便于加工制造并可节省金属，某些高参数大容量机组的中、低压转子也有部分采用套装转子工艺。

2. 整锻转子

这种转子的叶轮、主轴及其他主要部件是在一整体锻件上加工成的。整锻转子常用作大型汽轮机的高、中压转子，这是因为：

(1) 高温蒸汽可能引起套装转子叶轮和轴之间的松动；

(2) 整锻转子结构紧凑，装配零件少，可缩短汽轮机的长度；

(3) 在高压级中，转子直径和圆周速度相对较小，有可能采用等厚度叶轮的整锻结构；

(4) 转子刚性较好；

(5) 启动适应性好。

在高温区工作的转子一般都采用这种结构，如NZK600-16.7/538/538型汽轮机的高压转子就是整锻转子。现代大型汽轮机，由于末级叶片长度增加，套装叶轮的强度已不能满足要求，所以许多机组的低压转子也采用了整锻结构。目前我国引进型600MW机组的高、中、低压转子均为整锻转子。

3. 整锻—套装转子

整锻—套装组合转子也是汽轮机常采用的转子结构形式，它利于整锻转子与套装转子的各自特点，在高温区采用叶轮与主轴整体锻造结构，而在低温区采用套装结构。这样，既可保证高温区各级叶轮工作的可靠性，又可避免采用过大的锻件；而且套装的叶轮和主轴可以采用不同的材料，有利于材料的合理利用。

4. 焊接转子

焊接转子主要由若干个叶轮和两个端轴拼焊而成，焊接转子的优点是采用无中心孔的叶轮，可以承受很大的离心力，强度好，相对质量小，结构紧凑，刚度大。焊接转子不需要采用大型锻件，叶轮与端轴的质量容易得到保证，其工作的可靠性取决于焊接质量，故要求焊接工艺高、材料的焊接性能好。

汽轮机的低压转子直径大，特别是大功率汽轮机的低压转子质量较大，叶轮承受很大的离心力。采用套装结构，叶轮内孔在运行中将发生较大的弹性变形，因而需要设计较大的装配过盈量，但同时会引起很大的装配应力。若采用整锻转子，则因锻件尺寸太大，质量难以保证，故一般采用焊接转子。

（四）动叶片的结构

叶片一般由叶根、叶身、叶顶和叶顶连接件组成。其作用分别为：

1. 叶根

叶根是叶片与轮缘相连接的部分，其作用是紧固动叶，使叶片在经受汽流的推力和旋转离心力作用下，不至于从轮缘沟槽里拔出来。因此它的结构应保证在任何运行条件下叶片都能牢靠地固定在叶轮或转鼓上，同时应力求制造简单、装配方便。常用的叶根结构形式如图1-2所示。

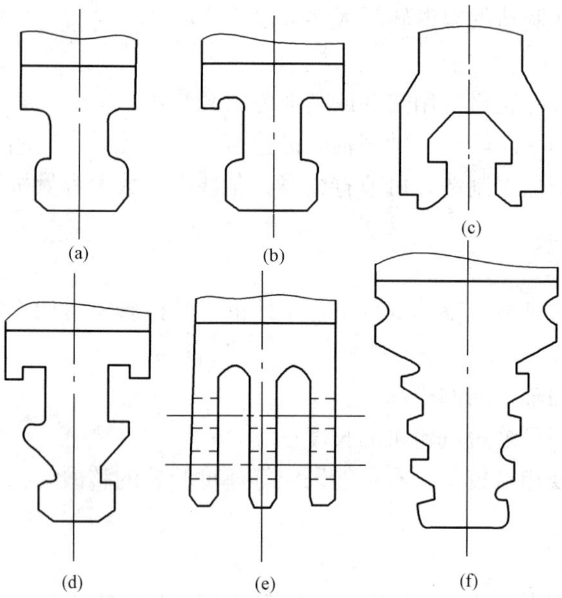

图 1-2　常用叶根结构形式图

（a）T形叶根；（b）外包凸肩T形叶根；（c）菌形叶根；（d）外包凸肩双T形叶根；（e）叉形叶根；（f）枞树形叶根

（1）T形叶根。T形叶根结构如图1-2（a）所示，这种叶根结构简单，加工装配方便，工作可靠，为短叶片所普遍采用。它的缺点是叶片的离心力对轮缘两侧截面产生变矩，而叶根承载面积小，使叶轮轮缘弯曲应力较大，轮缘有张开的趋势。为了克服这个缺点，在叶根和轮缘上做成两个凸肩，成为如图1-2（b）所示的凸肩T形叶根（也称外包T形叶根）。叶根的凸肩能阻止轮缘张开，减小轮缘两侧截面上的应力。叶轮间距小的整锻转子常采用这种形式的叶根。在叶片离心力较大的场合下，可以采用带凸肩的双T形叶根，此种叶根的加工精度要求较高，特别是两层承力面之间的尺寸误差较大时，受力不均，叶根强度会大幅度下降。这种叶根结构，由于增大了叶根的承力面，可用于较长叶片。

（2）菌形叶根。菌形叶根的结构如图1-2（c）所示，这种叶根和轮缘的载荷分配比T形叶根合理，因而强度较高，但因加工复杂，故应用不如T形叶根广泛。T形叶根和菌形叶根属于周向装配方式叶根，这类叶根的轮缘上开有一个或两个缺口，叶片从这些缺口一片片地依次装入轮缘槽中；最后装在缺口处的叶片为封口叶片，封口叶片的叶根与其他叶片不同，封口叶片研配装入后用两个铆钉固定在轮缘上。

（3）叉形叶根。叉形叶根结构如图1-2（e）所示，叶根的叉尾从径向插入轮缘的叉槽中，并用铆钉固定。这种叶根的轮缘不承受偏心弯矩，叉尾数目可根据叶片离心力大小选择。这种叶根强度高，适应性好，而且叶根和轮缘加工方便，检修时可以单独拆换个别叶片。为了保证叶根和轮缘的连接刚性，必须在叶片安插好后再打铆钉孔和铰配铆钉，因此最后装配工作量大，且轮缘较厚，钻铆钉孔不便，所以整锻转子和焊接转子一般不用。这种叶根结构多用于大功率汽轮机的调节级。

（4）枞树形叶根。枞树形叶根结构如图1-2（f）所示，这种叶根和轮缘的轴向断口设计成尖劈状，以适应根部的载荷分布，使叶根和对应的轮缘承载面都接近于等强度，因此在同样的尺寸下，枞树形叶根承载能力高。叶根两侧齿数可根据叶片离心力的大小选择。但这种叶根外形复杂，装配面多，要求有很高的加工精度和良好的材料性能，而且齿端易出现较大的应力集中，所以一般多用于大功率汽轮机的调节级和叶片较长的级。

国产的 NZK600-16.7/538/538 型汽轮机的调节级动叶片采用三叉形叶根，其余级全部为枞树形叶根。

2. 叶身

叶身也称做叶型部分或工作部分，它是叶片的基本部分，叶型部分的横截面形状称为叶型，叶型决定了汽流通道的变化规律，为了提高能量转换效率，叶型部分应符合气体动力学要求。叶型的结构尺寸主要决定于静强度和动强度的要求和加工工艺的要求。按叶型沿叶高是否变化，叶片分为叶型沿叶高不变的等截面直叶片和叶型沿叶高变化的变截面扭叶片。

3. 叶顶、围带和拉筋

汽轮机同一级的叶片常用围带或拉筋成组连接，有的是将全部叶片连接在一起，有的是几个或十几个成组连接。采用围带或拉筋可增加叶片的刚性，降低叶片中汽流产生的弯应力，调整叶片频率以提高其振动安全性。围带还构成封闭的汽流通道，防止蒸汽从叶顶逸出，有的围带还做出径向汽封和轴向汽封，以减少级间漏汽。对于长叶片级，往往用拉筋将叶片成组连接，其连接方式有分组连接、整圈连接、组间连接、Z 型拉筋等，拉筋虽然可以改善叶片的振动特性，但由于其处在汽流通道中间，将影响级内汽流的流动，同时拉筋孔削弱了叶片的强度，所以在满足振动和强度的条件下，应尽可能不用或少用拉筋，因此有的长叶片设计成了自由叶片。

（五）汽封的结构及种类

汽轮机通流部分的汽封分径向汽封和轴向汽封，如图 1-3 所示。

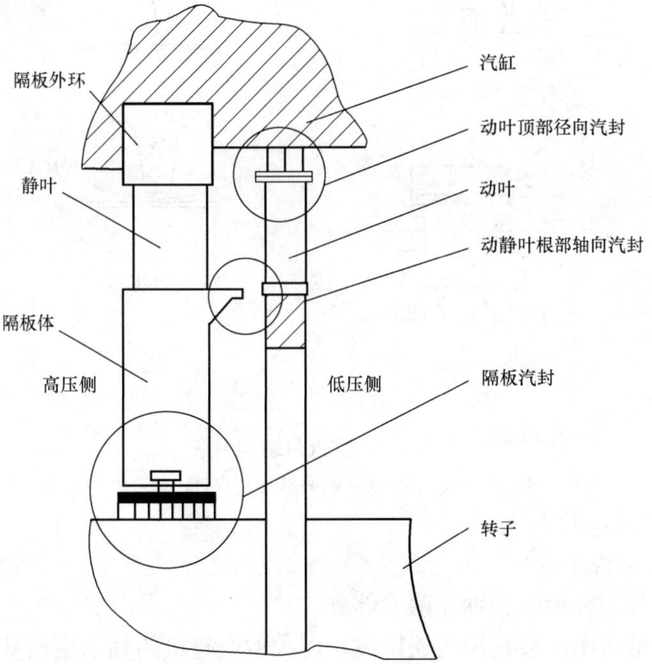

图 1-3　通流部分汽封示意

对于冲动式汽轮机，隔板汽封起主要作用；隔板汽封只用于有隔板的通流部分。对于反动式汽轮机，如静叶叶栅做成隔板式，那么隔板汽封和叶顶汽封同样重要。对于转鼓反动式汽轮机，静叶顶部和动叶顶部汽封同样重要。轴向汽封只起辅助作用。600MW 汽轮机组的轴向总长度较大，运行时汽缸、转子的相对膨胀较大，设置动静叶根轴向汽封已失去实际意义，有的制造厂将冲动式汽轮机的动、静叶叶根轴向汽封改为径向汽封，这样既保证了轴向膨胀不受影响，又起到了汽封的作用。

用于汽轮机的汽封系统大多数采用迷宫汽封（见图 1-4），因为它能经得起较高的蒸汽参数。在汽轮机的不同部位，采用的汽封结构形式各不相同，因而相应地有不同的名称。用于动叶顶部与隔板外环汽封体之间的汽封，称为动叶顶部汽封；用于隔板内环（隔板体）与转子之间的汽封，称为隔板汽封；用于汽缸前后端部与转子之间的汽封，称为端部汽封，或简称为轴封。

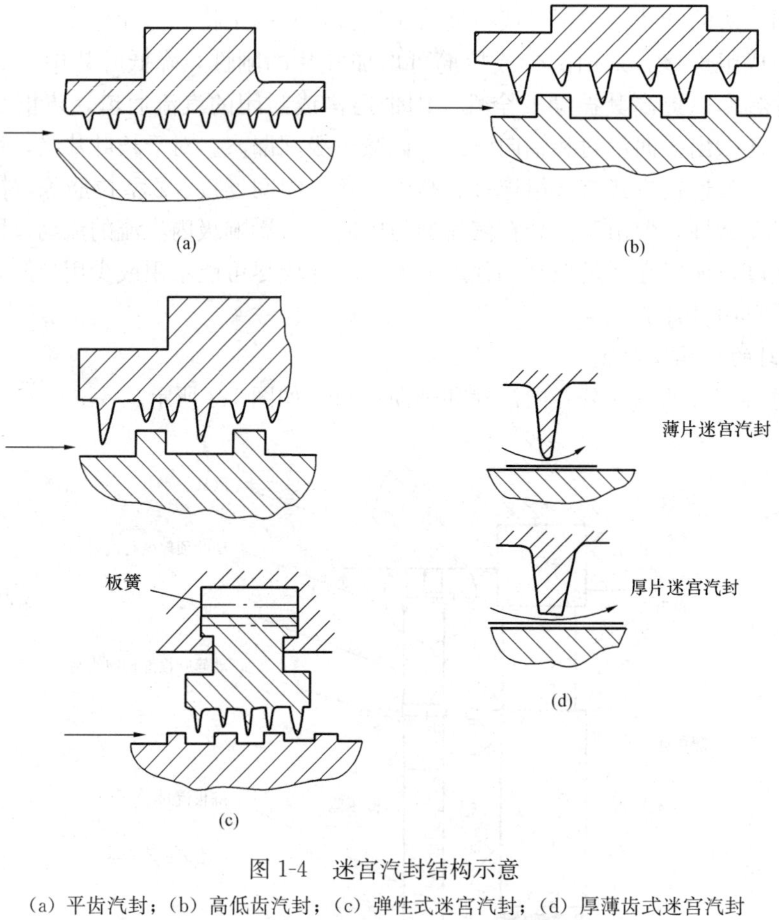

图 1-4　迷宫汽封结构示意

（a）平齿汽封；（b）高低齿汽封；（c）弹性式迷宫汽封；（d）厚薄齿式迷宫汽封

（六）轴承的结构及种类

1. 支持轴承的结构

汽轮机轴承可分为轴承座和轴瓦两大部分。

小型汽轮机的轴承座一般是用铸铁铸成，而大型汽轮机的轴承座则基本是采用了钢板焊接结构，由水平结合面分为上盖和本体（或称为轴承箱）两部分，用法兰连接。本体内的空腔是轴瓦的油室。有些轴承座内尚装有调速部套、油泵、联轴器及盘车装置等。轴承座前后在汽轮机轴穿过的地方设有油挡环，以防止润滑油顺轴外流。油挡环一般由铸铁或铸铝制成基体，再镶嵌上用耐磨材料（如黄铜、不锈钢等）制作的密封齿。密封齿与轴保持约 0.15～0.25mm 的间隙。

汽轮机的轴瓦一般由上下两半用螺栓连接而成，轴瓦的本体一般为铸铁或铸钢。在其内孔加工出燕尾槽，然后衬轴承合金，再加工成所需要的形状。目前汽轮机采用的轴瓦主要有：

（1）圆筒形轴瓦。其内径等于轴颈 D 加顶部间隙，顶部间隙一般约为 $2D/1000$，两侧间隙为 $D/1000$，其接触角一般为 60°左右。

（2）椭圆形轴瓦。其顶隙约为 $D/1000$，侧隙约为 $2D/1000$。其与圆筒形轴瓦的不同之处为，在轴瓦上下部都形成油楔，而圆筒形轴瓦只在轴瓦下部形成油楔。

（3）三油楔轴瓦。轴瓦两端的阻油边内孔为圆筒形，其半径稍比轴颈的半径大，内孔上开有三个油楔及三个进油口，三个油楔所占的弧长及位置，根据汽轮机转子的转动方向及轴承的负荷来确定的，其中较长的主油楔位于轴瓦的下部，其余两个较短的油楔位于上部两侧，为避免轴瓦中分面将油楔切断，轴瓦中分面需与水平面成一个倾角。

（4）可倾瓦支持轴承。可倾瓦轴承又称活支多瓦轴承，是密切尔式的支持轴承，它通常由 3～5 块或更多能在支点上自由倾斜的弧形瓦块组成，其原理如图 1-5 所示。瓦块在工作时可以随着转速、载荷及轴承温度的不同而自由摆动，在轴颈四周形成多油楔。如果忽略瓦块的惯性，支点的摩擦阻力及油膜剪切内摩擦阻力等影响，每个瓦块作用到轴颈上的油膜作用力总是通过轴颈中心的，不易产生轴颈涡动的失稳分力，因此具有较高的稳定性，理论上可以完全避免油膜振荡的产生。另外，由于瓦块可以自由摆动，增加了支撑柔性，还具有吸收转轴振动能量的能力，即具有很好的减振性。可倾瓦还有承载能力大、耗功小以及能承受各个方向的径向载荷、适应正反转动等优点，特别适合在高速轻载及要求振动很小的场合下应用。只是由于结构复杂、加工制造以及安装、检修较为困难，成本较高等原因，限制了它的应用。

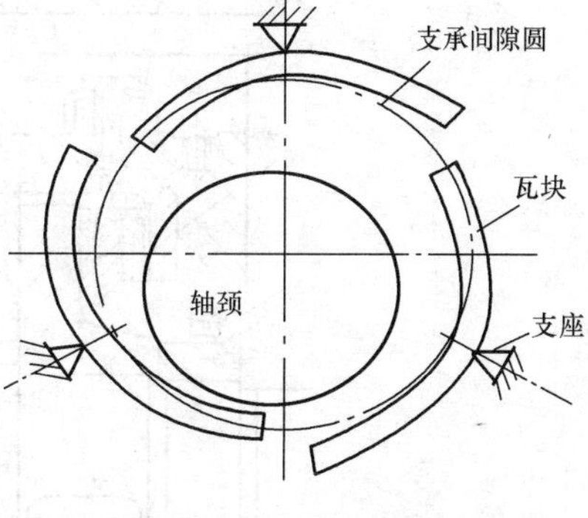

图 1-5 可倾瓦支持轴承原理图

根据对上述汽轮发电机组中几种常用的支持轴承在承载量、稳定性等方面进行的许多试验表明：圆筒形支持轴承主要适用于低速重载转子；三油楔支持轴承、椭圆形支持轴承适用于较高转速的轻、中和中、重转子；可倾瓦支持轴承则适用于高转速轻载和重载转子。

轴瓦在轴承座内的支承方式有圆柱形及球形两种。圆柱形支承是靠轴瓦外圆周上设置的四块垫铁调整轴瓦位置及紧力的。球面支承是由轴瓦、轴瓦壳及瓦枕三部分组成。将调整中心及紧力用的垫铁及销饼都装在瓦枕的外侧，瓦枕与轴瓦壳做成球形配合，使轴瓦能够随轴的挠度变化自动调整中心，保证轴瓦与轴颈保持良好接触及长度方向上负荷分配均匀。

2. 推力轴承的结构

推力轴承的作用是确定转子的轴向位置和承受作用在转子上的轴向推力。虽然大功率汽轮机通常采用高、中压缸对头布置以及低压缸分流等措施减小了轴向推力，但轴向推力仍具有较大数值，一般达几吨至几十吨。如考虑到工况变化，特别是事故工况，例如水冲击、甩负荷等，还能出现更大的瞬时推力以及反向推力，从而对推力轴承提出了较高的要求。

一般应用最广泛的推力轴承是密切尔式推力轴承，这种轴承在沿轴瓦平均圆周速度展开图上，瓦块表面与推力盘之间能构成一角度，它们之间可形成楔形油膜以建立动压液态摩擦。通常将推力轴承和支持轴承合为一体，称为推力—支持联合轴承。如图 1-6 所示，表示的是一种联合轴承结构图，它广泛应用在国产汽轮机组中。为保证较均匀地将轴向推力分配到各个轴瓦上，选用球面形支持轴瓦。轴瓦的径向位置靠沿轴瓦圆周分布的三块垫块及垫片来调整，轴向位置靠调整圆环 1 来调整。调整圆环一般由三段组成，轴承的推力瓦块分为工作瓦块 2 和非工作瓦块 3（也叫定位瓦块）。工作瓦块承受转子的正向推力，非工作瓦块承受转子的反向推力。这些瓦块利用销子挂在它们后面的两半对分的安装环 9 和 10 上，由于瓦块背面有一条突起的肋，使瓦块可以绕它略微转动，从而在瓦块工作面和推力盘之间形成楔形间隙，建立液体摩擦。为减少推力盘在润滑油中的摩擦阻力，用油封来阻止润滑油进入推力盘外缘腔室中，油挡用来防止润滑油外泄以及防止蒸汽漏入。

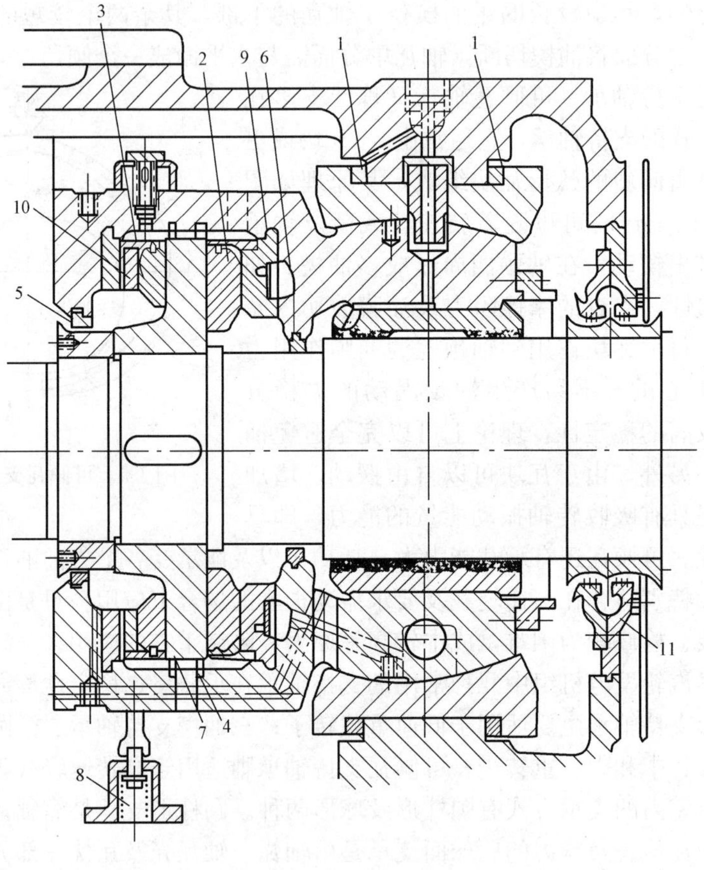

图 1-6　推力支持联合轴承

1—调整圆环；2—支持瓦片；3—非工作瓦片；4、5、6—油封；
7—推力盘；8—支持弹簧；9、10—瓦片安装环；11—油挡

推力瓦上的乌金厚度应小于通流部分及轴封处的最小轴向间隙，以保证事故状态下即使乌金熔化，动静部分也不会摩擦。

（七）滑销的种类及作用

滑销装置包括有立销、横销、纵销、猫爪横销、角销、推拉螺栓、斜销等形式，其作用分别为：

横销：允许汽缸在横向能自由膨胀。

纵销：允许汽缸沿纵向中心线自由膨胀，限制汽缸沿纵向中心线的横向移动。

立销：保证汽缸在垂直方向自由膨胀。并与纵销共同保持机组的纵向中心线不变。

猫爪横销：保证汽缸能横向膨胀，同时随着汽缸在纵向的膨胀和收缩，推动轴承箱前后移动，以保持转子与汽缸的轴向位置。

角销：也称压板，安装在各轴承座底部的左右两侧，以代替连接轴承座与台板的螺栓，允许轴承座纵向移动。

死点：纵销中心线与横销中心线的交点称为“绝对死点”，汽缸膨胀时，这点始终不动。

推拉螺栓机构：大容量机组为了减小猫爪横销对轴承箱产生的倾覆力矩对膨胀造成的影响，而设置了推拉螺栓机构。

（八）盘车装置

汽轮机盘车装置的主要功能，是在机组启动前或停机后用来盘动汽轮发电机组的轴系。

汽轮机在启动冲转前就要投入盘车装置使轴系转动起来，检查汽轮机动、静部分是否存在磨碰现象，检查转子轴系的平直度是否合格，并在暖机过程中使汽轮机转子温度场均匀，避免转子因受热不均而造成弯曲。

机组停机后，由于汽缸及通流部分上、下之间存在温差，转子在这种不均匀温度场中，将因受热不均匀而产生弯曲。为了避免这种现象的产生，在汽轮机停机时，必须自动投入盘车装置，让转子继续转动，使转子周围的温度场均匀，直到汽缸的金属温度降到150℃以下为止。

盘车装置的驱动方式至少要备有自动和手动两种手段。不同的机组，自动盘车方式也有不同，有电动盘车、液动盘车、气动盘车等方式。盘车转速随机组也各不相同，有高速盘车，也有低速盘车，最低盘车速度约为 2r/min，最高盘车速度约为 50r/min。如国产的600MW NZK600-16.7/538/538 型汽轮机的盘车速度为 3.35r/min。

二、汽轮机的热力系统简介

（一）主、再热蒸汽系统

把汽轮机与锅炉之间的蒸汽连接管道以及蒸汽母管与通往各用汽处的支管道合起来，统称为发电厂的主蒸汽管道系统。对于中间再热式汽轮机组，主蒸汽管道系统还应包括再热蒸汽管道部分。

由于主蒸汽管道输送的工质流量大、参数高，因而对其制作的金属材料要求也高，它能否正常工作对发电厂的安全可靠性和经济性的影响也很大。通常，对主再蒸汽管道系统的基本要求是：

（1）系统简单、工作安全可靠；

（2）运行调度灵活，便于切换；

（3）便于维修、安装与扩建；

（4）投资费用和运行费用最少。

常见的主蒸汽管道系统主要有单母管制系统、切换母管制系统和单元制系统三种形式。至于选取哪种主蒸汽管道系统方式最为适合，需要综合考虑技术、经济等多个方面的因素，经过多方面的比较才能确定其选择方案。

1. 单母管制系统

将所有锅炉的蒸汽先引到一根蒸汽母管集中后，再由该母管引往各汽轮机或其他用汽处的主蒸汽管道系统，称为单母管制系统。这种形式一般适用于锅炉和汽轮机的容量不匹配、锅炉与汽轮机的台数不相同等情形，目前应用较少，在一些小型的自备电厂或机组的单机容量在 25MW 以下的电厂还可以见到这种主蒸汽管道系统的布置方式。

单母管制系统的供汽可以互相支援，但是在与母管相连的阀门发生事故时仍需停止全部锅炉和汽轮机的运行，严重影响整个系统的工作可靠性。因此，一般是在母管中部加装阀门将其分为两个以上的区段，在正常运行时让分段阀门处于开启的状态。此外，所装设的分段阀门为两个串联的关断阀，这样既可以确保母管的隔离效果，又便于分段阀门自身的检修。

机组母管分段之后，仍然存在事故情况下有一个区段不能运行的缺陷，即在母管分段检修时，与该段相连的所有锅炉、汽轮机仍要全部停止运行，这是该布置方式的一个十分明显的缺点。

2. 切换母管制系统

每台锅炉与其对应的汽轮机组成一个单元，而在各单元之间仍装有联络母管并在每一单元与母管连接处设置有切换阀门，这样机、炉即可以单元运行，也可以切换到蒸汽母管上由邻炉供给蒸汽，这种主蒸汽管道系统称为切换母管制系统。目前在供热式机组的电厂且机炉的容量又不是完全配合的情况下，仍有选取切换母管制主蒸汽管道系统方式的。

在切换母管制主蒸汽管道系统中，备用的锅炉、减温减压器等均应与母管相连。为了便于母管的检修，也可用两个串联的关断阀门将母管分段。通常母管的直径是按照一台锅炉的蒸汽量来选择的，在正常运行中切换母管始终应处于备用的状态。

切换母管制主蒸汽管道系统的主要优点是既有足够的可靠性、又有一定的灵活性，能够充分利用锅炉的富裕容量进行各炉之间的最佳负荷分配；其主要缺点是系统布置较复杂，阀门多、产生事故的可能性相应增大。

3. 单元制系统

每台汽轮机与供给它蒸汽的锅炉组成一个独立的单元，各单元之间没有横向联系的母管，使用新蒸汽的各个辅助设备通过用汽支管与本单元自身的主蒸汽管道相连，这样的主蒸汽管道系统称为单元制系统。目前在大容量、高参数和再热式的汽轮机组中得到了广泛的应用。

单元制系统的主要优点是系统简单、管道短、管道中的附件少、投资节省、管道压力损伤和散热损伤小、系统本身产生事故的可能性小、便于集中控制等；其缺点是单元内与主蒸汽管道相连的任何设备或附件发生事故时，整个单元均要停止运行，无法实现与相邻单元的相互支援，机炉之间无法切换运行，即运行方式调整的灵活性差，单元内的主要设备必须同时进行大修等。

（二）润滑油、密封油系统

润滑油供油系统主要是用来供给汽轮发电机组润滑、冷却用油以及调节保安部套使用的压力油。润滑油供油系统按照设备与管道布置方式的不同，可分为集装供油系统和分散供油系统两种形式。

集装供油系统是将高、低压油泵和直流油泵集中布置在油箱的顶部且油管路采用了套装油管，即将润滑油系统的回油作为外管、其他的供油管路则安装在该管道的内部。这种供油系统具有油泵集中布置而便于检查维护与管理、套装油管可防止压力油管跑油而避免了发生火灾事故造成损失的优点，但是这种系统方式存在着套装油管检修困难、发生内部泄漏时不易查找的缺点。

分散供油系统的设备则是分别安装在各自的基础上，管路也是分散安装。但由于这种方式布置松散、占地面积大且压力油管外露，很容易发生漏油着火事故，因而在如今的大型机组中已很少使用。

1. 润滑油系统的主要设备及作用

润滑油供油系统中的设备除了满足机组正常的供油数量之外，还应保证供油质量以及满足其他一些机组安全运行的要求。

润滑油供油系统主要是由油箱、射油器、主油泵、交流润滑油泵、直流油泵、高压启动油泵、冷油器、油净化装置、排烟装置、溢油阀以及油管等组成的。

油箱在油系统中除了用来储油外，还起着分离油中的水分、杂质沉淀物和气泡的作用。油箱一般是用钢板焊制的，底部倾斜以便于能很快地将已分离开的水、沉淀物或其他杂质从其最底部排出。油箱上通常均带有油位指示仪、滤网等附件。

为了保证油箱内及轴承箱内的油烟能顺利排出，油箱上还设有排油烟风机。排油烟风机能使油箱内形成微负压，这样一方面可防止可燃烟气的聚积，另一方面还能加快各轴瓦的顺利回油。

供油系统设有主油泵、高压启动油泵、辅助润滑油泵、直流事故油泵等，它们的工作原理与水泵相同。主油泵大多是与汽轮机转子同轴安装，具有流量大、出口压头稳定的特性。主油泵不能自吸供油，在主油泵正常运行中是通过射油器将 0.05～0.10MPa 的压力油供给到主油泵的入口。

在汽轮机转子静止或启动过程中，高压启动油泵是主油泵的替代泵。在机组启动前需要首先投运启动油泵来供给调节系统的用油，待机组进入工作转速后即可停止启动油泵作为备用。

辅助润滑油泵由交流电动机驱动的离心式泵。当机组稳定运行时，机组的润滑油通过射油器供给；在机组启动或射油器故障时，辅助润滑油泵则投入运行以确保汽轮机润滑油的正常供给。

事故直流油泵在失去厂用电或辅助润滑油泵故障时投入运行，用以保证机组顺利停机。

由于汽轮发电机转子的导热及轴瓦摩擦发热，润滑油温度在运行中会逐渐升高。冷油器就是为了保证轴瓦的正常工作、保持润滑油供给温度在一定的范围之内而设置的。冷油器大多采用管式或管板式换热器，并利用循环冷却水作为冷却水源。在运行中要求确保冷却水的压力要低于润滑油的压力，以防止冷油器管路破损后造成冷却水进入油中而使得油质变坏。冷油器的出口油温可以通过手动调节或自动调节冷却水量来加以控制。

2. 润滑油供油系统的正常运行

润滑油系统正常运行是汽轮机安全运行的前提，因此必须保证该系统各个设备的正常工作，以实现保质保量地向汽轮机供油。

在机组启动之前，需先行启动交流润滑油泵向汽轮机各轴瓦供油，同时向调节系统供油、排空；投入顶轴油系统之后，机组进入盘车状态；投入高压启动油泵正常后，机组具备了基本的启动条件。

在机组定速之后，汽轮机主油泵投入工作向机组供给调速用油，并通过射油器向机组提供润滑油；这时即可停止高压启动油泵和交流润滑油泵，由主油泵维持正常运行。

当机组正常或事故停机时，应启动交流润滑油泵和高压启动油泵，直至机组停机完毕进入盘车状态后，才能只保留维持交流润滑油泵运行的方式。在机组正常运行和停机过程中，直流润滑油泵均是作为备用，用以保证汽轮机组的安全停机。

（三）DEH系统及高低压旁路油系统

1. DEH系统的组成

引进型300MW机组的DEH调节液压系统是根据美国西屋公司DEH-Ⅲ型设计的功能原理开发的，其在系统配置方面尽可能地吸收了分散系统可靠性高的优点，在硬件方面又将主要部件均采用了微处理机，从而简化了硬件电路、提高了系统的可靠性。该系统主要是由五大部分组成的：

（1）电子控制器。主要包括数字计算机、混合数模插件、接口和电源设备等，均集中布置在6个控制柜内，主要用于给定、接受反馈信号、逻辑运算和发出指令进行控制等。

（2）操作系统。主要设置有操作盘、图像站的显示器和打印机等，为运行人员提供运行信息、监督、人机对话和操作等服务。

（3）油系统。分为高压控制油和润滑油两部分。高压油系统（EH系统）采用三芳基磷酸酯抗燃油为调节系统提供控制与动力用油，一般均设置2台油泵，其中1台工作、1台备用，供油压力保持在12.42～14.47MPa的恒定范围。润滑油系统则是通过由主机驱动的油泵，来供给1.44～1.69MPa的汽轮机油。

（4）执行机构。主要有伺服放大器、电液转换器和具有快关、隔离、止回装置的单侧油动机组成，负责带动高压主汽阀、高压调节汽阀和中压主汽阀、中压调节汽阀。

（5）保护系统。设置有6个电磁阀，其中的2个用于汽轮机超速时关闭高、中压调节汽阀，另4个用于严重超速（达到110%额定转速）、轴承油压低、EH油压低、推力轴承磨损大、凝汽器真空低等情况下的危急遮断和手动停机之用。

此外，系统中还配置有一些为控制和监督服务之用的测量元件，如检测机组转速、调节级汽室压力、发电机功率、主蒸汽压力的传感器等。

2. DEH调节的液压伺服系统

在DEH调节系统中，是由液压伺服系统将数字部分的输出电信号转变为液压、位移信号的，它主要由伺服放大器、电液伺服阀、油动机及其位置反馈等组成，是DEH的末级放大与执行机构。

EH油系统是由四大部分组成：第一部分为保护和遮断系统，用于机组的保护；第二部分为遮断试验部分，用于系统的试验；第三部分为中压主汽阀（2个）和调节汽阀（2个）的控制系统，第四部分为高压主汽阀（2个）和调节汽阀（6个）的控制系统。各个油动机与其相应的汽阀合称为一个DEH系统的执行机构，整个调节系统共有12个这样的机构，由于其调节对象和任务的不同而使得其结构形式、调节规律也都不尽相同，但从整体来看它们都具有以下共同的特点：

（1）所有的控制系统都有一套独立的汽阀、油动机、电液伺服阀（开关型汽阀除外）、闭锁阀（隔绝阀）、止回阀、快速卸载阀和滤油器等，各自独立地执行任务。

（2）所有的油动机均为单侧油动机，当它开启时依靠高压动力油的推动作用，关闭时则靠弹簧的弹性力，属于一种安全型的机构。

（3）执行机构是一种组合型的阀门操纵装置。在油动机的油缸上有一个控制块的接口并在此接口处装有闭锁阀（隔绝阀）、快速卸载阀、止回阀，再加上相应的附属组件构成了一个整体，成为具有控制和快关功能的组合式阀门执行机构。

3. EH 供油系统的工作过程

国产 300MW 机组的 EH 油系统主要由 EH 油箱、高压油泵、控制单元组件阀块、蓄能器、过滤器、抗燃油再生装置以及一些有关的部套等组成。EH 油系统的基本功能就是电液控制部套提供所需要的压力油来驱动伺服执行机构，同时保持油质的完好。

在 EH 油系统工作时，首先由交流电动机驱动高压叶片泵运转，使油箱中的抗燃油通过油泵的入口滤网被吸入油泵。经过油泵升压后输出的抗燃油依次流经 EH 控制单元的滤油器、卸荷阀、止回阀和过压保护阀，进入高压集管和蓄能器、建立起系统所需要的油压。当油压达到设定的 14.48MPa 时，卸荷阀动作、切断高压油泵出口与高压油集管的联络，将油泵的出口高压油直接送回油箱。此时，油泵是处于无载荷（卸荷）状态下工作，EH 油系统的油压转为由蓄能器来维持。

在运行中由于伺服机构与油系统中其他部件的间隙泄漏，使 EH 油系统内的油压逐渐降低，当高压集管的油压降至设定的 12.42MPa 时，卸荷阀复位、高压油泵的出油重新转为向 EH 油系统供给，高压油泵就这样处于不断地在承载、卸荷状态下交变地运行的工况。

回油箱的抗燃油由方向控制阀导流，经过一组滤油器和冷油器才流回油箱。EH 油系统正常工作时，整个系统的油压由卸荷阀控制并控制在设定的 12.42～14.48MPa 范围内。当油泵在卸荷状态下工作时，位于卸荷阀与高压集管之间的止回阀可以防止抗燃油从 EH 油系统经卸荷阀反流回油箱。

EH 油系统均为由功能相同的两套设备组成的，其中一套运行、另一套备用，在需要时即可自动投入。在运行和备用设备上设置有一个共同使用的过压保护阀，用来防止 EH 油系统的油压过高，它是在系统压力达到 15.86～16.21MPa 时就会动作，将油泵出口的高压油直接送回油箱。

在 EH 油系统的高压集管上装有压力开关，用于自动启动备用泵、对油压偏离正常值等进行报警。在冷油器出口管上则装有温度控制器，它可以通过自动调节冷却水量来控制油箱的温度。在油箱内部还装有温度测点和油位计，在油温过高或非正常油位时发出报警信号。

（四）给水回热系统

从汽轮机中抽出一部分蒸汽，送到加热器中对锅炉给水进行加热的热力系统称为给水的回热系统。采用回热系统的目的在于减少工质在热力循环中的冷源损失、提高机组的循环热效率，因为从汽轮机抽出的这部分做过功的蒸汽，被送入加热器内用来加热给水而不再排入凝汽器中，这样它们的焓就会得到充分的利用而不至于被冷却水带走。此外，采用给水回热加热方式提高了给水温度，可以减少锅炉受热面因与给水温差太大而产生的热应力、减少锅炉换热的不可逆损失，从而提高了锅炉设备的运行可靠性和整个机组的经济性。

采用给水回热循环可以提高汽轮机组热力循环的经济性的原理如下：从蒸汽热量的利用方面来看，采用汽轮机抽汽在加热器中加热给水，减少了凝汽器中的工质的热损失、使蒸汽的热量得到了充分的利用，这部分蒸汽的循环热效率可以认为是 100%，因而可以提高整个循环的热效率。也就是说给水回热加热的实质可以看为热电联合生产的方式，不过此时热用户是电厂而已。从给水加热的过程来看，利用汽轮机抽汽对给水加热时的换热温差比利用锅炉烟气加热时小得多，因而减少了给水加热过程的不可逆性，亦即减少了冷源损失、提高了循环的热效率。

回热加热器是指从汽轮机的某些中间级抽出部分蒸汽来加热凝结水或锅炉给水的设备。在回热系统中，一般将除氧器之后经过给水泵加压的、对锅炉给水进行加热的回热加热器称为高压加热器，这些加热器承受的是很高的给水压力；而在除氧器之前仅承受凝结水泵较低压力的回热加热器称为低压加热器。

按照传热方式的不同，回热加热器可分为混合式和表面式两种。混合式加热器是通过汽水直接混合来传递能量的，它可以将水直接升温到加热蒸汽压力下的饱和温度，具有无端差、热经济性高、没有金属受热面、结构简单、造价低、便于汇集各种温度的汽水并能够除去水中含有的气体等优点；但由于其出口必须配置升压水泵，不仅增加了设备投资而且使系统复杂了，在汽轮机变工况运行时还会造成升压水泵的入口产生汽蚀，因此电厂一般只是将其用做除氧器来使用。表面式加热器则是通过金属受热面来实现热量传递的，其金属受热面存在热阻，给水不可能被加热到相应抽汽压力下的饱和温度，不可避免地存在着端差，而且与混合式加热器相比存在热经济性低、金属耗量大、造价高的缺点；但是与混合式加热器相比，由表面式加热器组成的回热系统具有系统简单、运行可靠的优点，因而得到了广泛的应用。

根据水侧的布置方式和流动方向的不同，表面式加热器又可分为立式、卧式两种。卧式加热器内的给水是沿着水平方向流动的，立式加热器内的给水则是沿着垂直方向流动的。立式加热器具有便于检修、设备占地面积小、可使厂房内的布置紧凑等优点；而卧式加热器有传热效果好、结构上便于布置蒸汽冷却段和疏水冷却段的优点，因而在大容量、高参数的机组上得到了普遍的采用。

（五）工业、循环冷却水系统

火力发电厂在生产过程中需要大量的冷却用水，如冷却汽轮机排汽的冷却水、发电机冷却用水、汽轮发电机组润滑油的冷却水、附属机械的轴承冷却水等。按照水源条件和冷却原理的不同，火力发电厂的冷却水供水系统可分为直流式供水系统、循环式供水系统两种。

直流式供水系统是以江河、湖泊或海洋为水源，供水直接由水源引入，经过凝汽器等设备吸热后再返回水源系统，又称为开式供水系统。

循环供水系统的冷却水则是经凝汽器等设备吸热后，进入冷却设备（如喷水池、冷却塔）进行冷却，被冷却后的水再由循环水泵升压送回凝汽器，如此反复循环地使用，这种系统也叫闭式供水系统。

直流式供水系统是以开放的水系作为水源的，根据循环水泵的安装位置可分为三种形式：

(1) 岸边水泵房直流式供水系统。它是把循环水泵安装在水源岸边的水泵房内，经过循环水泵升压后的冷却水沿着铺设在地下的供水管道送到机房供设备使用。

(2) 中继泵直流式供水系统。它是考虑冷却水管程较长或水源地势较低而设置有两个水泵房的方式，其中一个在岸边，另一个在靠近发电厂的附近，又称为中继泵房，两个泵房之间可用明沟或管道相连。

(3) 循环水泵置于机房内的直流式供水系统。它是用明沟把冷却水源的来水直接引入机房内的吸水井中，再由机房内的循环水泵抽出供水的。

循环式供水系统根据冷却设备的不同，又可分为冷却水池、喷水池和冷却塔三种类型：

1) 冷却水池供水系统。这种系统直接利用湖泊、水库或在河道上筑坝构成冷却水池，循环水是排入冷却水池、依靠与周围空气的对流换热而自然冷却的。

2) 喷水池供水系统。它是由喷嘴、喷水池和管道组成。冷却之后的循环水由循环水泵增压送入凝汽器，吸热后经由压力配送总管进入安置在喷水池上的配水分管内、从喷嘴喷出，喷出的水流呈伞形的发散细雨状，与空气对流换热冷却后落回池中，流经水沟进入循环水泵的吸水井、由循环水泵重新送至凝汽器开始又一个循环。

3) 冷却塔供水系统。在大容量火力发电厂中，为了减少工质的损耗和提高效率，一般均采用冷却塔循环式供水系统。按照冷却塔的通风方式，其又可分为自然通风冷却塔、强制通风冷却塔两种。自然通风冷却塔循环供水将循环水通过升压后送到距离地面 8～10m 高度的冷却塔内的配水槽中，水流由塔心向四周流动，再经过配水管、溅落碟等淋水装置的作用，分散成细小水滴、水膜自由下落。冷却塔设计一般均为双曲线形，在冷却塔内部的空气是被抽吸向上流动的，这样就与下落的水滴、水膜进行换热、冷却了循环水。强制通风冷却塔的工作原理与自然通风式的相同，只是其冷却塔的通风是依靠电动机驱动的风机使空气强迫流动来冷却循环水的。

第二节 300MW 汽轮机组的主要技术规范

一、主要设计原则及运行特性

以 NZK300-16.7/537/537-7 型（合缸）型汽轮机组和 NC300/225-16.7/537/537 型汽轮机组为例，来分别对其主要的设计原则和特点进行一些简要的介绍。

（一）纯凝汽机组的主要设计参数

1. 汽轮机设备规范

型号：NZK300-16.7/537/537-7 型（合缸）。

形式：亚临界、一次中间再热、两缸两排汽、直接空冷凝汽式汽轮机（全电调型）。

额定功率：300MW（THA 工况）。

最大功率：331MW（VOW 工况）。

额定转速：3000r/min。

旋转方向：从机头向发电机方向看为顺时针。

额定蒸汽参数：高压主汽阀前蒸汽参数 16.7MPa/537℃；中压联合汽阀前蒸汽参数 3.332MPa/537℃。

额定新汽流量：944.56t/h。

最大新汽流量：1065t/h。

设计背压：15kPa。

最高允许背压：45kPa。

给水温度：274℃。

额定工况下汽耗：3.148kg/kWh。

额定工况下热耗：8196kJ/kWh（计算值）/ 8228kJ/kWh（保证值）。

轴系临界转速（计算值）：

第一阶（发电机转子一阶）为 898r/min；

第二阶（高中压转子一阶）为 1677r/min；

第三阶（低压转子一阶）为 1725r/min；

第四阶（发电机转子二阶）为 2619r/min。

通流级数（共 25 级），其中：

高压缸 1 个调节级+8 个压力级；

中压缸 6 个压力级；

低压缸 2×5 个压力级。

给水回热加热器：3 台高压加热器+1 台除氧器+3 台低压加热器。

给水泵拖动方式：给水泵为 3×50%BMCR 电动调速给水泵。

汽封系统：自密封系统（SSR）。

配汽方式：阀门管理配汽方式（可实现喷嘴调节或节流调节，两者可无扰切换）。

控制系统：采用高压抗燃数字电液调节系统（DEH）。

末级动叶片高度：645mm。

汽轮机外形尺寸（长×宽×高）：18 171mm×7530mm×6634mm。

汽轮机与排汽装置连接方式：弹性连接。

2. 额定工况下各段回热抽汽参数

额定工况下各段回热抽汽参数见表 1-1。

表 1-1　额定工况下各段回热抽汽参数

抽汽段号	1	2	3	4	5	6	7
抽汽器	JG3	JG2	JG1	CY	JD5	JD6	JD7
抽汽点（几级后）	6	9	12	15	16/21	17/22	18/23
抽汽压力（MPa）	6.074	3.702	1.737	0.837	0.471	0.250	0.121
抽汽压损（%）	5					3	
抽汽温度（℃）	390.3	324.1	440.3	339.1	271.7	202.6	132.1
流　量（t/h）	69.296	73.094	36.314	26.194	27.94	27.275	52.268
疏水温度（℃）	182.2	211.2	251.7	173.3			
出口给水温度（℃）	205.6	246.1	278.7	173.3			
抽汽限制压力（MPa）	6.83	4.13	1.94	0.93	0.52	0.28	0.14

（二）供热式机组的主要设计原则及运行特点

以 NC300/225-16.7/537/537 型汽轮机组为例，它是目前我国国产最大容量的凝抽式供热机组，可以在并网发电的同时为热用户提供抽汽供热，也可采用纯冷凝方式运行。

1. 设计方面的特点

（1）机、电、炉等主机的容量一般按 100%等容量匹配。在供热情况下，其低压缸、低压加热器和发电机无法达到铭牌的设计出力，只有在纯冷凝功况下运行才能保证所有设备的利用率达到 100%。

(2) 在非供热情况下的汽轮机热耗要比相同容量的纯冷凝机组增高 0.2%～0.3%，这主要是由供热抽汽调节阀的节流损失而引起的。

(3) 由于考虑单元机组和中间再热两个因素将会影响调节系统的动态品质，故其是按"以热定电"的原则来设计的非牵连型调节系统。

(4) 供热抽汽调节阀大多采用蝶阀形式并装在连通管道上，只能采用节流调节。

(5) 大型机组的低压缸多采用双分流对称结构、推力互相抵消，故机组的总推力变化范围小，设计时零推力的工况易于避免。

(6) 由于供热的抽汽压力低、容积流量大，中压缸末级叶片较长且变工况范围大，在强度校核工况下的轮周功率往往是设计工况下的 2～3 倍，故设计都要加宽加强。

(7) 在供热工况下需要调峰降低负荷、中压缸进汽流量减少时，由于供热压力不随中压进汽量的下降而下降，故排汽温度升高至 370～380℃而使得低压缸超温，需采用减小再热器受热面或再热器喷水调温的方法来避免。

(8) 考虑汽动给水泵的给水泵汽轮机汽源与供热热源相同，这样就使得通过蝶阀进入低压缸的流量越来越小、抽汽蝶阀的损失越大，因而不采用汽动给水泵的方案，而是选取经济性更好的电动给水泵。

2. 一些运行上的特点

(1) 启动特性。可采用高/中压缸联合启动、中压缸启动两种方式。

1) 高/中压缸联合启动。

冷态启动，从汽轮机冲转到带额定负荷约需 8h。

温态启动，从汽轮机冲转到带额定负荷约需 2.5h。

热态启动，从汽轮机冲转到带额定负荷约需 1.5h。

极热态启动，从汽轮机冲转到带额定负荷约需 1.0h。

2) 中压缸启动。

冷态启动，从汽轮机冲转到带额定负荷约需 6.5h。

温态启动，从汽轮机冲转到带额定负荷约需 2.5h。

热态启动，从汽轮机冲转到带额定负荷约需 1.5h。

极热态启动，从汽轮机冲转到带额定负荷约需 1.0h。

(2) 机组负荷升降率。汽轮机定压运行时为 3%/min，复合变压运行时为 5%/min。

(3) 汽轮机纯冷凝工况负荷变动范围 30%～100%。

(4) 在额定工况下，除回热抽汽和工业抽汽外，该机自中压排汽（16 级后）处还可供厂用汽 55 t/h。

二、主要技术性能参数

NC300/225-16.7/537/537 型汽轮机组是冲动式、亚临界、有一次可调和一次不可调供热抽汽的单轴三缸双排汽凝汽式结构，整机全长 22m、宽 7.68m、高 6.43m，总重 720t。

该机组通流部分为高、中、低压缸三个部分，高、中压分缸结构。其中高压缸采用双层缸结构，有一个单列调节级和 9 个压力级；中压缸为单层缸加隔板套结构，有 6 个压力级；低压缸采用焊接双层缸结构，分流对置 2×6 个压力级。在低压缸中，为了改善经济性和变工况性能，在参数高、焓降大、效率低的调节级采用了可靠性和效率均高的三销钉三胞胎整体围带叶片，所有压力级均采用了有围带的扭叶片，低压末级则采用了 851 叶片。

该机组的高、中、低压转子均采用整锻结构，三个转子之间为刚性连接。整台机组共有7个支持轴承，其中汽轮机侧5个，均为带球面轴瓦套的椭圆形轴承，并设有一个推力轴承（与2号支持轴承连成一体，组成一个支持—推力联合轴承）；发电机侧设有2个球面支持轴承。

机组的盘车装置位于低压后轴承处，盘车转速为4.05r/min。

额定功率（经济功率）：300MW。

最大功率：330MW。

额定供热量下的功率：225MW。

转速：3000r/min。

转向：从机头往发电机看为顺时针方向。

（1）额定工作参数。

主蒸汽压力：（高压主汽阀前）16.67MPa。

主蒸汽温度：537℃

再热蒸汽压力：（中压主汽阀前）3.47MPa。

再热蒸汽温度：537℃。

额定供热抽汽压力：（高压不可调）1.55MPa/（低压可调）0.785MPa。

主蒸汽额定进汽量：935t/h。

最大连续进汽量：1025t/h。

背压：5.39kPa。

给水温度：（最终）270℃。

冷却水流量：30 560t/h

冷却水温度：20℃。

（2）额定/最大供热工况。

主蒸汽额定/最大流量：935/1025t/h。

供热流量：（高压抽汽）120/150t/h；（低压抽汽）250/260 t/h。

供热压力：（高压抽汽）1.55/1.61MPa；（低压抽汽）0.785/0.785MPa。

发电机功率：226.8/244kW。

（3）通流部分。在该机组中，总共有28级通流级。其中，高压缸，1个单列调节级＋9个压力级；中压缸，6个压力级，低压缸：2×6个压力级。

给水回热系统：3台高压加热器＋1台除氧器 ＋3台低压加热器。

给水泵拖动方式：5500kW的电动机拖动前置泵及液力耦合器，每台机组配置3台50％BMCR容量的电动调速给水泵组，其中2台运行，1台备用。

冷凝器的冷却面积：16 700m^2。

第三节 600MW汽轮机组的主要技术规范

一、主要设计原则及运行特性

某汽轮机厂制造的NZK600-16.7/538/538型汽轮发电机组为室内纵向顺列布置，机头朝向固定端，从汽轮机向发电机看，主油箱及套装油管路布置在右侧。汽轮发电机组运转层标高为 13.7m，中间夹层标高为 6.9m。采用高中压缸联合启动，设高、低压两级旁路，旁路容量约为 40％。

该机组的高中压缸采用高中压合缸、铸造的双层（内、外）缸形式，采用这种方式的好处是使机组更加紧凑，但由于合缸后的缸体结构尺寸较大、热惯性大，有可能造成调峰性能较差，且这种结构的中压缸级数较少，会限制中压缸效率的提高。

其低压缸为焊接结构，并采用带法兰的水平中分面和双层缸结构，这样汽缸壁可以减薄，有利于降低启动、停机过程的热应力；两个低压缸都是双流程的。

600MW NZK600-16.7/538/538 型汽轮机转子采用整锻转子，没有中心孔。汽轮机转子的支撑方式对承受负荷不很重的轴承（如高中转子和第一根低压转子）采用四瓦可倾瓦轴承，对承受负荷很大的轴承（如第二根低压转子和发电机转子），则采用圆筒形轴承，轴系稳定性较好。

锅炉来汽经 2 个自动主汽阀和 4 个调节汽门后进入高压缸，蒸汽在高压缸做功后，通过高压外缸下部的 2 个排汽口排出，去锅炉再热器。再热后的蒸汽经过两个中压联合汽门送至汽轮机中压缸，在中压缸内做功，然后经中压缸两端上缸的各两个排汽口分别排出。蒸汽由两个导汽管进入低压缸，分别流向两端的排汽口，流经 6 个压力冲动级做功，最后经排汽装置进入凝汽器。

该机组采用高中压缸联合启动、旁路容量约为 40％BMCR。

二、主要技术性能参数

某汽轮机厂制造的 NZK600-16.7/538/538 型汽轮机，该机为亚临界、一次中间再热、单轴、三缸四排汽直接空冷凝汽式汽轮机。

（1）主要技术参数如下：

额定功率（经济功率）：600MW。

最大功率：657MW。

最大连续进汽量：2080 t/h。

（2）汽轮机主汽阀前额定参数：

额定压力：16.67MPa。

额定温度：538℃。

主蒸汽额定进汽量：1833.37t/h。

（3）中压联合汽门前额定参数：

额定压力：3.2MPa。

额定温度：538℃。

再热蒸汽额定进汽量：1529.11t/h

最终给水温度：273.1℃。

额定背压为 15kPa（设计气温 17℃）。

低压缸末级叶片长度：620mm。

额定转速：3000r/min。

冷却方式：单元制空气直接冷却机力通风。

通流级数：总共 39 级，高压部分：1 个单列调节级＋8 个压力级，中压部分：6 个压力级，低压部分：2×6＋2×6 个压力级。

给水回热系统：3 台高压加热器+1 台除氧器+3 台低压加热器。

给水泵拖动方式：11 000kW 的电动机带液力耦合器，每台机组配置 3 台 50%BMCR 容量的电动调速给水泵，其中 2 台运行，1 台备用。

盘车装置是自动啮合型，能使汽轮发电机组转子从静止状态转动起来，盘车转速 3.35r/min。

第四节 集控运行人员的岗位职责和运行特点

一、集控运行各专业岗位的职责与分工

1. 运行部总值长岗位工作标准

（1）岗位职责。在部门主任领导下，协助主任正确地组织生产，加强技术管理工作，组织分析设备技术状况和生产指标完成情况，保证安全生产经济运行，完成各项计划经济指标。领导组织编制各专业运行规程和运行管理制度。检查设备运行状况，对重大操作、重大试验项目进行现场指导监督。

（2）岗位技能与素质要求。

1）具有大专及以上文化程度或具有中级技术职称，具备担任值长或专业工程师管理工作两年以上的实际工作经历。

2）掌握电力生产的专门理论，熟悉电力生产中运行、检修的规程、规范及有关指标。

3）掌握发电厂主要设备的参数、性能和各项技术经济指标，熟悉电力生产的全过程及确保安全经济运行、降低能耗等基础知识。

4）掌握《电力工业技术管理法规》、《电力安全工作规程》、《事故调查规程》、《事故处理规程》、《电力法》，各专业运行规程及有关规章制度。

5）掌握机、电、炉、燃、化、灰、脱硫设备系统，以及相关的热控技术，了解微机在生产技术上的应用知识。

6）有较强的语言表达能力，能书写文理通顺、语言简练的工作计划、总结及管理措施。

（3）工作内容要求。

1）全面完成公司下达的各项生产任务。

2）本部门所属的岗位责任制及各种规章制度执行情况应良好，工作秩序应正常。

3）各项计划的编制合理及时，统计报表内容齐全、准确。

4）针对现场情况进行分析总结，制定切实可行的解决措施。

5）设备环境良好，符合文明生产要求。

6）各种技术记录、台账、图纸资料齐全正确。

7）按时组织修订运行操作规程和系统图。

8）每月召开一次值长、机长、班组长及专工例会。

9）每月召开一次运行分析、安全分析及经济指标分析会。

10）不发生误碰、误动、误操作引起的故障，杜绝人身及重要设备损坏事故。

11）不发生违章指挥。

12）按时向分管领导和主任汇报工作。

2. 运行部值长岗位工作标准

（1）工作内容。

1）对公司总经理负责，在主管运行部经理领导下负责本值的运行管理工作。

2）执行国家及电力行业有关的各项方针、政策、法律、法规；执行上级部门及公司各项规章制度。

3）负责当值省调值班调度员调度命令的执行。

4）根据领导指示、设备检修工期及实际情况，批准设备的检修时间，负责审查检修工作的必要性和检修工期是否与批准工期相符，工作票所列安全措施是否合理完善。

5）负责指挥当值运行人员运行操作、事故处理和运行设备生产调度工作。

6）负责计划、组织、指挥、控制和协调运行部当值运行管理工作，对当值运行工作进行全过程管理，保证公司发电生产的安全、经济、稳定，满发、完成和超额完成公司制定的发电计划。

7）负责当值运行方面的安全、经济运行、技术监督、技术措施的执行情况以及运行人员的安全生产考核及管理工作。

8）负责当值运行方面"安措"、"反措"、"技措"、"节能措施"的组织与落实。

9）负责检查当值年度、季度、月度综合计划任务及运行技术措施执行情况。

10）负责检查落实当值年度生产计划，安全和主要经济、技术指标完成情况。

11）负责组织检查当值，安全生产和各项生产技术指标完成情况，并提出有效措施，为公司主管生产工作的领导提供科学的运行管理技术依据。

12）负责组织当值运行方面科技项目的审核、上报；合理化建议的审核上报工作。

13）负责检查当值"两措"及劳动保护技术措施的贯彻实施情况。

14）负责组织当值安全、节能、运行分析；负责组织当值事故调查及对事故分析报告和技术防范措施的上报工作。

15）负责五防解锁钥匙（万能钥匙）使用和保管工作。

16）负责外来参观人员的登记工作。

（2）工作要求。

1）定期组织当值运行人员召开安全、节能、运行分析例会，分析总结前一段安全、节能和生产技术情况，为领导决策和布置下一阶段工作提供依据。

2）按时完成运行部下达的各种生产任务；及时传达上级的有关指示。

3）定期组织本值值班人员召开会议，及时总结工作，严格内部考核制度，调动值内人员积极性。

4）完成公司和运行部领导交给的其他各项任务。

（3）任职条件。

1）坚持党的基本路线，忠于职守，勤政廉洁，坚持原则，秉公办事，密切联系群众。

2）熟悉公司生产过程；掌握主辅设备工作原理、特性，主系统连接状况，熟悉《电网调度规程》。

3）掌握电力生产有关法律、法规、制度、条例以及安全、相关技术规程。

4）掌握现代企业管理的理论、本企业有关规章制度和管理办法。

5）具有市场经济的一般知识和经营管理基本知识，熟悉劳动法。

6）具有理解并运用上级有关生产技术政策法规，指导生产的能力。

7）具有及时准确地发现生产过程中带有倾向性的技术问题，做出分析判断，提出解决方案的能力。

8）在机组发生异常、事故的情况下，具有协调、指挥处理异常、事故的能力。

9）能协调当值运行人员与设备部负责点检人员的相互关系，及时处理发电设备运行中出现的重大异常和事故隐患。

10）具有撰写技术论文、总结和报告的写作能力和准确地阐述生产技术问题和下达生产技术任务的口头表达能力。

11）具有从事大型火力发电厂运行主岗位5年以上或值长2年以上工作经历。

12）大专以上学历或中级专业技术职称任职资格。

13）所学专业：集控、热动、电气、热控、化学。

14）身体健康，能适应本岗位工作。

（4）责任与权限。

1）责任。

① 对公司总经理负责，在行政上受直接受运行部主任、运行部主任助理（总值长）领导，值班期间直接受省调值班调度员的指挥，在公司内运行生产调度上接受生产副总经理（总工程师）、运行副总、运行部主任、运行部主任助理（总值长）指挥，对生产副总经理（总工程师）负责。

② 在当值期间对省调调度命令执行的正确性负责。

③ 值长对自己下达的命令正确性负责。

④ 对当值安全管理、运行技术管理工作负责。

⑤ 对当值期间的事故处理的正确性负责。

⑥ 对当值期间运行维护、材料消耗的管理负责。

⑦ 对当值期间运行操作票、运行规程、系统图、运行技术措施的执行情况负责。

⑧ 对本机组系统、设备运行调整的安全性、经济性负责。

⑨ 对当值各级运行人员、设备安全负责。

⑩ 对检修工作的必要性和检修工期是否与批准工期相符，工作票所列安全措施是否合理完善负责。

⑪ 对五防解锁钥匙（万能钥匙）正确使用负责。

2）权限。

① 在当值期间行使公司生产副总经理（总工程师）生产调度指挥权。

② 在当值期间根据中调命令和机组实际情况有权合理分配负荷。

③ 在当值期间根据生产需要有权指挥相关部门或个人协助工作，对不予配合或配合不力的部门或个人有考核权。

④ 在当值事故处理期间有权直接下令给岗位值班员进行处理。

⑤ 对当值运行人员有管理权和考核权。

⑥ 对当值运行人员有任职资格建议权和停止工作权。

⑦ 对运行部下达的技术措施当值执行情况有监督权和考核权。

⑧ 对当值安全、经济运行、劳动纪律、精神文明、习惯性违章、运行表单、运行记录、台账执行情况有检查和考核权力。

⑨ 对当值生产计划、节能计划、生产指标计划完成情况有考核权。

⑩ 对当值认真贯彻公司各项生产技术管理性法规、规程、标准、条例情况有考核权。

⑪ 对当值发生的不安全现象在考核标准未规定的情况下有比照有关规定的考核权。

⑫ 对当值报出的各类技术报告、方案及报表有审核权和修改权。

⑬ 对当值运行人员调岗有建议和行政权力。

（5）工作程序。

1）值长应提前 20min 到达主控室，认真阅读值长日志、听取交班值长的工作交代、运行生产状况的介绍，全面了解运行方式后，正点交接班。

2）组织当值运行人员按时召开班前、班后会议。

3）值长接班后应向省调值班调度员汇报机组主要运行方式，设备主要缺陷及天气情况等。听取各机组长、外围辅岗的工作汇报。向机组长、各辅岗值班负责人布置当班要进行的工作、上级领导的有关指示和工作安排，并进行必要的工作提示。

4）值长当值期间因需离开主控室时，应向机组长打招呼说明去向。值长及机组长不得同时离开主控室。

5）当值期间定时到主控外生产现场了解掌握机组安全运行状况，及时协调解决现场出现的不安全问题。

6）当主要运行设备异常或有重大缺陷时，值长要到现场查看并要求运行人员做好事故预想，当设备异常威胁到机组安全运行时，应及时汇报相关领导并通知有关人员到场。

7）指定专人负责台账填写，工器具检查等工作。

8）每个学习班组织召开当值运行人员安全、经济运行工作会议。

9）每月按时参加策划部组织召开全公司班组以上人员的安全会议。

10）组织落实当值安全生产指标、生产任务、经济技术指标、技术监督指标计划。

11）根据机组运行实际情况结合《反事故技术措施》，以及上级有关指示精神，及时落实运行部制定的机组安全运行技术措施，防止当值运行人员出现误操作或误动、误碰事故发生。

3. 运行专业工程师岗位工作标准

（1）职责。在部门主任、主任助理的领导下，负责本部门集控运行专业的生产技术管理工作。编写该专业的工作计划、各种规程、技术措施和技术管理制度，完成领导交办的其他工作。

（2）岗位技能与素质要求。

1）具有电厂热能动力或电气专业的大专文化程度或具有中级专业技术职务任职资格。

2）从事运行值长或机长工作一年以上。

3）熟悉《电力技术管理法规》、《安全工作规程》、《电力事故调查规程》、《集控运行规程》、《电力法》等有关规章制度。

4）熟悉机、炉、电、化、灰、热控、集控等专业知识。

5）系统掌握电厂热力系统，电力系统理论，能进行热力系统，电力系统理论分析及计算，掌握设备的性能、构造、原理及设备系统的联结方式。

6）掌握汽轮机、锅炉、发电机原理，流体力学，材料力学，传热学，电力系统、发电厂及变压器、继电保护及自动装置、电机学、电工基础等专业基础知识。

7）掌握全过程管理、运行管理、质量监督等现代化管理的基础知识。

8）能阅读翻译专业书籍、资料。

9）能组织专业技术革新、节能的改造工作。对专业可能性出现的问题提出预防措施及落实专业的各项工作计划。

10）对技术问题进行定量、定性分析，并对技术问题、技术措施有指导解决能力。

11）具有较强的实际工作丰富的操作经验，能组织协调指挥事故处理及其他专业的配合工作。

12）有较高的语言表达能力，能起草工作计划、技术措施、专业工作总结和编写专业教材等。

（3）工作内容要求与方法。

1）每天最少巡视所属设备一次，做到心中有数。了解运行方式，查阅记录及运行日志，对发现的问题及设备缺陷及时汇报，联系消缺，并进行分析，为值班人员提供最佳安全经济运行方式。

2）掌握当天的运行情况，发现问题及时汇报，听取领导指示，并将领导有关指示传达到有关专业人员及值班人员。

3）抓好定期工作，并进行抽查，发现问题及时处理。

4）对专业值班人员在事故处理、重大操作时，从技术上协助指导。

5）根据现场设备、系统改进情况及时修订系统图及运行规程，并将更改后的情况及时通知到值班人员。

6）根据要求定期修编运行规程并经有关领导审核，负责编写有关运行报表。

7）参加事故调查分析，对发生事故及疑难问题及时从技术、设备、人员等方面进行分析，制订出防范措施加以落实。

8）参加公司、部门组织的反事故演习，并落实执行情况。

9）制定反事故措施计划和技术保安措施。对发生的不安全现象及时组织分析，并制订出防范措施。对违反运行规程、安全规程的运行值班员进行批评教育，必要时可以建议停止其工作。

10）搞好科技、节能、降耗工作，及时推广国内外的先进技术、先进经验。搞好环保工作，达到安全、经济、稳定运行。

11）负责一些特殊运行方式和大型操作技术措施的编制工作，并对现场重大操作及不安全现象进行监督。可通过值长、机长对运行工况进行调整。

12）负责年度、月度计划编制工作，每月 25 日之前编制完下月工作计划。

4. 运行单元长（机长）岗位工作标准

（1）工作内容。

1）在值长领导下，负责本机组设备、系统，启停、调整、事故处理，保证设备安全运行。

2）认真贯彻执行“两票三制”、“安措/技措/反措”、“安规/运规”，杜绝误操作。

3）负责审查操作票，并根据操作任务安排操作人、监护人，下达正确的操作命令，对违反规程的不正确操作及时进行制止和纠正；认真执行工作票制度，负责审查工作票的正确性及安全措施的完善，并按工作票要求正确布置安全措施。

4）搞好本机组值班人员的培训工作，经常对本机组人员进行考问讲解，举行反事故演习，不断提高本机组值班人员的技术业务水平。

5）严格执行公司“缺陷管理制度”、“设备异动管理制度”、“动火管理制度”、杜绝有章不循。

6）严格执行公司《制粉系统防爆技术措施》。

7）严格执行公司“冬季防冻防寒”、“夏季防暑度夏”安全技术措施。

8）严格执行《消防操作规程》、《电力设备典型消防规程》等相关规章制度，并认真检查现场消防器材的完好性、可靠性。

9）认真执行机组试验有关规定；严格执行机组保护、自动装置投退规定。

10）运行中认真监盘、精心调整，确保机组安全、经济运行，节能降耗。

11）运行中发现异常要及时调整，并负责指挥本机组人员协调处理，认真分析查找原因，严格执行《联系汇报制度》。

12）根据运行方式、设备状态、环境气候、缺陷变化、异常工况，做好事故预想防患未然。

13）自觉遵守劳动纪律，搞好安全、文明生产，做好责任区卫生。

14）做好相关专业、相关岗位的联系协调工作；完成上级领导布置的其他工作。

15）认真完成上级领导下达的操作命令，如果违背“安规”、“运规”有关规定，必须提出异议；直接威胁人身、设备安全时必须拒绝执行，同时向上级说明原因。

16）实事求是做好运行日志；及时准确填写缺陷；按时查阅表单，校对工况正常；准确填写各种台账记录。

17）值长不在主控时，机组长负责接受调度命令、接受有关上级指示负责。

18）积极组织并完成领导的其他任务。

（2）工作要求。

1）上班期间严格执行电力行业有关标准和公司及运行部规章制度，监盘注意力集中，严禁监盘聊天。

2）严格执行“两票三制”工作内容，严格按运行规程及有关运行技术措施进行操作，彻底杜绝人为误操作事故，为公司安全生产作贡献。

3）加强运行技术学习，逐步提高运行技术素质，以适应电力企业改革需要，为公司机组安全、经济运行打下扎实基础。

4）积极参加运行部组织集体活动，发扬团队精神。

（3）任职条件。

1）熟悉热力机械和电气专业《电业安全工作规程》、《集控运行规程》及运行有关管理制度。

2）熟悉公司生产过程；掌握主辅设备工作原理、特性，主系统连接状况；熟悉《电网调度规程》。

3）掌握电力生产有关法律、法规、制度、条例以及安全、相关技术规程。

4）熟悉机电炉所有系统及设备的技术规范，运行特性工作原理、工作性能、质量标准、各种参数及变化范围保护定值和自动装置，了解影响机组效率的主要因素。

5）熟悉 DEH、DCS、MCS、SCS、FSSS 等系统工作性能和使用方法。

6）熟知机电炉专业有关公用系统的连接方式，能独立判断协调、指挥各种事故处理及异常处理，对设备缺陷在安全与技术上能做出正确估计，并能采取合理的措施。

7）能进行所辖设备的全部操作和监护，办理操作票和工作票，布置各项安全措施。

8）具有理解并运用上级有关生产技术政策法规，指导生产的能力。

9）具有及时准确地发现生产过程中带有倾向性的技术问题，做出分析判断，提出解决方案的能力。

10）能协调本机组运行人员与设备部负责点检人员的相互关系，及时处理发电设备运行中出现的重大异常和事故隐患。

11）具有撰写技术论文、总结和报告的写作能力和准确地阐述生产技术问题和下达生产技术任务的口头表达能力。

12）具有从事大型火力发电厂运行主岗位3年以上工作经历。

13）大专以上学历或中级专业技术职称任职资格。

14）所学专业：集控、热动、电气、热控。

15）具有一定的消防知识和触电急救常识。

16）身体健康，能适应本岗位工作。

（4）职责与权限。

1）责任。

① 对值长下达的运行操作命令执行的正确性负责。

② 对下达给集控值班员、主巡操、巡操员的命令正确性负责。

③ 对机组系统、设备运行调整的安全性、经济性负责。

④ 对管辖范围内消防器材和安全防护装置负责。

⑤ 对管辖范围内设备、系统事故处理负全责。

⑥ 对管辖范围内设备、系统工作票制度执行正确性负责。

⑦ 对管辖范围内设备、系统操作票制度执行正确性负责。

⑧ 对管辖范围内设备、系统操作负责。

2）权限。

① 有权拒绝违反“安规”、“运规”的命令，并有权向上级反映。

② 对检修现场违反工作票中所规定安全措施的工作人员，有权停止其工作，并收回其工作票，令其撤离工作现场。

③ 发现工作人员无票作业时，有权令其恢复原状，退出现场，并及时将情况汇报运行部主任或值长。

④ 当发现本机组人员违章操作及严重违反劳动纪律，经劝教无效有权停止其工作，并报值长。

⑤ 对机组值班人员有考核建议权。

⑥ 发现无关人员动用现场消防器材及安全防范装置时，有权责令其停止使用，并及时汇报值长。

⑦ 值长不在主控时，机组长有权接受调度命令、接受有关上级指示。

（5）工作程序。

1）接班人员必须正点前20min到达值班室，遇有重大操作、试验应提前了解情况。

2）仔细查阅自上次交班至本次接班时间段运行日志、记录表单、工作票收发情况，对不清楚的地方提出疑问，了解清楚。

3）试验声、光、音响信号正常。

4）全面检查设备状态、参数、系统方式、检修措施，核对记录正确，发现异常要主动向交班人员提出，不得自行处理（危及人身设备安全时除外）。

5）正点前 5min 参加值长主持的班前会，说明设备变动情况、检查情况，听取值长布置预计工作、注意事项、防范措施及上级通知和命令。

6）正点进行交接手续，经交班人同意后，接班人先签字，交班人后签字。

7）机组长离开主控，应向值班员说明去向，并经值长同意，相邻机的机组长不得同时离开主控室，各机组必须始终保持两人监盘。

8）下列情况应拒绝接班：

① 设备异常。

② 检修措施执行不全，影响人身及设备安全。

③ 运行日志记录不清、不详，未阐明理由，未汇报上级。

④ 运行方式不合理，违反规程、规定。

⑤ 设备异常处理不完善，采取措施不全。

⑥ 安全用具、仪表、钥匙、台账、工器具不全。

⑦ 定期设备倒换、试验，应做未做，未记录。

⑧ 重大设备缺陷未记录，未联系消除，未汇报。

⑨ 岗位卫生不合格。

⑩ 重大操作，或异常、事故处理未告一段落（操作处理过程中发生短时无法消除的缺陷时，交接清楚后方可办理交接手续）。

9）交班前 10min 记录好运行日志及各种台账记录，检查表单记录准确，字迹清楚并在表单上签字。

10）全面检查本班工作任务是否完成，为下班做好准备工作。

11）全面检查设备一次，了解机组运行工况，对发现的设备异常变化，拿出分析处理意见。

12）检查岗位卫生干净，各种工器具齐全，定置定位标准。

13）接班人到达现场，要主动介绍本班工作情况，并虚心听取接班人提出的问题与意见。

14）遇有下列情况应主动不交班。

① 异常运行处理或重大操作未告一段落。

② 设备异常未查清，原因不明。

③ 接班人精神状态不佳，有威胁人身、设备安全可能。

15）参加值长主持班后会自评本班工作优缺点，注意事项。

16）对班中发生不安全事项及时进行分析，明确责任，得出经验教训，制定防范措施。

5. 运行值班员岗位工作标准

(1) 工作内容。

1）在机组长领导下，协助机组长负责本机组设备、系统，启停、调整、事故处理，保证设备安全运行，负责升压站及公用设备启停、调整、事故处理。

2）认真贯彻执行“两票三制”、“安措/技措/反措”、“安规/运规”，杜绝误操作。

3）负责审查操作票，并根据操作任务担当监护人或操作人，对违反规程的不正确操作及时进行制止和纠正；认真执行工作票制度，负责审查工作票的正确性及安全措施的完善性，并按工作票要求正确布置安全措施。

4）协助机组长完成本机组设备的定期试验和轮换工作。

5）协助机组长完成公用设备的操作、运行方式和重要系统的倒换。

6）协助搞好本机组值班人员的培训工作。

7）协助机组长完成所辖设备的缺陷登录和联系工作。

8）严格执行公司《制粉系统防爆技术措施》。

9）严格执行公司“冬季防冻防寒”、“夏季防暑度夏”安全技术措施。

10）严格执行《消防操作规程》、《电力设备典型消防规程》等相关规章制度，并认真检查现场消防器材的完好性、可靠性。

11）运行中认真监盘、精心调整，确保机组安全、经济运行，节能降耗。

12）运行中发现异常要及时调整，并协助机组长进行处理，认真分析查找原因，严格执行《联系汇报制度》。

13）根据运行方式、设备状态、环境气候、缺陷变化、异常工况，做好事故预想防患未然。

14）自觉遵守劳动纪律，搞好安全、文明生产，做好责任区卫生。

15）认真完成值长、机组长下达的操作命令，如果违背“安规”、“运规”有关规定，必须提出异议；直接威胁人身、设备安全时必须拒绝执行，同时向值长说明原因。

16）及时准确填写缺陷；按时查阅表单，校对工况正常；准确填写各种台账记录。

17）机组长不在主控时，集控值班员负责接受值长命令。

18）积极组织并完成领导的其他任务。

（2）工作要求。

1）上班期间严格执行公司及运行部规章制度，监盘注意力集中，严禁监盘聊天。

2）严格执行“两票三制”工作内容，严格按运行规程及有关运行技术措施进行操作，彻底杜绝人为误操作事故，为公司安全生产作贡献。

3）加强运行技术学习，逐步提高运行技术素质。

4）积极参加运行部组织集体活动，发扬团队精神。

（3）任职条件。

1）熟悉《集控运行规程》及运行有关管理制度、《电业安全工作规程》、《调度规程》、《消防规程》、《事故调查规程》的有关部分。

2）熟悉本机组所有设备系统、设备构造、工作原理和性能。

3）熟悉本机组所有设备的安装位置、连接方式技术规范。

4）熟悉本机组的自动装置、自动保护装置的配置、保护范围、保护定值和投停要求。

5）熟悉本机组设备操作、使用方法。

6）熟悉设备异常对机组的影响。

7）熟悉机组所有参数、控制指标和标准。

8）熟悉本机组设备、系统与公用系统的连接方式。

9）能熟练掌握本机组的正常维护和事故处理。

10）当机组设备系统有异常情况时，能独立进行分析判断处理。

11）能熟练进行本机组设备系统、方式的倒换工作。

12）能正确使用仪表、工具和安全用具。

13）能进行本机组所有设备、系统的各种试验工作。

14）能熟知本机组设备、系统检修后的验收标准。

15）能熟练使用现有灭火器材，掌握一定的消防烧伤、烫伤触电急救知识。

16）熟悉公司生产过程；掌握主辅设备工作原理、特性，主系统连接状况，熟悉《电网调度规程》。

17）掌握电力生产有关法律、法规、制度、条例以及安全、相关技术规程。

18）熟悉机电炉所有系统及设备的技术规范，运行特性工作原理、工作性能、质量标准、各种参数及变化范围保护定值和自动装置，了解影响机组效率的主要因素。

19）熟悉 DEH、DCS、MCS、SCS、FSSS 等系统工作性能和使用方法。

20）熟知机电炉专业有关公用系统的连接方式，能独立判断协助机组长进行各种事故处理及异常处理，对设备缺陷在安全与技术上能做出正确估计，并能采取合理的措施。

21）能进行所辖设备的全部操作和监护，办理操作票和工作票，布置各项安全措施。

22）能及时处理发电设备运行中出现的重大异常和事故隐患。

23）具有从事大型火力发电厂运行巡操员岗位 2 年以上工作经历。

24）中专及以上学历或中级专业技术职称任职资格。

25）所学专业：集控、热动、电气、热控。

26）身体健康，能适应本岗位工作。

（4）责任与权限。

1）责任。

① 对机组长下达的运行操作命令执行的正确性负责。

② 对下达给主巡操、巡操员的命令正确性负责。

③ 对机组系统、设备运行调整的安全性、经济性负责。

④ 对管辖范围内消防器材和安全防护装置负责。

⑤ 对管辖范围内设备、系统事故处理负责。

⑥ 对管辖范围内设备、系统工作票制度相关部分执行的正确性负责。

⑦ 对管辖范围内设备、系统操作票制度执行正确性负责。

⑧ 对管辖范围内设备、系统操作负责。

2）权限。

① 有权拒绝违反“安规”、“运规”的命令，并有权向上级反映。

② 对检修现场违反工作票中所规定安全措施的工作人员，有权停止其工作，并收回其工作票，令其撤离工作现场。

③ 发现工作人员无票作业时，有权令其恢复原状，退出现场，并及时将情况汇报值长。

④ 发现无关人员动用现场消防器材及安全防范装置时，有权责令其停止使用，并及时汇报值长。

⑤ 机组长不在主控时，集控值班员行使机组长的权力。

(5) 工作程序。

1) 接班人员必须正点前 20min 到达值班室，遇有重大操作、试验应提前了解情况。

2) 仔细查阅自上次交班至本次接班时间段运行日志、记录表单、工作票收发情况，对不清楚地方提出疑问，了解清楚。

3) 试验声、光、音响信号正常。

4) 全面检查设备状态、参数、系统方式、检修措施，核对记录正确，发现异常要及时向机组长汇报，不得自行处理（危及人身设备安全时除外)。

5) 正点前 5min 参加值长主持的班前会，说明设备变动情况、检查情况，听取值长布置预计工作、注意事项、防范措施及上级通知和命令。

6) 离开主控，应向机组长说明去向，当两名值班员同时离开主控时必须经值长同意。

7) 交班前 10min 记录好各种台账记录，检查表单记录准确，字迹清楚并在表单上签字。

8) 交班前全面检查设备一次，了解本机组运行工况，对发现的设备异常变化，拿出分析处理意见，及时汇报机组长。

9) 检查岗位卫生干净，各种工器具齐全，定置定位标准。

10) 接班人到达现场，要主动介绍工作情况，并虚心听取接班人提出的问题与意见。

11) 参加值长主持班后会，自评工作优缺点、注意事项。

12) 对班中发生的不安全事项及时进行分析，明确责任、找出经验教训，制定防范措施。

6. 运行巡检员岗位工作标准

(1) 工作内容。

1) 在机组长领导下，协助值班员完成本机组设备、系统，启停、调整、事故处理，保证设备安全运行，完成公用设备启停、调整、事故处理。

2) 认真贯彻执行“两票三制”、“安措/技措/反措”、“安规/运规”，杜绝误操作。

3) 负责审查操作票，并根据操作任务担当监护人或操作人，对违反规程的不正确操作及时进行制止和纠正；协助机组长、值班员负责完成工作票安全措施实施、执行和落实。

4) 协助集控值班员完成本机组设备的定期试验和轮换工作。

5) 协助集控值班员完成公用设备的操作、运行方式和重要系统的倒换。

6) 协助集控值班员完成所辖设备的缺陷登录和联系工作。

7) 严格执行《消防操作规程》、《电力设备典型消防规程》等相关规章制度，并认真检查现场消防器材的完好性、可靠性。

8) 运行中协助集控值班员认真监盘、精心调整。

9) 运行中发现异常要及时调整，并协助机组长进行处理，认真分析查找原因，严格执行《联系汇报制度》。

10) 根据运行方式、设备状态、环境气候、缺陷变化、异常工况，做好事故预想防患未然。

11) 自觉遵守劳动纪律，搞好安全、文明生产，做好责任区卫生。

12) 认真完成值长、机组长、值班员下达的操作命令，如果违背“安规”、“运规”有关规定，必须提出异议；直接威胁人身、设备安全时必须拒绝执行，同时向值长说明原因。

13）及时准确填写缺陷；准确填写各种台账记录。

14）积极完成领导的其他任务。

（2）工作要求。

1）上班期间严格执行公司及运行部规章制度，监盘注意力集中，严禁监盘聊天。

2）严格执行“两票、三制”工作内容，严格按运行规程及有关运行技术措施进行操作，彻底杜绝人为误操作事故，为公司安全生产作贡献。

3）组织做好设备巡回检查工作。

4）加强运行技术学习，逐步提高运行技术素质。

5）积极参加运行部组织集体活动，发扬团队精神。

（3）任职条件。

1）熟悉《集控运行规程》及运行有关管理制度、《电业安全工作规程》、《调度规程》、《消防规程》、《事故调查规程》的有关部分。

2）熟悉本机组所有设备系统、设备构造、工作原理和性能。

3）熟悉本机组所有设备的安装位置、连接方式技术规范。

4）熟悉本机组的自动装置、自动保护装置的配置、保护范围、保护定值和投停要求。

5）熟悉本机组设备操作、使用方法。

6）熟悉设备异常对机组的影响。

7）熟悉机组所有参数、控制指标和标准。

8）熟悉本机组设备、系统与公用系统的连接方式。

9）能熟练进行本机组设备系统、方式的倒换工作。

10）能正确使用仪表、工具和安全用具。

11）能进行本机组所有设备、系统的各种试验工作。

12）能熟知本机组设备、系统检修后的验收标准。

13）能熟练使用现有灭火器材，掌握一定的消防烧伤、烫伤触电急救知识。

14）熟悉 DEH、DCS、MCS、SCS、FSSS 等系统工作性能和使用方法。

15）协助机组长进行各种事故处理及异常处理，对设备缺陷在安全与技术上能做出正确估计，并能采取合理的措施。

16）能进行所辖设备的全部操作和监护，办理操作票和工作票，布置各项安全措施。

17）能及时处理发电设备运行中出现的重大异常和事故隐患。

18）具有从事大型火力发电厂运行巡操员岗位 1 年以上工作经历。

19）高中及以上教育或中级专业技术职称任职资格。

20）所学专业：集控、热动、电气、热控。

21）身体健康，能适应本岗位工作。

（4）责任与权限。

1）责任。

① 对机组长、值班员下达的运行操作命令执行的正确性负责。

② 对下达给巡操员的命令正确性负责。

③ 对管辖范围内消防器材和安全防护装置负责。

④ 对管辖范围内设备、系统工作票所列安全措施执行正确性负责。

⑤ 对管辖范围内设备、系统操作正确性负责。

⑥ 对主辅设备及公用系统运行状况负责。

2）权限。

① 有权拒绝违反“安规”、“运规”的命令，并有权向上级反映。

② 对检修现场违反工作票中所规定安全措施的工作人员，有权停止其工作，并收回其工作票，令其撤离工作现场。

③ 发现工作人员无票作业时，有权令其恢复原状，退出现场，并及时将情况汇报值长。

④ 发现无关人员动用现场消防器材及安全防范装置时，有权责令其停止使用，并及时汇报值长。

⑤ 有权终止错误操作，有权建议更换操作人。

（5）工作程序。

1）接班人员必须正点前20min全面检查所辖设备，遇有重大操作应提前了解情况。

2）仔细查阅自上次交班至本次接班时间段运行日志、记录表单、工作票收发情况，对不清楚地方提出疑问，了解清楚。

3）全面检查设备状态、参数、系统方式、检修措施，核对记录正确，发现异常要及时向机组长汇报，不得自行处理（危及人身设备安全时除外）。

4）正点前5min参加值长主持的班前会，说明设备变动情况、检查情况，听取值长布置预计工作、注意事项、防范措施、及上级通知和命令。

5）离开主控，应向机组长、值班员说明去向。

6）交班前10min记录好各种台账记录，检查表单记录准确，字迹清楚并在表单上签字。

7）交班前全面检查设备一次，了解本机组运行工况，对发现的设备异常变化，拿出分析处理意见，及时汇报机组长。

8）检查岗位卫生干净，各种工器具齐全，定置定位标准。

9）参加值长主持班后会自评工作优缺点，注意事项。

10）对班中发生的不安全事项及时进行分析，明确责任，得出经验教训，制定防范措施。

二、集控运行管理知识简介

（一）单元发电机组集控运行特点

随着生产发展的需要和对大型发电机组再认识的不断深入，从生产工艺、管理上讲，集控运行特点主要体现在以下几方面：

（1）大型发电机组自动化程度高、各专业交叉结合、联系紧密、没有明显的分界线，原专业运行已远远不能满足生产工艺管理的需要。

（2）保证大型发电机组安全、经济、稳定运行，必须打破专业界线，统一协调指挥，要求集控值班员为精通各专业的全能值班员。

（3）由于目前投产和在建的机组人员少、发电机组辅机庞大、系统复杂，运行维护要求严谨，因此必须建立全过程、多参数和综合操作的新概念，向操作集中、智能、程序化发展。

（二）单元发电机组和联合电力系统

单元制发电机组的出现，使电力系统单机容量日益增大，由于单元制发电机组距负荷中心较远，出现了远距离超高压输电线路将远方大型单元制发电机组与负荷中心联系起来，使电力系统的规模不断扩大。为提高安全性和经济性，各地方电力系统逐渐用高压输电网络互相连接在一起，形成了联合电力系统。联合电力系统进一步互相结合，形成了跨地区全国统一电力系统，甚至成为跨国电力系统。

联合电力系统的出现带来了很高的经济效益。例如，能使负荷曲线变得平缓，提高设备的利用率，降低系统的备用率；可以使各种类型的电厂充分发挥各自的长处，互相支援，更大限度地实现经济调度；提高了供电的可靠性，一路电源故障，可以由其他电源回路继续供电；一个地区故障可以由其他地区支援。

单元制发电机组联合电力系统也出现了一些矛盾，如电力系统稳定问题显得更加重要；电网之间的联系加强后，互相影响增大，系统瓦解故障几率大。

（三）电力系统的运行

电力系统是一种时刻在变化着的动态系统。如负荷波动、设备检修退出工作、设备投入运行以及调整、试验等均会引起系统状态的变化。这种状态变化往往要涉及几个、几十个单位甚至整个系统，所以必须在系统调度员统一指挥下，系统内各单位相互配合才能完成。

1. 调度员指挥操作的主要内容

(1) 发电厂有功、无功功率的增减，电压、频率的调整。

(2) 系统间和发电厂与系统间的并列与解列。

(3) 输电线与变压器的停送电。

(4) 网络的合环与解环。

(5) 母线接线方式的改变。

(6) 中性点接地方式的改变和消弧线圈补偿度的调整。

(7) 继电保护和自动装置使用状态的改变。

(8) 线路检修开工前，线路所有电源端接地线的装设与竣工后的拆除。

2. 操作制度

对需要由调度统一指挥的操作，各现场运行人员只有在得到调度员的命令后才能执行本单位所承担的部分操作。调度操作命令分单项指令、综合指令、逐项指令。

(1) 单项操作指令是指调度员只对一个单位，只发布一项操作指令，由下级调度或现场运行人员来完成后汇报调度。

(2) 综合操作指令是一个操作任务只涉及一个单位的操作，调度员只发给操作任务，由现场运行人员自行操作，在得到调度员允许之后即可开始执行，完毕后在向调度员汇报。如变电站倒母线和变压器停送电。

(3) 逐项操作指令是指调度员逐项下达操作指令，受令单位按指令的顺序逐项执行。一般涉及两个及两个以上单位的操作，调度员必须事先按操作原则编写好操作票。操作时由调度员逐项下达操作指令，现场按指令逐项操作完后汇报调度。如线路的停送电。

在实际操作中，凡不需要其他单位直接配合的，均采用综合指令。只有当一个项目操作完毕，必须由其他单位操作之后，该单位才能再进行下一项操作时，方采取逐项命令方式。

调度员在发布操作命令时，必须根据事先拟定的完整操作票进行。现场人员则根据调度员预先发布的操作票，制定本单位详细的倒闸操作票。

操作票应包括下面的内容（全部或一部分）：

1）断路器和隔离开关的操作次序。

2）有功、无功电源的调整。

3）继电保护和自动装置的起用、停用和整定值的改变。

4）中性点接地方式的调整。

5）输电线路在电源出口装设接地线的情况。

6）输电线路作业单位数的说明。

操作票由一人填写后应由技术等级更高的人员审查核准。操作前应进行操作预演，以鉴定是否正确无误。

另外，还有操作监护制度、复诵制度、记录制度等。这些制度是防止误操作的有效措施。

（四）电力系统安全经济运行的基本要求

根据电能生产的特点，对电力系统运行提出了如下要求：

1. 保证可靠地、持续地供电

发供电设备的可靠性要求是由电力生产的特点所决定的。只有单元发电机组的可靠性提高、使其等效可用系数达90%以上，非计划降出力小时接近于零，电网又有20%的备用容量，同时供电可靠率达99.9%，才能满足日益发展的国民经济的需要。

2. 保证良好的电能质量

良好的电能质量通常是指用户处电压偏移±5%(有的用户允许偏移－10%～＋5%)；系统频率偏移不超过±(0.2～0.5)Hz。当电压或频率偏移过大时，会影响工农业生产。严重时，还会引起电力系统瓦解事故，甚至影响人身和设备安全。

3. 保证系统运行的经济性

现代单元发电机组生产的规模很大。电能在生产、输送、分配中的消耗和损失的数量是相当可观的，因此降低每生产1kWh电所消耗的能源，降低输送、分配时的损耗有着极其重要的意义，为此应开展电力系统经济运行工作，使负荷在各发电厂、各发电机组间合理分配。

（五）大机组与大电网的稳定问题

随着大机组的陆续投运和超高压输电网络的形成，大容量、远距离送电的区域性发电厂不断增多。由于区域性电厂单机容量较大而机组的惯性时间常数相对减小，以及与系统的联系电抗增大，系统的稳定水平降低。根据我国网架的建设标准，一般只能保证常见运行方式发生单相永久性故障情况下系统的稳定运行，甚至在某些运行方式下发生单相短路故障就会造成运行机组的失步。例如，浙江某发电厂一期工程两台600MW机组升压后经500kV双回线路到某变电所，再经500kV双回线路接入华东500kV主网，根据分析计算：当双回线路运行时，若一回线路发生三相短路故障跳闸，则两台满发的发电机组将失去同步，发生系统振荡，当单回线路运行时，若发生单相短路故障，则会造成运行机组的失步。因此，只有采取有效的稳定措施，提高线路的暂态稳定功率极限，才能保证机组满发负荷安全稳定运行。

机组失步发生系统振荡的主要物理过程是：线路发生故障时，电压下降，造成输电功率突然减少，而汽轮发电机组输入的蒸汽不变（来不及变），造成发电机组的输入机械功率大于输出电功率，过剩的机械功率使机组加速，从而造成机组与系统失去同步，发生系统振荡。显然，减少或吸收掉过剩的机械功率是提高系统稳定的有效措施。

电厂侧提高暂态稳定的措施有多种，如切机、快关汽门、加速切除故障、快速励磁控制、电气制动等。一般情况下，除电厂出线始端发生三相短路必须采取切机减出力外，其他的单一故障，通过采取快关汽门措施，可达到电网稳定运行的目的。

（六）单元机组的控制方式

单元机组的自动控制方式一般有锅炉跟踪控制、汽轮机跟踪控制和机炉协调控制三种。

1. 锅炉跟踪控制（机调负荷，炉调压）

这种控制方式的原理是当需要增大机组出力时，给定功率信号增大，功率调节器首先开大调速汽门，增大汽轮机进汽量，使发电机输出功率与给定功率一致。由于蒸汽流量增加，引起主蒸汽压力下降，以主蒸汽压力低于给定主蒸汽压力值的压力偏差作为信号，使进入锅炉的燃料量增加，保持主蒸汽压力恢复到给定压力值。在这种控制方式中，机组的负荷，由汽轮机控制，机组的蒸汽压力由锅炉控制，锅炉的负荷按照汽轮机的需要而改变，所以把这种控制方式称为锅炉跟踪控制，或称为“炉跟机”控制方式。采用汽包锅炉的单元机组通常采用这种控制方式。它是最常用的控制方式。

锅炉跟踪控制方式按照给定功率信号的变化，利用锅炉的蓄热量（主蒸汽压力变化），使机组实发功率迅速随之变化。在锅炉蒸汽压力的允许变化范围内，其快速作出反应是完全可能的，对系统调频也有利。但在发生很大幅度的负荷变化时，由于锅炉燃烧迟延大，对主蒸汽压力的调节不可避免地有滞后现象，在锅炉开始跟踪时，主蒸汽压力已变化较大，锅炉的运行调节就不会稳定。若要抑制这种不稳定现象，在较大的负荷变化情况下，其负荷的变化率显然应加以限制。

2. 汽轮机跟踪控制（炉调负荷，机调压）

这种控制方式的是当外界负荷突然增加时，给定功率信号增大，首先是控制锅炉的主信号增大，即功率调节器的输出增大，开大燃料控制阀，增加燃料量。随着锅炉输入热量增加，主蒸汽压力升高，为了维持主蒸汽压力不变，主蒸汽压力调节器将开大调速汽门，增大蒸汽量和汽轮发电机的功率，使发电机输出功率与给定功率相等。

汽轮机跟踪控制方式用控制汽轮机调速汽门来保持主蒸汽压力，主蒸汽压力变化甚小，对于锅炉的稳定运行有利，但是汽轮发电机负荷必须随着主蒸汽压力的升高才能增加，而锅炉燃料量、燃烧及热传导变化是延迟的，因而机组输出功率的变化也有较大的延迟。这样一来，对发电机出力的控制比较慢，因而对电力系统的负荷调整与频率调整不利。这种控制方式适用于承担基本负荷的单元机组，或者当机组刚投入运行，经验还不足时，采用这种方式可使汽压比较稳定，为机组稳定运行创造有利条件。当单元机组中汽轮机运行正常、机组输出功率受到锅炉限制时，也可采用汽轮机跟踪控制方式。

3. 机炉协调控制

通过上述两种控制方式可以看出：锅炉跟踪控制方式对电力系统负荷变化的跟踪速度快，但当动用锅炉蓄热量过大（负荷变动速度过大）时，会造成主蒸汽压力波动过大，机组运行不稳定；汽轮机跟踪控制方式根本不动用锅炉的蓄热量，汽压可以十分稳定，但机组出力变化延迟，不能满足电力系统快速负荷变化，即调频能力差。

如果把锅炉、汽轮机视为一个整体，把上述两种控制方式结合起来，取长补短，使整个机组的实发功率既能迅速跟踪给定功率的变化，又能维持锅炉输出蒸汽量与汽轮机输入蒸

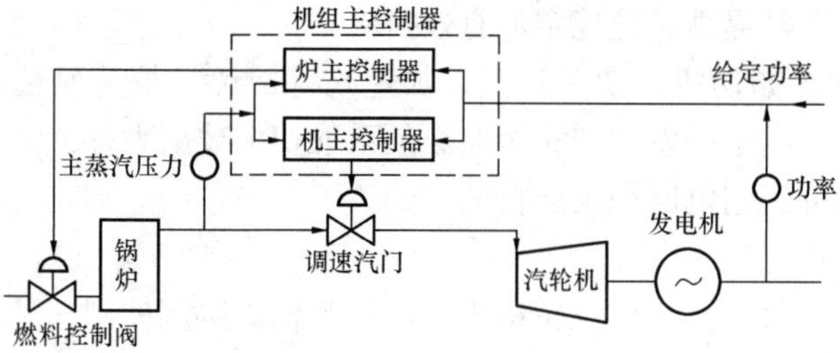

图 1-7　机炉协调控制方式原理框图

汽量的平衡，保持主蒸汽压力基本稳定。这种联合起来进行控制的控制方式比较理想，称为机炉协调控制方式（CCS）。其原理框图如图 1-7 所示。

在机炉协调控制方式中，锅炉与汽轮机的调节装置同时接受功率与压力的偏差信号，在稳定工况下，机组的实发功率等于给定功率，主蒸汽压力等于给定汽压，其偏差均为零。当外界要求机组增加出力时，使给定功率信号（出力指令）加大，出现正的偏差信号。这一信号加到汽轮机主控制器上，会导致汽轮机调速汽门开大，增加汽轮机的出力；加到锅炉主控制器上，会导致燃料量的增加，提高锅炉的蒸汽量。汽轮机调速汽门的开大，会立即引起主蒸汽压力的下降，这时锅炉虽已增加了燃料，但锅炉汽压的变化有一定延迟，因而此时会出现正的压力偏差信号（实际汽压低于给定汽压）。压力偏差信号按正方向加在锅炉主控制器上，促使燃料控制阀开得更大；压力偏差信号按负方向作用在汽轮机主控制器上，使调速汽门向关小方向动作，使汽压得以恢复正常。正的功率偏差使调速汽门开大，而开大的结果导致产生正的压力偏差，又使该阀门关小。因此这两个偏差对汽轮机调速汽门作用的结果使调速汽门在开大一定程度后停在某一位置上。在机炉协调控制方式中，会同时出现功率偏差信号和压力偏差信号，正是由于这两个偏差信号作用在汽轮机主控制器上的方向相反，相互抵消，才使调速汽门开大后停止在某一开度上不再变化。换句话说，在机炉协调控制方式中出现的功率偏差信号的作用可以被压力偏差信号的作用所抵消，两者之间可以建立起一定的关系。显然，这一情况不能长时间维持下去，因为功率偏差信号和压力偏差信号将逐渐消失。同时调速汽门在功率偏差和主蒸汽压力恢复（锅炉蒸发量增大）的作用下，提高机组负荷，使功率偏差也逐渐缩小，最后功率偏差与压力偏差均趋于零，机组在新的负荷下达到新的稳定状态。

从机炉协调控制方式动作过程可以看出：这种控制方式，一方面通过调速汽门动作，在锅炉允许汽压变化范围内，利用锅炉的一部分蓄热量，适应汽轮机的需要；另一方面又向锅炉迅速补进燃料（压力偏差信号与功率偏差信号均使燃料量迅速变化）。通过这样的协调控制方式，既可使单元机组实际输出功率能迅速跟踪给定功率的变化，又可使主蒸汽压力稳定。

第五节　常用的专业术语及名词解释

一、热力学专业术语

（1）工质。实现热能和机械能相互转化的媒介物质，叫做工质。为了获得更多的功，要求工质有良好的膨胀性和流动性、价廉、易得、热力性能稳定、对设备无腐蚀作用，而水蒸气具有这种性能，发电厂采用水蒸气作为工质。

（2）状态参数。凡能够表示工质状态特性的物理量，就叫做状态参数。常用的有：温度 T、压力 p、比体积 v、内能 u、焓 h、熵 s 等。

（3）汽化。物质从液态转变为汽态的过程，包括蒸发和沸腾。蒸发是在液体表面进行的汽化现象。

（4）沸腾。在液体内部进行的汽化现象。在一定压力下，沸腾只能在固定温度下进行，该温度称为沸点。压力升高沸点升高。

（5）饱和蒸汽。容器上部空间汽分子总数不再变化，达到动态平衡，这种状态称为饱和状态，饱和状态下的蒸汽称为饱和蒸汽；饱和状态下的水称为饱和水；这时蒸汽和水的温度称为饱和温度，对应压力称为饱和压力。

（6）湿饱和汽。饱和水和饱和汽的混合物。

（7）干饱和汽。不含水分的饱和蒸汽。

（8）过热蒸汽。蒸汽的温度高于相应压力下饱和温度，该蒸汽称为过热蒸汽。

（9）过热度。过热蒸汽的温度超出该蒸汽压力下对应的饱和温度的数值，称为过热度。

（10）汽化潜热。把 1kg 饱和水变成 1kg 饱和蒸汽所需要的热量，称为汽化潜热或汽化热。

（11）干度。湿蒸汽中含有干饱和蒸汽的质量百分数。

（12）湿度。湿蒸汽中含有饱和水的质量百分数。

（13）临界点。随着压力的升高，饱和水和干饱和蒸汽差别越来越小，当压力升到某一数值时，饱和水和干饱和蒸汽没有差别，具有相同的状态参数，该点称为临界点。

水蒸气的临界参数（临界点）：临界压力 $p_1=225.56$ 绝对大气压；临界温度 $t_1=374.15$℃。

（14）定压过程。在压力不变的情况下进行的过程，叫做定压过程。如水在锅炉中的汽化、蒸汽在凝汽器中的凝结。定压过程中比体积与温度成正比即 $v_1/T_1=v_2/T_2$ 温度降低气体被压缩，比体积减小；温度升高，气体膨胀，比体积增大。定压过程中热量等于终、始状态的焓差。其 $T-S$ 曲线为斜率为正的对数曲线。

（15）绝热过程。在与外界没有热交换的情况下进行的过程，称为绝热过程，又叫等熵过程。汽轮机、燃气轮机等热机，为了减少热损失，外面都包了保温材料，而且工质所进行的膨胀极快，在极短的时间内还来不及对外散热，即近似绝热膨胀过程。

（16）热力循环。工质从某一初始平衡状态，经过一系列的状态变化又回到初始状态这一全过程称为热力循环。

（17）朗肯循环。蒸汽动力装置的基本循环，工质在锅炉、汽轮机、凝汽器、给水泵等热力设备中吸热、膨胀、放热、压缩四个过程使热能不断地转变为机械能，这种循环称为朗肯循环。

（18）热传导。温度不同的物体各部分之间或温度不同的两物体间由于直接接触而发生的热传递现象，也称导热。热传导是从宏观角度进行现象分析的，即把物质看作是连续介质，各部分之间没有相对位移。热传导是热量传递的三种基本方式之一，对导热规律的研究是传热学的重要组成部分。导热理论的任务就是要找出任何时刻物体内各处的温度，即温度场，或各处的热流通量（热流密度）。

（19）对流换热。流体与温度不同的物体表面直接接触而产生的热量传递过程。它是热传导与热对流这两种基本传热方式综合作用的结果，也称对流放热。

（20）热阻。对流换热和辐射换热过程中由温度差和辐射力差形成的传热推动力与热流量或热流通量的比值，是一个综合反映阻止热量传递能力的参量。

（21）受迫运动。由外部机械力所引起的流体运动叫流体的受迫运动。

（22）自由运动。由于流体各部分密度不同而引起的运动叫流体的自由运动。

（23）层流。当流体的流动速度很小时，流体各质点都与管的轴线方向平行流动，流体各部分互不干扰，这种流动状态叫层流。

（24）紊流。如果流体的流速逐渐增大，当增大到某一临界值时，就会发现流体各部分相互掺混，甚至有旋涡出现，这种流动状态叫紊流。

（25）管内沸腾换热。沸腾介质（液体）在外力（压力差）作用下沿管道受迫运动，同时受热沸腾，属于流动沸腾换热。如果管内介质不流动，除非管内径尺寸很小、与产生的汽泡尺寸很接近这一特殊情况，一般可按池内沸腾换热处理。

（26）膜态沸腾。在一定条件下，亚临界压力锅炉的蒸发受热面中水或汽水混合物与管壁间被一层汽膜隔开，导致传热系数急剧下降，管壁温度急剧升高，甚至出现过烧的现象。膜态沸腾又称传热恶化，按机理分为第一和第二两大类。

1）第一类传热恶化。发生在欠热区和低含汽率区。热负荷很高时，蒸发管内壁汽泡核数剧增，汽泡生成速度超过脱离速度而形成汽膜，也称偏离核态沸腾。发生此类传热恶化时，传热系数急剧下降，壁温飞升，往往出现过烧。受热面热负荷是引起传热恶化的决定性因素，判定转入传热恶化的热负荷称临界热负荷。其他影响因素有质量流速、含汽率（或欠热值）、压力、管径及受热面状态等。

2）第二类传热恶化。发生在含汽率较高的环状流动区。很薄的水膜被撕破或蒸发，管壁仅受蒸汽冷却，也称蒸干，此时传热系数下降，壁温飞升（均小于第一类传热恶化），经常伴有壁温波动（幅度为60～125℃），导致管壁发生热疲劳破坏。引起第二类传热恶化的决定性因素为含汽率。判定转入传热恶化的含汽率为临界含汽率。其他影响因素有质量流速、热负荷、管径及压力等。

（27）辐射换热。两个互不接触且温度不相等的物体或介质之间通过电磁波进行的热交换过程，是传热学研究的重要课题之一。

辐射是以电磁波形式发射和吸收能量的传输过程。各种电磁波都以光速在空间传播，但是不同波长或频率的电磁波的性质是不相同的。

（28）水循环。水及汽水混合物在炉膛水冷壁内的循环流动。给水经省煤器进入汽包后，经由下降管和联箱分配给水冷壁，水在水冷壁内受热产生蒸汽，形成汽水混合物又回到汽包；分离蒸汽后的锅水又经下降管和联箱进入水冷壁继续循环流动。水循环不畅会导致水冷壁超温爆管，所以正常的水循环是锅炉可靠运行的重要条件之一。

（29）循环流速。相应于工质流量下，按管子截面计算的饱和水的速度。自然循环锅炉的循环流速与压力有关。

（30）质量流速。流过管子单位流通截面的工质流量，单位为$kg/(m^2 \cdot s)$。亚临界压力下，为避免传热恶化，应按热负荷确定允许最小质量流速。

（31）水蒸气。由水汽化或冰升华而成的气态物质。

（32）饱和状态。将一定量的水置于一密闭的耐压容器中，然后将留在容器内的空气抽尽，此时水分子就从水中逸出，经一定时间后水蒸气就充满整个水面上方空间。在一定温度下此水蒸气的压力会自动地稳定在某一数值上，此时，脱离水面的分子和返回水面的分子数相同，即达到动平衡状态，也就是水和水蒸气处于饱和状态。在饱和状态下的水、蒸汽分别称为饱和水和饱和蒸汽，饱和蒸汽的压力称为饱和压力，此状态下的温度称饱和温度，饱和压力和饱和温度之间有一定的对应关系。

(33) 溶解携带。蒸汽具有溶解某些盐类的能力。由于蒸汽对各种盐类的溶解能力不同，又称选择性携带。压力越高，蒸汽的溶解能力越大。

(34) 凝结换热。蒸汽的凝结分为膜状凝结、珠状凝结两种。当蒸汽遇到低于其饱和温度的壁面凝结成膜层状，这种凝结称为膜状凝结；若凝结液在固体表面呈珠状，则称为珠状凝结。在工业设备中很难得到珠状凝结，我们所遇到的大多都是膜状凝结。影响凝结放热的因素有：

1) 蒸汽中含有空气影响放热系数，含1%空气，放热系数下降50%，所以必须不断地将凝汽器中的不凝结气体抽出。

2) 蒸汽的流速越大则放热系数越大。蒸汽流速加大会使凝结液膜变薄、加快出现湍流，这样凝结热阻就变小了。

3) 冷却表面粗糙、脏污，使凝结液膜不易向下流动、厚度增加、热阻增大、放热系数减小，因而凝汽器必须定期予以除垢除锈。

4) 管子排列方式影响凝结放热。叉排、辐向排列比顺排放热系数大。

(35) 绝对压力。以绝对真空为零点算起的流体静压力称为绝对压力。

(36) 相对压力。以大气压力为零点算起的压力叫相对压力，也称为表压力，$p_g = p - p_a$。

(37) 真空。流体的绝对压力小于大气压力，称该流体处于真空状态。大气压与绝对压力的差值，称为真空值，$p_v = p_a - p$，真空值就是相对压力的负值，$p_v = -p_g$。

(38) 真空度。真空值与当地大气压的比值，$H_v = (p_a - p)/p_{a*1}$

二、热机专业术语

(一) 主机和电网

1. 汽轮机

汽轮机将蒸汽的热能转变为机械能的设备，分为若干级，每级由静叶栅和动叶栅组成。冲动式汽轮机主要由冲动级组成，蒸汽主要在喷嘴叶栅（或静叶栅）中膨胀，在动叶栅中只有少量膨胀；反动式汽轮机主要由反动级组成，蒸汽在喷嘴叶栅（或静叶栅）和动叶栅中都进行膨胀，且膨胀程度相同。

(1) 凝汽式汽轮机。蒸汽在汽轮机内做功后，除少量漏汽外，蒸汽全部排入凝汽器的汽轮机。

(2) 汽轮机的容量。即汽轮机的输出功率（也称出力），是汽轮机主轴联轴器端输出的功率，一般是指汽轮机驱动发电机所能发出的功率。

1) 额定容量（额定功率）。是汽轮机在规定的热力系统和补水率。各项参数（包括转速、主蒸汽、再热蒸汽的压力和温度）均为额定值以及对应于规定的夏季最高循环水温的排汽压力等条件下，驱动汽轮发电机能连续输出的功率。此功率应在铭牌上标示，故又称铭牌容量。

2) 最大容量。又称最大连续出力，是指汽轮机在制造厂给定的蒸汽参数及补水率等条件下维持最大连续进汽量可在汽轮发电机端长时间输出的功率。

3) 汽门全开容量。是指调节汽门全开时的进汽量下所能发出的功率。

（3）汽轮机启动。汽轮机从静止的或备用的状态，按一定的程序进行冲转、升速暖机、定速、并网接带负荷至额定值的全部过程。

（4）汽轮机热力特性。汽轮机组的输出功率与汽耗量（或热耗量）的关系。

（5）汽轮机热力系统。使汽轮机的热力循环和热功转换得以持续进行的所有设备和系统的组合。

（6）汽轮机损失。即指输入汽轮机的蒸汽热能中，未能转换为输出机械功率的那部分热能。

（7）汽轮机运行监视系统。为了保护汽轮机的安全而设置的监视和保护装置，以及由它们组成的信号显示、报警和保护系统。

2. 发电机

发电机是利用电磁感应原理工作的，能将机械能转化为电能的设备。它由发电机本体、励磁系统和冷却系统三部分组成。

3. 锅炉

锅炉设备是发电厂通过煤、油等燃料的燃烧产生热能将水变成蒸汽的设备。它由锅炉本体、锅炉附件和辅助机械组成，其中水冷壁、过热器、再热器、省煤器和空气预热器组成锅炉本体的燃烧室和受热面。

4. 电力系统

由发电机、电力网和用电设备组成的系统。

5. 电力网

动力系统中输送和分配电能及改变电能参数（如电压、频率）的设备，称为电力网。其中包括各种输电线路、变电所的配电装置、变压器、换流器、变频机等设备。

6. 一次调频和二次调频

当电网负荷变化引起电网频率变化时，并列运行的汽轮机按照各自的静态特性分担变化的负荷，使变化了的电网频率有所恢复，这个过程称为一次调频，可在数秒内完成。但这时频率仍有偏差，可通过调整电网中的某些机组的调节系统，使电网输出功率超过负荷需求以使电网恢复到额定值。这一过程称为二次调频，可在数分钟内完成。

（二）热机专业名词

（1）热耗率。汽轮发电机组每生产 1kWh 电能所消耗的热量。

（2）汽耗率。汽轮发电机组每生产 1kWh 电能所消耗的蒸汽量，它是一项汽轮机系统性能的综合性经济技术指标。可用于发电厂热力系统的汽水平衡计算或同类型机组间的经济性比较。

（3）定压运行。机组的一种传统运行方式，它是保持汽轮机进汽参数不变，通过改变进汽调节汽门的个数和开度来改变进汽量，以满足电网对调整负荷的要求。

汽轮机进汽调节方式主要有节流调节和喷嘴调节两种。

节流调节的汽轮机作定压运行时，锅炉保持汽压、汽温不变，依靠改变节流调节阀开度大小来改变阀后的压力，从而改变进入汽轮机的蒸汽流量和蒸汽可用焓降，以达到改变机组负荷的目的。节流调节的汽轮机在低负荷时，调节阀开度很小，蒸汽节流损失很大，由于调节阀后蒸汽压力降低，进入汽轮机的蒸汽可用焓降减少，使得机组运行经济性有明显下降。但正是由于调节阀的节流作用，使得机组在变负荷时，各级容积流量和蒸汽温度变化不大，因而有较好的负荷适应性。

喷嘴调节的汽轮机在定压运行时，锅炉维持蒸汽参数不变，依靠调节汽门顺序开启或关闭，来满足电网负荷要求，即用改变调节汽门开关数目来改变蒸汽流量和机组负荷。由于蒸汽经过全开调节汽门基本上不产生节流，只有经过未全开的调节汽门才产生节流，因此在低负荷运行时，喷嘴调节的汽轮机其调节汽门节流并不严重，其运行效率下降也较节流调节汽轮机为少。

(4) 变压运行。保持汽轮机进汽调节汽门全开或部分开启，通过改变锅炉出口蒸汽压力（温度不变）来满足电网负荷要求的一种机组运行方式，也称滑压运行。

1）变压运行分类。根据汽轮机进汽调节汽门在负荷变动时开启的方式不向，变压运行又可分为纯变压运行、节流变压运行和复合变压运行三种形式。

2）纯变压运行。在整个负荷变化范围内，汽轮机进汽调节汽门全开，完全由锅炉改变主蒸汽压力来适应机组负荷变化。这种运行方式，存在很大的时滞，负荷适应性差，不能满足调频的要求。另外在低负荷时，汽门全开，进汽压力低，机组循环效率下降较多。

3）节流变压运行。在正常运行条件下，汽轮机进汽调节汽门不全开，保持一定的节流。当负荷增加时，全开调节汽门，利用锅炉的蓄能，达到快速带负荷的目的。此后，随着锅炉蒸汽压力的提高，调节汽门重新恢复到原来的位置。这种运行方式解决了纯变压运行负荷调整时滞大的缺点。但由于正常运行时，调节汽门不完全打开，有一定的节流损失，也会降低机组运行的经济性。

4）复合变压运行。是一种变压运行和定压运行组合的运行方式，对于喷嘴调节的汽轮机，在实际应用中有三种组合方式：低负荷变压运行，高负荷定压运行；高负荷变压运行，低负荷定压运行；高负荷和低负荷定压运行，中间负荷变压运行。

(5) 机组连锁保护试验。调整和试验连锁保护装置的特性，确认连锁保护回路动作的正确性，使机组设备在启停过程及运行中出现运行工况不正常时，通过相应的连锁保护作用以保护有关设备和人身安全。火力发电厂有锅炉主燃料跳闸（MFT）及连锁、汽轮机连锁保护、机组快速减负荷（FCB）、甩负荷（RB）以及主要辅机的联动等系统。连锁保护装置有检测、判断、整定、执行等功能，通常由继电器等硬件组成，近年也有用微机软件组成的。

(6) 调速系统的静态和动态特性。汽轮机在稳定运行时，在调节系统的作用下，其转速变化与功率输出变化的对应关系被称为静态特性。转速变动率和迟缓率是衡量静态特性的两个重要指标。

汽轮机在稳定运行中当负荷突然变化后所表现出来的过渡品质称为动态特性。通常，我们把汽轮机突然甩去满负荷后所表现出来的转速飞升状态表征为汽轮机的动态特性。

(7) 迟缓率。由于调速系统各部件的摩擦、卡涩、间隙以及错油门的重叠度等，使调速系统动作迟缓，由于迟缓现象的存在，在同一功率时，转速上升与下降的转速差与额定转速的百分比叫调速系统的迟缓率。

(8) 临界转数。是指当汽轮机升到一转速时，汽轮机转速与转子自振频率重合，汽轮机转子与轴承发生较为强烈的振动，而越过这一转速后，振动将大大减小至正常范围。这一转速称为临界转速。

(9) 最佳真空与极限真空。蒸汽在汽轮机末级叶片中膨胀达到最大值时，与之对应的真空称为极限真空；最佳真空是指真空提高后所多得到的电力与提高真空所消耗的电力之差为最大时的真空值。

(10) 自激振动。由于轴瓦油膜振荡间隙和摩擦涡动等原因造成的转子的振荡。

(11) 半速涡动与油膜振荡。当转子受力均匀的时候，转子中心在轴承中处于一个稳定的平衡位置。转子在绕转子中心点旋转的同时，转子中心点还围绕平衡位置沿某种轨迹运行，即为涡动。涡动频率约为转子转动频率的一半，又称半速涡动。当转子的半速涡动与转子轴系的临界转速相遇时，涡动振幅将急剧增大，即为油膜振荡。油膜振荡时振幅很大，将使油膜损坏而引起轴承损坏甚至轴系的损坏等严重事故。

(12) 转子扭振。当汽轮发电机的原动力与输出功率失衡时，将在转子两端产生一种促使扭转变化的力量，随着失衡的变化，扭转的幅度与方向也出现相应变化，即形成扭振。

(13) 汽缸膨胀。汽轮发电机汽缸相对于基座基准点的膨胀量，从低压缸固定点起，机组向前轴承箱方向上的轴向膨胀量。

(14) 轴向位移。即汽轮机推力盘相对于推力轴承支架伸长或缩短的长度。

(15) 胀差。转轴相对于汽缸基准点的变化情况，即汽轮机转动部分与静止部分相对运动时转子与汽缸膨胀的差值。当汽轮机转子的热膨胀值大于汽缸的膨胀值时，其胀差为正值。

(16) 猫拱背。通常汽轮机上汽缸温度高于下汽缸，由于上汽缸变形大于下汽缸、引起汽缸向上拱起而发生的热翘曲变形，俗称为“猫拱背”。

(17) 弹性变形。物体在受外力作用时，不论大小，均要发生变形，当外力停止作用后，如果物体能恢复到原来的形状和尺寸，这种变形称为物体的弹性变形。

(18) 死点。热膨胀时，纵销引导轴和汽缸沿轴向滑动，横销与纵销作用线的交点称为死点。

(19) 扭曲叶片。叶型断面沿叶高度方向变化的叶片叫扭曲叶片或称变截面叶片。

(20) 汽轮机末级叶片。汽轮机内蒸汽膨胀过程的最后一级叶片。由于最后一级的蒸汽压力最低，容积流量最大，因此末梢叶片是汽轮机各级叶片中最长的一级，承受最大的离心力荷载和由此产生的应力。

(21) 水冲击。水或者冷蒸汽进入汽轮机造成水滴与高速旋转的叶片相撞击，导致推力轴承磨损、叶片损伤、汽缸和转子热应力裂纹、动静摩擦、高温金属部件永久性热变形，以及由此而来的机组振动。水冲击是现代汽轮机发生较多且对设备损伤较严重的恶性事故之一。

(22) 汽轮机转子寿命。汽轮机从初次投运到转子表面出现第一条宏观裂纹的时间。

(23) 惰走时间。从主汽阀和调节汽门关闭时起到转子完全静止的这段时间。

(24) 惰走曲线。表示转子惰走时间与转速下降关系的曲线。

标准惰走曲线是新安装汽轮机运行一段时间，待各部件工作正常后，停机时测绘的转子惰走曲线。

利用转子的惰走曲线可以判断汽轮机设备的某些特性，并可以检查设备的某些缺陷。如惰走时间短，表明汽轮机内机械摩擦力增大，可能由于轴承工作恶化或汽轮机动静发生摩擦；若惰走时间增长，则可能是主汽阀调节汽门或抽汽管道上的止回阀不严，致使有压力蒸汽漏入或返回汽轮机所致。

(25) 给水回热。给水回热是指利用汽轮机中做过部分功的蒸汽从汽轮机中某级抽出来，在加热器中将给水加热以提高机组的热循环效率。

(26) 加热器端差。加热器正常疏水温度与进水温度的差值称为下端差，加热器进汽压力下的饱和温度与出水温度的差值称为上端差。平常监视的多是指下端差。

(27) 除氧器的滑压运行。就是除氧器的运行压力不是恒定的，而是随机组负荷和抽气压力的变化而变化。

(28) 水击（水锤）。当液体在压力管道中流动时，由于意外原因（如阀门突然开启或关闭，或者水泵突然启动或停运及其他一些停运情况）造成液体流动速度突然改变，引起管道中的压力产生反复的、急剧的变化，这种现象叫做水击（水锤）。

三、常用的相关专业术语

（一）主设备部分

(1) 电力系统。由发电机、配电装置、升压和降压变电所、电力线路及电能用户所组成的整体称为电力系统。

(2) 电力系统振荡。由于发电厂引出线或线路开关故障、跳闸等原因，使电力系统动态稳定受到破坏引起频率表指示异常，负荷表、电压表大幅度摆动的不稳定现象称为电力系统振荡。

(3) 母线。母线起着汇集和分配电能作用，又称汇流排。在原理上它是电路中的一个电气节点，它决定了配电装置设备的数量，并表明以什么方式来连接发电机、变压器和线路，以及怎样与系统连接来完成输配电任务。

(4) 电气主接线。主要是指在发电厂、变电站、电力系统中，为满足预定的功率传送方式和运行等要求而设计的、表明高压电气设备之间相互连接关系的传送电能的电路。

(5) 厂用电。发电厂在启动、运转、停役、检修过程中，有大量以电动机拖动的机械设备，用以保证机组的主要设备和输煤、碎煤、除灰、除尘及水处理等辅助设备的正常运行。这些电动机以及全厂的运行、操作、试验、检修、照明等用电设备都属于厂用负荷，总的耗电量，统称为厂用电。

(6) 厂用电率。厂用电耗电量占发电厂全部发电量的百分数，称为厂用电率。厂用电率是发电厂运行的主要经济指标之一。

(7) 工作接地。是为了保证电气设备在正常或故障情况下安全可靠地运行，防止因设备故障而引起高电压，必须在电力系统中某一点接地，称为工作接地。例如中性点直接接地系统中的变压器中性点接地，其作用是稳定电网对地电位，从而可使对地绝缘降低。

(8) 防雷接地。是针对防雷保护的需要而设置的接地。例如避雷针（线）、避雷器的接地，目的是使雷电流顺利导入大地，以利于降低雷过电压，故又称为过电压保护接地。

(9) 保护接地。也称安全接地，是为了人身安全而设置的接地，即把电气设备金属外壳、框架等通过接地装置与大地可靠地连接，以防电气设备的绝缘损坏、外壳带电而发生触电事故，危及人身安全；在电源中性点不接地系统中，它是保护人身安全的重要措施。

(10) 保护接零。是在电源中性点接地系统中，把电气设备的金属外壳、框架等与中性点引出中线相连接，同样也是保护人身安全的重要措施。

(11) 仪控接地。发电厂的热力控制系统、数据采集系统、计算机监控系统、晶体管或微机型继电保护系统和远动通信系统等，为了稳定电位、防止干扰而设置的接地。仪控接地亦称电子系统接地。

（12）接地电阻。是指电流经接地体进入大地并向周围扩散时所遇到的电阻。

（13）感应电动势。穿过导电回路所围绕的面积内的磁通量发生变化时，在该回路中产生的电动势或当导线切割磁力线时在导线两端产生的电动势。

（14）有功功率。在交流电能的发输用过程中，用于转换成电磁形式的那部分能量叫做有功功率。

（15）无功功率。在交流电能的发输用过程中，用于电路内电磁场交换的那部分能量叫做无功功率。

（16）功率因数。有功功率 P 与视在功率 S 的比值。

（17）电压。单位正电荷由高电位移向低电位时，电场力对它所做的功叫电压。

（18）电流。就是大量电荷在电场力的作用下有规则地定向运动的物理现象。

（19）电阻。当电流通过导体时会受到阻力，这是因为自由电子在运动中不断与导体内的原子、分子发生碰撞，使自由电子受到一定阻力。导体对电流产生的这种阻力叫电阻。

（20）电动机的额定电流。就是该台电动机正常连续运行的最大工作电流。

（21）电动机的功率因数。就是额定有功功率与额定视在功率的比值。

（22）电动机的额定电压。就是在额定工作方式时的线电压。

（23）电动机的额定功率。是指在额定工况下工作时，转轴所能输出的机械功率。

（24）电动机的额定转速。是指其在额定电压、额定频率及额定负载时的转速。

（25）同步转速。在异步电动机三相对称绕组中通入三相对称电流时，便在电动机的气隙中产生一个旋转磁场，根据电动机极数的不同，旋转磁场的转速也不同，极数多的转速慢。我们把这个旋转磁场的转速叫同步转速。

（26）转差率。同步转速 n_1 与电动机的转速 n 之差（n_1-n）叫做转速差，转速差与同步转速的比值叫做转差率，转差率 S 通常用百分数表示，即 $S=(n_1-n)/n_1\times100\%$。

（27）相序。各相正弦量经过同一值的顺序。任意一组不对称的三相正弦交流电压或电流相量都可以分解成三组对称的分量：一组是正序分量，用下标“1”表示，相序与原不对称正弦量的相序一致，即 A-B-C 的次序，各相相位互差 120°；一组是负序分量，用下标“2”表示，相序与原不对称正弦量的相序相反，即 A-C-B 的次序，各相相位互差 120°；另一组是零序分量，用下标“0”表示，三相相位相同。例如：两相运行的不对称现象就会出现负序和零序分量。

（28）短路。三相电路中，相与相和相与地之间经小阻抗或直接连接，从而导致电路中的电流剧增，这种现象叫做短路。

（29）线电压。三相电路中，不管哪一种接线方式都有三根相线引出，把相线之间的电压称为线电压。

（30）击穿电压。绝缘介质击穿时，施加在介质两端的电压称为击穿电压。

（31）直流电。电压或电流的大小和方向不随时间变化的称为直流电。

（32）直流设备。是指为继电保护和控制回路提供直流操作电源以及供给事故照明等的直流电源装置。

（33）一次设备。是指直接生产和输配电能的设备，如发电机、变压器、开关电器、电力电缆等。

（34）一次回路。由发电机经变压器和输配电线路直至用电设备的电气主接线，通常称为一次回路。

（35）二次设备。是指对一次设备的工作进行监察测量、操作控制和保护等的辅助设备，如仪表、继电器、控制电缆、控制和信号设备等。

（36）二次回路。二次设备按一定顺序连成的电路，称为二次电路或二次回路。

（37）互感器。是指电力系统中测量仪表、继电保护和自动装置等二次设备获取电气一次回路信息的传感器，其作用是将高电压、大电流按比例变成低电压和小电流。

（38）低压开关。是用来接通或断开 1000V 以下交流和直流电路的开关电器。这里的“低压”与“安规”中规定的的低压概念（对地电压在 250V 以下）有着本质的不同。

（39）接触器。是用来远距离接通或断开电路中负荷电流的低压开关，广泛用于频繁启动及控制电动机的电路。

（40）自动空气开关。自动空气开关简称自动开关，是低压开关中性能最完善的开关。它不仅可以切断电路的负荷电流，而且可以断开短路电流，常用在低压大功率电路中作主要控制电器。

（41）灭磁开关。是一种专用于发电机励磁回路中的直流单极空气自动开关。

（42）隔离开关。是具有明显可见断口的开关，没有灭弧装置。可用于通断有电压而无负载的线路，还允许进行接通或断开空载的线路、电压互感器及有限容量的空载变压器。隔离开关的主要用途是当电气设备检修时，用来隔离电源电压。

（43）高压断路器。又称高压开关。它不仅可以切断或闭合高压电路中的空载电流和负荷电流，而且当系统发生故障时，通过继电保护装置的作用切断短路电流。它具有相当完备的灭弧结构和足够的断流能力。

（44）六氟化硫断路器。采用具有优良灭弧性能和绝缘性能的 SF_6 气体作灭弧介质的断路器，称为 SF_6 断路器。它具有开断能力强、体积小等特点，但结构较复杂，金属消耗量大、价格较贵。

（45）真空断路器。利用真空的高介质强度来灭弧的断路器，称真空断路器。此种断路器具有灭弧速度快、触头材料不易氧化、寿命长、体积小等特点。

（46）吸收比。对绝缘试品加直流电压后 60s 和 15s 的电阻之比。

（47）消弧线圈。是一个具有铁芯的可调电感线圈，装设在变压器或发电机的中性点，当发生单相接地故障时，起减少接地电流和消弧作用。

（48）电抗器。电抗器是电阻很小的电感线圈，线圈各匝之间彼此绝缘，整个线圈与接地部分绝缘。电抗器串联在电路中限制短路电流。

（49）电弧。电火花的大量汇集形成电弧。

（50）电流继电器。以反映接入线圈电流大小决定其动作与否的继电器称为电流继电器。

（51）电压继电器。以反映加入电压高低决定其动作与否的继电器。

（52）继电器启动电流。能使继电器动作的最小电流值。

（53）速断保护。不加时限，只要电流达到整定值就可瞬时动作的保护。

（54）差动保护。是利用电气设备故障时流入和流出被保护设备的电流差值而启动的保护。

（55）零序保护。反映电力系统接地故障所特有的零序电流和零序电压电气量的保护。

（56）距离保护。反映故障点至保护安装处距离的一种保护装置。

（57）主保护。能满足系统稳定及设备安全要求，有选择地快速切除被保护设备和全线故障的保护。

（58）后备保护。主保护不动作或断路器拒动时，用以切除故障的保护。

（59）控制循环锅炉。指在循环回路的下降管与上升管之间设置循环泵以辅助水循环并作强制流动的锅炉，又称辅助循环锅炉。它包括三种类型：①从自然循环锅炉基础上发展起来的控制循环锅筒锅炉（循环倍率为2.4～2.5）；②从带汽水分离器的直流锅炉基础上发展起来的低倍率循环锅炉（循环倍率为1.2～2）；③高负荷下按纯直流工况运行，低负荷下投入循环泵按低倍率循环运行的复合循环锅炉。前两种类型的水循环原理相同，即依靠下降管与上升管间工质密度差以及串接在回路中的循环泵压头所提供的总推动力而建立工质循环。

（60）炉膛容积热负荷 q_V。指炉膛单位容积折算的单位时间内燃料的释热量（热功率），它等于燃料发热量与单位时间燃料消耗量的乘积除以炉腔容积所得的商。它是锅炉设计和运行的一个重要参数，在一定程度上反映了燃料和烟气在炉膛内的停留时间和出口烟气冷却的程度。锅炉设计中，选取炉膛容积热负荷须依照两个原则：燃料燃烧（或燃尽）需要的条件和使烟气及灰冷却需要的条件。

（61）炉膛截面热负荷 q_V。按单位截面积折算的单位时间燃料释热量（热功率），它等于燃料发热量与单位时间燃料消耗量之积除以燃烧器区域的炉膛横截面积。炉膛截面热负荷与燃料种类有关。

炉膛截面热负荷表征燃烧器区域的温度水平。在 q_V 一定条件下截面热负荷值过大，炉膛属瘦高型，炉膛周界过小，使燃烧器区域火焰温度水平偏高，虽有利于燃料着火，但对低灰熔点煤易引起结渣；反之，截面热负荷过小，炉膛呈矮胖型，即使燃烧器周围不结渣，由于炉膛高度大小，易导致炉腔出口处烟温过高而结渣，还可能引起燃烧不稳。

（62）燃烧器区域壁面热负荷。按燃烧器区域单位表面积折算的单位时间的燃料释热量，它等于每小时燃料消耗量与燃料发热值的乘积除以燃烧器区域的壁面积。

燃烧器区域壁面热负荷表征炉内燃烧器区域的温度水平和换热强度，它反映燃烧器在不同布置方式下火焰分散或集中的程度。在大容量锅炉设计中作为对容积热负荷和截面热负荷进行补充的设计指标。对于结渣性煤种趋于采用低值，难燃煤种则宜用较高值。

（63）热偏差。并列管组中个别管圈（偏差管）内工质焓增与整个管组工质平均焓增之比。热偏差越大，偏差管中工质温度越高，其工作可靠性就越差。热偏差主要由热力不均匀性、水力不均匀件和结构不均匀性等因素引起。

（64）积盐。随蒸汽携带的各种物质，由于温度、压力变化，引起其溶解度下降而析出，沉积于热力设备蒸汽通流部分的现象。蒸汽通流部分的积盐除蒸汽携带的盐类物质外，还有过热器、再热器的氧化产物。蒸汽携带包含水滴携带和溶解携带。蒸汽参数不同，蒸汽携带的盐类也不同，参数越高，积盐的危害性越严重。积盐的部位主要为过热器和汽轮机叶片等处。

（65）冷脆性。金属在低温下呈现的脆性。冷脆性只产生于具有体心立方晶格（如铁等）的金属中，锅炉制造用的碳钢及低合金钢都有冷脆现象。为避免冷脆断裂事故，可通过冲击试验、落锤试验测定出脆性转变温度。选材时应选用脆性转变温度低于工作温度的钢材。

（66）脆性转变温度。温度降低时金属材料由韧性状态变化为脆性状态的温度区域，也称韧脆转变温度。在脆性转变温度区域以上，金属材料处于韧性状态，断裂形式主要为韧性断裂；在脆性转变温度区域以下，材料处于脆性状态，断裂形式主要为脆性断裂。

脆性转变温度一般要通过断口形貌准则法测定表示：规定以断口上纤维区与结晶区相对面积达一定比例时所对应的温度，以 FATT（fracture appearance transition temperature）表示。

（67）疲劳。材料或构件在长期交变载荷持续作用下产生裂纹，直至失效或断裂的现象。其特点是破坏应力远低于材料在单向拉伸下的断裂应力，而且疲劳断裂时不产生明显的宏观塑性变形，易造成灾难性的事故。

（68）蠕变。金属等固体材料在应力作用下，随时间的延续发生缓慢塑性变形的现象。蠕变是金属等固体材料的塑性变形现象的一种。金属发生蠕变的温度与其熔点 T_m 有关。对于火力发电机组高温部件，如主蒸汽管道、过热器管、汽轮机主轴、叶片等用钢和合金，则需在高温，即工作温度为 $0.4T_m$ 以上时才发生明显的蠕变现象，而有些低熔点金属，如铅、锡等，即使在室温下也会发生蠕变。

（69）应力松弛。金属在高温和应力作用下，维持总变形不变，随着时间的延长，弹性变形不断转变为塑件变形，从而不断使应力减小的现象。

（70）汽包用钢。汽包一般处于 370℃左右及以下的中温及高压状态下工作，同时，还要受到热应力及水和蒸汽介质的腐蚀。在制造过程中需经过卷板、焊接、热处理等加工工序。对汽包用钢除应满足锅炉用钢的共性要求外，尚应具备以下条件：①足够的常温及中温强度；②良好的冲击韧性及较小的时效敏感性；③良好的塑性；④较低的缺口敏感性及较高的断裂韧性；⑤良好的抗低周疲劳性能。

目前德国的锰—镍—钼 BHW35 钢板和美国的碳—锰 SA299 钢板为亚临界压力锅炉常用的汽包用钢。

（71）锅炉对流受热面。布置在锅炉对流烟道中，主要以对流换热方式接受烟气热量并传递给工质的受热部件。主要包括对流管束、防渣管束、过热器和再热器的对流部分、省煤器及空气预热器。布置在炉膛出口的半辐射式过热器（后屏）通常也包括在内。

（72）对流过热器。布置在对流烟道中，以对流传热为主，一般采用蛇形管式。其传热效果主要取决于烟气温度和流速，呈现对流传热特性。对流过热器由并联的蛇形管组成，一般采用顺列布置。为了达到所要求的蒸汽流速，过热器蛇形管可以布置成单管圈或多管圈。为降低过热汽温偏差，常将其沿烟道宽度分成串联的两级或三级。

（73）半辐射过热器。布置在炉膛出口处，又称后屏过热器。它既吸收烟气的对流热，又吸收炉膛和屏间气室的辐射热，具有较平稳的汽温调节特性。

（74）辐射过热器。直接吸收炉膛火焰的辐射热，通常以壁式或大间距的前屏（又称大屏、分隔屏）的形式布置在炉壁上或炉膛上部。

（75）再热器。把汽轮机高压缸的排汽重新加热到一定温度的锅炉受热部件。随着蒸汽压力的提高，为了减少汽轮机尾部的蒸汽湿度及进一步提高机组的热经济性。

按传热特性再热器可分为对流再热器和辐射再热器两种。

1）对流再热器。布置在对流烟道中，以对流传热为主。其结构与对流过热器相似，也是由许多并联连接的蛇形管所组成，一般布置在烟温稍低的区域，并采用较粗管径。其原因是：①中压蒸汽换热系数较低，且再热系统阻力对汽轮机热耗影响较大，蒸汽速度的提高受到限制，这样蒸汽对管壁的冷却能力较低，易引起管壁超温；②再热蒸汽压力低，比热小，对热偏差比较敏感；③为保证热力系统的经济性，通常规定系统总阻力不超过0.2～0.3MPa。

2）辐射再热器。布置在锅炉前面或侧面墙上，主要吸收炉膛辐射热。它与对流再热器组成辐射—对流再热器系统，有利于改善再热汽温调节特性。

（76）喷水减温器。将水直接喷入过热蒸汽中进行减温的装置。因喷入的水直接与蒸汽混合，故对水质要求较高。给水品质好的锅炉，可直接用给水作为减温水。再热蒸汽减温水由给水泵中间级抽取。

喷水减温器要求有较好的雾化性能，易于调节控制，结构简单和运行可靠。为了避免喷入的水滴与管壁接触引起热应力而产生疲劳破坏，在减温器内装有保护套管，其长度应大于水滴蒸发段的长度。

（77）给煤机。按照负荷要求能准确调节磨煤机给煤量的机械设备。它布置在原煤斗与磨煤机之间，在直吹式制粉系统中，给煤量直接与锅炉负荷相适应。给煤机类型多种多样，按结构特点和工作原理有容积式和重力式两种。

（78）磨煤机。将破碎后的原煤磨制成煤粉（煤粉细度R_{90}＝5％～60％）以供锅炉燃烧的机械设备。煤粉磨制过程的实质是克服固体分子间的结合力，使其表面积增大，因此需要消耗能量，通常以磨煤电耗（kWh/t）表示消耗的能量。

煤在磨煤机中被磨碎的方式主要有三种，即压碎、击碎和研碎，其中压碎过程消耗能量最省，研碎过程消耗能量最费。现代磨煤机除磨粉功能之外，还兼有干燥功能，利用热风在粉碎过程中对煤加热干燥，并在粉碎之后将煤粉带出磨煤机。因此干燥剂同时作为煤粉输送介质，使磨煤机实现稳定连续给料，连续干燥和研磨，连续向锅炉燃烧系统供应质量合格的煤粉。

（79）粗粉分离器。将磨煤机送出的粗粉从气粉混合物中分离出来，送回磨煤机继续磨碎的装置。分离原理有重力分离、惯性分离和离心分离，通常粗粉分离器以一种分离方式为主，兼有其他分离方式。

从磨煤机出来的煤粉和干燥剂混合气流，垂直向上经进口管进入分离器外锥，由于通道截面扩大，流速降低，部分粗煤粉因重力作用被分离出来；气流由外锥流向叶片及由叶片流向出口管时，气流转向产生惯性力，起再次分离作用。气流进入内锥通过叶片的引导产生旋转运动，粗煤粉因离心力继续分离出来。运行中可通过改变叶片角度，增加或降低气流旋转强度来调节煤粉细度。

（80）回转式空气预热器。由烟气、空气交替地流过蓄热元件进行热交换，属于再生式换热装置。受热面多由排列紧密的金属薄板组成，回转式预热器比管式体积小、质量轻、结构紧凑，并便于布置。此外，冷段便于更换，防腐问题易于处理。

（81）送风机。将空气输送入锅炉炉膛以满足燃料燃烧需要的风机。一般布置在空气预热器入口之前。其流程是：将吸入的冷空气送入空气预热器中，加热到设计温度，然后一部分直接经燃烧器送入炉膛（即锅炉二次风）；另一部分进入制粉系统作为干燥剂，并起到输送煤粉的作用，然后经燃烧器送入炉膛（即锅炉一次风）。因此送风机的选择，既要满足燃烧过程所需要的空气量，又要根据燃烧系统的配置克服所应克服的阻力。

通常一台锅炉配置两台送风机。单台运行时应能满足锅炉负荷70％的要求，大容量通常采用轴流式送风机。

（82）引风机。从锅炉尾部将烟气抽出排入烟囱的风机。为减轻烟气中灰粒对风机的磨损，引风机多布置在除尘器之后。通常一台锅炉配置两台引风机，单台运行时可满足锅炉负荷70%的要求。

电站锅炉采用的引风机有离心式和轴流式两种。运行中磨损和积灰是主要问题，灰粒造成的不均匀磨损或积灰，不但会破坏转子的动平衡引起振动还会影响其性能。对于轴流式引风机，因叶片与机壳间的间隙较小，叶轮转速较高，磨损敏感性大于离心式。离心式引风机虽然对磨损适应性好些，但积灰的影响却较轴流式严重。

（83）锅炉炉膛。锅炉中组织燃料燃烧的空间，也称燃烧室，是锅炉燃烧设备的重要组成部分。近代锅炉的炉膛除了要把燃料的化学能转变成燃烧产物的热能外，还承担着组织炉膛换热的任务，因此它的结构应能保证燃料燃尽并使烟气在炉膛出口处已被冷却到锅炉对流受热面安全工作所允许的温度。

（84）直流式煤粉燃烧器。利用直流射流的多个组合和相互作用以燃烧煤粉的装置。是锅炉常用的一种燃烧器。它由一组圆形、矩形或两者兼有的喷口按一定次序相间布置所组成。一、二次风分别由不同喷口喷进炉膛，火焰在炉膛中心旋转上升。

切向燃烧的燃烧器多布置在炉膛四角。各组燃烧器的轴线与炉膛中心假想圆相切，各角上所布置的直流燃烧器一、二次风，以较高喷射速度，按假想圆切向进入炉内，形成一个大旋转气流。煤粉的着火除射流本身卷吸高温烟气外，还靠上游邻角的火炬点火，着火稳定性好，炉内的旋转气流加强了煤粉与空气的混合，利于燃尽。因此，炉膛内的烟气流动特性与燃烧工况密切相关。在单一切圆布置基础上又派生出一次风正切圆、二次风反切圆。为获得较好的气流特性，炉膛截面宜为正方或近似正方形。

（85）锅炉安全阀。是锅炉等压力容器防止超压的重要安全附件，当进口侧介质静压超过其起座压力整定值时能突然起跳至全开的自动泄压阀门。为限制工质排放损失，当压力恢复正常或稍低的压力后，应能自行关闭。安全阀有杠杆重锤式、弹簧式和脉冲式等。

锅炉用安全阀的总排放能力，一般均要求等于或大于锅炉的最大蒸发量。安全阀装设在锅炉锅筒、过热器出口和再热器出、入口联箱或管道上。锅炉上各安全阀的起座压力的整定值有所区别，动作次序有先后，其中最高起座压力不高于工作压力的1.1倍。

（86）吹灰装置。用各种介质来清除锅炉烟气侧受热面上附着的灰渣等沉积物的设备。它能改善锅炉受热面的传热条件，从而提高锅炉效率。对保证锅炉出力和控制过热蒸汽温度均有重要作用。

（87）锅炉膨胀中心。对大中容量悬吊式锅炉人为地设置的膨胀零点。要求这一位置不产生任何方向的位移。无论从保证锅炉密封还是对锅炉进行系统应力分析都要求设置膨胀中心，以便在查明锅炉各部分温度分布后，就可以计算出在该状态下锅炉各位置的膨胀位移量。

膨胀中心的位置根据锅炉的布置形式来决定。对于悬吊式锅炉，在上下方向上总是设在炉顶吊挂装置的固定螺母处；左右对称布置的锅炉，膨胀中心一般都在对称中心线上；膨胀中心在前后方向上的位置和锅炉的布置形式关系很大，单烟道锅炉多在炉膛中心线上。

导向装置是实现膨胀中心的专用限位结构。由于锅炉为全悬吊结构且质量很大，在垂直方向上，受热面系统和燃烧设备（固定在水冷壁上）都向下自由膨胀，在锅炉前后和左右方向上则依靠导向装置来引导。

(88) 锅炉水压试验。为检查锅炉受热面的严密性和强度，在受热面和本体管道安装完毕之后，进行整体水压试验。试验范围包括从给水进口到蒸汽出口主汽阀或汽轮机进口主汽阀的所有汽水管道和阀门。中间再热锅炉还有二次汽系统。两个系统分别做水压试验，试验压力按照制造厂规定。水压试验使用除盐水，为防止设备腐蚀，进水过程中还要加入适量的氨或联胺。因用水量很大，故事先应计算出试压范围的水容量，准备临时储水容器和足够的水。在水压试验时如有泄漏，需要放水后才能处理，这样工作量太大，所以水压试验前先作一次气压预试。由于空气的泄漏能力比水大很多倍，所以气压达到0.3～0.5MPa即可，待气压预试无泄漏后再作水压试验。

(89) 锅炉化学清洗。采用化学方法清除锅炉水汽系统中的各种沉积物、金属氧化物和其他污物，并使金属表面形成保护膜的技术。它是减少锅炉因受热面结垢和沉积附着物所造成的腐蚀、导热不良和对水汽的污染，保证锅炉安全经济运行的一项重要技术措施。对锅炉的清洗一般采用酸性介质，又称酸洗。

对新建机组主要是消除受热面管内壁在轧制过程中形成的高温氧化皮，清除管内在加工时引入的润滑剂以及在储运、安装过程中产生的锈蚀产物、焊渣、油脂、泥砂等污物。对运行锅炉主要是清除金属受热面水侧表面上积结的钙镁水垢、氧化铁垢、铜垢、硅酸盐垢和油垢等各类沉积物。

新建锅炉的化学清洗范围主要是根据锅炉参数、结构特性和管内壁的锈蚀程度来决定。通常对过热器出口压力为9.8MPa及以上的汽包锅炉，在投产前必须进行化学清洗。对于腐蚀严重的过热器和再热器，可以进行化学清洗，清洗时必须有防止立式管气塞和腐蚀产物在弯管内沉积的措施。凝结水系统和高压给水系统，如腐蚀轻微，可以不进行化学清洗，只采取化学除盐水冲洗。

一般包括锅炉本体的水汽系统，其清洗周期主要是根据锅炉运行年限和管内沉积物的附着量来确定。当超过极限值时应考虑化学清洗。锅炉化学清洗的间隔时间还应根据锅炉类型、工作压力、燃料品种，沉积物厚度、成分及特性，运行中水质异常情况和大修时锅内检修情况作适当的调整和变更。

(90) 锅炉最低稳燃负荷。锅炉机组在不借助辅助燃料能够连续稳定燃烧条件下所提供的最低蒸发量。对燃煤锅炉来说是不投油助燃而能连续稳定燃烧的最低蒸发量（通常用额定负荷的百分数表示）。当锅炉负荷低于最低稳燃负荷时，炉膛内火焰温度降低，将会出现火焰不稳定甚至灭火的现象。锅炉最低稳燃负荷的高、低，对锅炉安全和经济运行有很大影响，它是满足电网负荷变化并实现经济调度，节约助燃用油的重要运行特性之一。

(91) 蒸汽净化。利用机械的或化学的手段，去除或减少蒸汽中携带的杂质（盐类）以提高蒸汽品质的过程。通常采取的手段有：用化学方法提高给水品质，用机械原理设置汽水分离器、进行蒸汽清洗及增大排污率等。

(92) 烟气脱硫。用吸收剂（反应剂）脱除燃料燃烧所生成烟气中二氧化硫的工艺。烟气脱硫设备一般安装在锅炉除尘器之后。

目前已开发的烟气脱硫方法，有百种以上。但按反应物质的状态（液态、固态）可分为干法与湿法两大类；按反应产物的处理方式可分为抛弃法与回收法两大类。

抛弃法的主要优点是：设备较简单，操作较容易，投资及运行费用较低。主要缺点是：废渣需占用场地堆放，容易造成二次污染。当烟气中二氧化硫浓度较低，无回收价值或投资有限，大气污染控制严格时，多采用抛弃法。

回收法的主要优点是：将烟气中的二氧化硫当作一种硫资源回收利用，变害为利，有些脱硫剂可再生使用；多数流程为闭路循环，避免了二次污染。主要缺点是：流程较复杂，运行操作难度较大；投资及运行费用较高。当烟气中二氧化硫浓度较高，有回收利用价值时，才考虑采用回收法。

(93) 炉膛爆炸。锅炉炉膛或烟道内燃料突然强烈燃烧或熄火，燃气压力骤增或骤减，超过炉墙或烟道所能承受能力而造成破裂的事故。分外爆和内爆两种，外爆是炉膛或烟道内聚集的可燃混合物被引燃导致急剧不可控的爆炸性燃烧，燃气体积迅速膨胀，使炉墙或烟道向外爆裂。内爆是炉膛灭火，烟气体积随温度降低迅速减小，这时，如送、引风机配合不当，造成引风机抽力瞬间增大，使炉墙或烟道承受较大的负压力而向内爆裂。爆裂危害很大，特别是外爆，不仅会造成炉膛或烟道破裂，锅炉的钢架弯曲或断裂，也会使有关的受热面管子破坏和造成人身伤亡，修复工作困难，停用时间长，直接和间接损失都很大。

(94) 炉膛灭火。运行中的锅炉因风/煤比失调，炉膛温度低或燃料中断，全部运行的燃烧器突然全熄火的一种事故。

灭火时一般会出现炉膛负压突然增大，一、二次风压突然减小，汽温、汽压随之降低，汽包水位先降低而后升高，炉膛变暗，火焰监视器发出灭火信号，灭火保护装置 MFT。判定为炉膛灭火时，应立即停止制粉系统，关闭速断油门，停止向炉内供应燃料。严禁用关小风门继续供给燃料以爆燃方式恢复着火。还应立即减负荷，解列减温器，控制好汽温和汽包水位。调整炉膛负压进行炉膛吹扫（不应少于 5min），在查明灭火原因并加以消除后，再重新点火，若短时间不能恢复时，则按正常停炉处理。

(95) 锅炉爆管。锅炉各金属受热面的管子在运行中损伤失效而爆漏的现象。锅炉受热面主要是水冷壁管、过热器管、再热器管和省煤器管，常合称为四管。由于它们承受高温、高压，一旦泄漏即会迫使锅炉非计划停运，直接和间接损失都很大。因此，防止或减少爆管是火力发电厂反事故斗争主要内容之一。

(96) 燃烧器结渣。在锅炉炉膛内进行的燃烧过程中受热面上黏结软化或半熔融灰粒，并生长和积累形成硬结的渣体覆盖层的现象。燃煤炉中发生结渣的部位，通常在燃烧器布置区域和炉膛出口折焰角处，严重时还会在过热器屏及其后的对流管束入口等处发生，也有时在炉膛下部冷灰斗处结渣或堆落。在炉内和燃烧器区域严重结渣，会影响炉内良好的空气动力工况，使燃烧进一步恶化。局部地区堵渣或堵灰会形成烟气走廊，导致局部受热面严重磨损或过热。炉膛上部水冷壁上结成的大渣块往往会脱落下来，砸坏炉底管。由于以上种种因素，最终会导致降低负荷运行或被迫停炉。

(97) 氧量。烟气中氧气所占的体积百分含量。

(98) 过量空气系数。实际供给空气量与理论空气量的比值。

(99) 一次风率。一次风率指一次风量占锅炉总风量的百分比。

(100) 低位发热量。高位发热量减去其中生成的汽化潜热后的发热量，称为低位发热量。

(101) 汽蚀。当离心泵入口的最低压力低于该温度下的被吸液体的饱和压力时，产生大量的汽泡，汽泡的形成、发展和破裂过程中，会对叶轮材料产生破坏作用，这种现象叫汽蚀。

（102）过热和超温。金属的过热与超温在概念上是相同的，所不同的是，超温是指在运行中由于种种原因，使金属的管壁温度超过它所允许的温度，而过热是因为超温致使金属发生不同的损坏，也就是说，超温是过热的原因，过热是超温的结果。

（103）经济煤粉细度。机械不完全燃烧热损失、排烟热损失和制粉电耗之和最小时的煤粉细度。

（104）飞灰可燃物含量。飞灰中可燃物含量占飞灰的含量。

（105）炉膛负压。炉膛内的压力和当地大气压的差值。

（106）着火温度。由缓慢的氧化状态转变到反应能自动加速到高速燃烧状态的瞬间过程称为着火，着火时反应系统的温度称为着火温度。挥发分越低，着火温度越高。

（107）完全燃烧。燃料中的可燃成分在燃烧后全部生成的不能再进行氧化的燃烧产物。

（108）烟气露点。烟气中的 SO_3 与水蒸气结合成硫酸蒸汽，当低温烟气进入低温受热面后，烟气中的硫酸蒸汽开始凝结，硫酸蒸汽的凝结温度称为酸露点，酸露点比水露点要高得多，通常所说的烟气露点，即是指酸露点。

（109）料位。磨内煤的体积与减去钢球所占容积后磨的容积之比。

（110）虚假水位。由于外界负荷或燃烧工况突然变化，汽包水位会随之突然升高或降低，而后再向相反方向变化，汽包水位升高或降低时指示的水位 。

（111）蒸发受热面。吸收火焰或烟气的热量而产生蒸汽的受热面。

（112）假想切圆。是指四角燃烧锅炉中，在炉膛中心和四个角的燃烧器的几何轴线的延长线都相切的假想圆。

（113）磨煤机的临界转速。钢球磨煤机内钢球和煤产生的离心力刚好与其重力相等，钢球和煤与筒体一起旋转时的磨煤机转速称为磨煤机的临界转速。

（114）窜轴。转动机械在运行中发生不正常的轴向位移现象叫做机械的窜轴。

（115）折焰角。后墙水冷壁在炉膛上部向前突出的部分叫折焰角。

（116）自燃温度。在没有明火接近的条件下，燃料与空气接触能自动着火燃烧的最低温度称为自燃温度。

（二）辅助设备（泵与风机）部分

（1）流量是指单位时间内所输送的流体数量。它可以用体积流量 q_V 表示，也可以用质量流量 q_m 表示。

（2）泵的扬程，是指单位质量液体通过泵后所获得的能量，即流体从泵进口断面到泵出口断面所获得的能量增加值。

（3）风机的风压或称全压，包括静压和动压。全压是指单位体积气体流过风机时所获得的总能量增加值，用符号 P 表示。

（4）有效功率是指单位时间内通过泵或风机的流体所获得的功率，即泵与风机的输出功率。

（5）轴功率即原动机传到泵或风机轴上的功率，又称输入功率。

（6）效率。轴功率与有效功率之差是泵与风机内的损失功率。泵与风机的效率为有效功率与轴功率之比。

（7）转速是指泵或风机轴每分钟的转数。

（8）机械损失是指当叶轮旋转时，轴与轴封、轴与轴承及叶轮圆盘摩擦所损失的功率。

（9）机械效率等于轴功率克服机械损失后所剩余的功率与轴功率之比。

（10）容积损失。在泵与风机中，动静部件之间存在着一定的间隙，当叶轮旋转时，在间隙两侧存在着压强差，因而使部分已经从叶轮获得能量的流体不能被有效地利用，而是从高压侧通过间隙向低压侧流动，造成能量损失。这种能量损失称为容积损失，亦称泄漏损失。

（11）流动损失是指当泵与风机工作时，由于流动着的流体和流道壁而发生摩擦，流道的几何形状改变使流体运动速度的大小和方向发生变化而产生的旋涡，以及当偏离设计工况时产生的冲击等所造成的损失。

（12）流动效率等于考虑流动损失后的功率与未考虑流动损失前的功率之比，即实际能头与理论能头之比。

（13）泵与风机的总效率等于机械效率、容积效率和流动效率三者的乘积。

（三）可靠性指标

1. 发电量

发电量是指电厂（机组）在报告期内生产的电能量。计算公式如下

$$\begin{matrix}\text{某发电机组}\\\text{日发电量}\end{matrix}=\left(\begin{matrix}\text{该机组发电机端电}\\\text{能表当日 24 点读数}\end{matrix}-\begin{matrix}\text{该电能表上}\\\text{日 24 点读数}\end{matrix}\right)\times\text{该电能表倍率}$$

$$\begin{matrix}\text{全厂发电机}\\\text{组日发电量}\end{matrix}=\Sigma\left(\begin{matrix}\text{发电机组报告期末}\\\text{24 点电能表读数}\end{matrix}-\begin{matrix}\text{该电能表上期}\\\text{末 24 点读数}\end{matrix}\right)\times\text{该电能表倍率}$$

$$\begin{matrix}\text{某发电机组}\\\text{月发电量}\end{matrix}=\left(\begin{matrix}\text{该机组发电机端电能表}\\\text{当月末最后一日 24 点读数}\end{matrix}-\begin{matrix}\text{该电能表上月末}\\\text{最后一日 24 点读数}\end{matrix}\right)\times\text{该电能表倍率}$$

$$\begin{matrix}\text{全厂发电机组}\\\text{月末发电量}\end{matrix}=\Sigma\text{某发电机组月发电量}$$

$$\begin{matrix}\text{全厂发电机组}\\\text{月累计发电量}\end{matrix}=\Sigma\text{全厂发电机组月发电量}$$

2. 强迫停运率（%）

$$\text{强迫停运率}=\frac{\text{强迫停运小时}}{\text{强迫停运小时}+\text{运行小时}}\times100\%$$

3. 主蒸汽压力

主蒸汽压力是蒸汽状态参数之一，指电厂锅炉出口和汽轮机入口主蒸汽压力，以“MPa”表示，即“兆帕”。

4. 主蒸汽温度

主蒸汽温度也是蒸汽状态参数之一，指电厂锅炉出口和汽轮机入口主蒸汽温度，用摄氏温度“℃”表示。电厂锅炉和汽轮机规程规定了运行温度的上下限。

主蒸汽温度和压力即是保证运行安全的监视指标又是保证运行经济性的考核指标，从低温低压、中温中压、高温高压、超高压、亚临界压力到超临界压力大机组的出现，大大地提高了电厂的循环效率，使发电煤耗率大幅度降低。

5. 排汽温度

汽轮机运行时末级叶片后的排汽温度。

6. 高压加热器投入率

高压加热器投入时间/机组运行时间。

7. 锅炉平均蒸发量

锅炉运行时间内的总蒸发量与运行时间的比值。

8. 发电机漏氢率

额定工况下，发电机每天漏氢量与发电机额定工况下氢容量的比值。

9. 自动投入率

热工自动调节系统投入率是指自动调节系统投入总数与全厂所安装的自动调节系统总数的比率，用以反映和考核全厂热工自动化水平和装置、系统运行情况。计算公式为

热工自动调节系统投入率（%）＝自动调节系统投入总数/全厂安装的自动调节系统总数×100%

$$\text{自动投入率（\%）}=\frac{\text{自动调节系统投入总数}}{\text{全厂安装的自动调节系统总数}}\times 100\%$$

计算热工自动调节系统投入率时应注意：

（1）热工自动调节系统运行时间大于该调节系统对应的主系统运行时间的80%以上时才能统计为投入正常。

（2）全厂热工自动调节系统总数按原设计的系统数统计，经主管局审定批准拆除工停用的调节器及系统可从原设计数目中扣除。

（3）热工自动调节系统因下列原因停用者，不影响其投入率的统计。

1）机组的热备用状态时；

2）机炉运行试验，必须停用自动调节器时；

3）机炉运行暂时不正常，必须停用自动调节器时。

10. 排烟温度

排烟温度指锅炉低温空气预热器的出口烟气温度。排烟热损失是锅炉所有损失中最大的一项，影响排烟损失的主要因素是排烟温度与排烟容积。排烟温度越高，排烟容积越大，排烟热损失越大。

11. 真空度

真空度是指真空占大气压力的百分率，计算公式为

$$\text{真空(\%)}=\frac{\text{真空表读数(kPa)}}{\text{当地大气压力(kPa)}}\times 100\%$$

提高真空度目的在于降低排汽压力。排汽压力越低，绝热焓降越大，汽轮机热效率就高。但有个限度，即达到极限真空为止。超过极限真空，反而不经济。

12. 凝结水过冷度

凝汽器中排汽经过温度时即产生过冷。计算公式为

过冷度(℃)＝凝结水温度(℃)－排汽温度(℃)

正常时，过冷度不超过0.5～2℃。过冷度产生不可逆的汽源损失，是一项影响经济性的小指标。产生原因是真空系统严密性差漏入过量空气、凝结水水位过高、凝汽器结构不良等。

13. 给水温度

指最后一个高压加热器出口的联承阀后给水温度（℃）。利用抽汽加热给水，目的是减少汽轮机侧冷源损失，提高循环热效率。给水温度与高压加热器投入率、机组负荷、加热器

数量、结构关系密切。给水温度（给水焓）是常用的技术经济小指标。

14. 汽水损失率

汽水损失率是指电厂热力循环系统汽水损失量占锅炉总蒸发量的百分率，计算公式为

$$汽水损失率(\%)=\frac{汽水损失量}{锅炉总蒸发量}\times 100\%$$

$$\begin{matrix}汽水\\损失量\end{matrix}=\begin{matrix}发电锅炉\\补充水量\end{matrix}-\left(\begin{matrix}对外\\供汽量\end{matrix}+\begin{matrix}发电自\\用汽量\end{matrix}-\begin{matrix}对外\\供水量\end{matrix}-\begin{matrix}吹灰\\用汽量\end{matrix}-\begin{matrix}锅炉\\排污量\end{matrix}\right)+\begin{matrix}冷凝水\\返回量\end{matrix}$$

15. 补给水率

火电厂补给水率是指化学制水供给锅炉的除盐水量占锅炉总蒸发量的百分率，计算公式为

$$发电补给水率(\%)=\frac{供给锅炉的除盐水量}{锅炉实际蒸发量}\times 100\%$$

16. 给水泵用电单耗

给水泵耗电量是厂用电中最大的一项，因此，要制定合理运行方式注意节电。其计算公式为

$$给水泵用电单耗(kWh/t\,汽)=\frac{给水泵用电量}{锅炉蒸发量}$$

17. 厂用电率

简称厂用电，指发电厂生产过程中自身所消耗的电量占发电厂发电量的百分数。

18. 发电热率

简称发电热耗，为发电 1kWh 所消耗的热量。

19. 发电热效率

为发电量折成热量与耗用热量之比

20. 供电热耗率

简称供电热耗，为供电 1kWh 所消耗的热量。

21. 供电热效率

为供电量折成热量与耗用热量之比。

22. 供电煤耗率

指火力发电厂每送出 1kWh 电能所消耗的标准煤质量，常简称供电煤耗。一般以 g/kWh表示。供电煤耗率是由发电煤耗率（常简称发电煤耗）及厂用电率的高低决定的。

23. 发电煤耗率

发电厂每生产 1kWh 电能所消耗的各种燃料（煤、油、气）量，按发热量折合成标准煤的质量，标准煤含热量为 29.3kJ/g（7kcal/g）。

第二章 汽轮机的热力系统

第一节 主蒸汽及再热蒸汽系统

一、主、再热蒸汽系统

本节以我国国产的某凝汽式600MW机组为例，来简略地介绍主蒸汽及再热蒸汽系统。

主蒸汽及冷、热再热蒸汽管道一般都是按照2-1-2制系统方式来设计的，这样可简化管道布置、节省投资、消除热偏差、减少阻力。

在主蒸汽管道上通常不装流量测量装置，主蒸汽流量通过测量汽轮机调速级后的压力来测得。

再热蒸汽冷、热段的管道不做水压试验，是在过热器出口管道上装设水压试验阀和再热器进出口管道上装设水压试验堵板并做100%无损探伤；在自动主汽阀前装设有临时堵板，可以满足锅炉汽包和过热器的水压试验要求，所以主蒸汽管道水压试验是自炉侧至自动主汽阀。

当汽轮机启动暖机、冲转及升速时，使用主汽阀的旁路门及调速汽门来完成。

冷再热蒸汽还作为辅助蒸汽系统及轴封的汽源之一来使用。

（一）主、再热蒸汽管路与阀门

主蒸汽管道材料通常采用的是A335、P91材质。其中，P91管材抗拉强度高、高温蠕变和持久强度高、热膨小、加工性能好，具有高的韧性和好的抗氧化性能，与选取其他材料相比可适当地将管壁减薄、管外径减小。

热再热蒸汽管道因其管径大、压力低，壁厚选取既要满足强度要求、又要考虑刚度要求，所以热再热蒸汽采用了ASTMA335、P22材质。

主蒸汽管道采用2-1-2制方式，即从两侧的锅炉过热器出口管接出后合并为一根管道，到汽轮机前再分成两根支管分别接到汽轮机高压缸左右侧主汽阀。

冷再热蒸汽管道采用2-1-2布置方式，即从两个汽轮机高压缸排汽口接出合为一根管道，到锅炉处再分成两根支管，分别接到锅炉再热器入口联箱的两个接口。

热再热蒸汽管道也采用2-1-2布置方式，即从锅炉再热器出口联箱的两个接口接出合为一根管道通往汽机房，到汽轮机处又分成两根支管分别接到汽轮机中压缸左右侧再热汽门。

（二）主、再热蒸汽系统的投停

自锅炉来的主蒸汽经一根主蒸汽管道至汽轮机主汽阀前，分成两路进入主汽阀、调节汽门、高压缸。主蒸汽门前的管道上接引一路高压汽，向汽动给水泵供汽，还有一路经高压旁路进入再热器冷段。高压缸有两个排汽口，集成了一根排汽母管，布置了一只高排止回阀。排汽进入再热器冷段经锅炉加热后经中压联合汽门进入中压缸做功。在中联门前分出一路经低压旁路系统进入凝汽器。中压缸排汽经一单列连通管分流至两个低压缸，低压缸排汽经四个排汽口进入凝汽器。另外，系统还布置了三只特殊用途的阀门：倒暖阀、VV 阀和 BDV 阀，可参阅图 2-1。

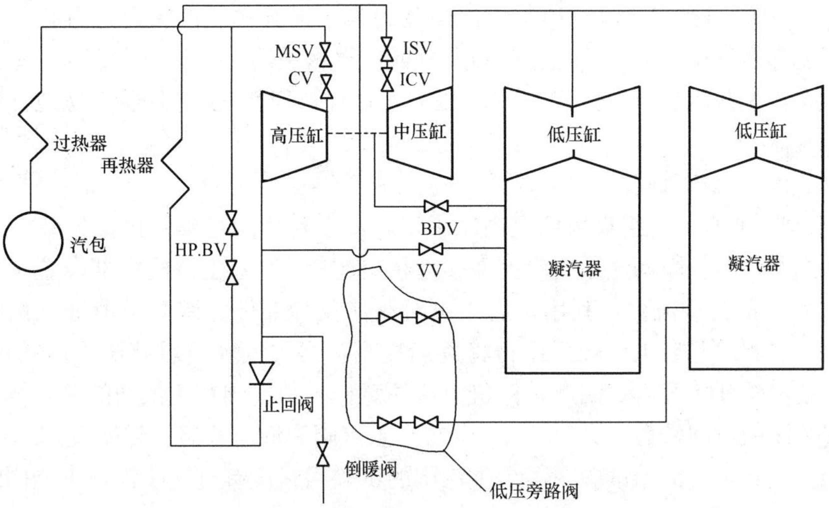

图 2-1 主、再热蒸汽系统流程示意

MSV—高压主汽阀；ISV—中压主汽阀；CV—高压调节汽门；ICV—中压调节汽门；VV—通风阀；BDV—紧急排放阀；HP. BV—高压旁路阀

(1) VV 阀（通风阀）的作用。VV 阀含义为 Vent Valve。在使用低压旁路系统进行机组启动和低负荷运行时，高压缸不进汽，高压旁路止回阀处于关闭状态。这种情况会引起高压缸内的叶片因摩擦鼓风而产生过热现象。为此，在高压缸排汽管上安装了一个通风阀，直接通至凝汽器，保持高压缸内真空。另外，当汽轮机跳闸后，该阀也会自动打开，抽尽残余蒸汽，防止转子超速。

VV 阀采用气源控制，自动动作。该阀上部为一气缸，失气时，在弹簧作用下向上提升阀芯、打开阀门。即其作用方式为：来气电磁阀带电时，截断气源，VV 阀打开；来气电磁阀失电时，接通气源，空气活塞压缩弹簧，使 VV 阀向下关闭。

(2) 倒暖阀的作用及高压缸的倒暖。倒暖阀用于在汽轮机冲转前对高压缸进行倒暖。当高压缸第一级内壁金属温度小于 150℃时，强制关闭 VV 阀、一抽管道疏水阀，加热蒸汽由倒暖阀经高压缸末级倒流至高压缸进口，经高压调门后导汽管疏水回路进入凝汽器。当高压缸第一级金属内壁温达到 150℃时，就可以关闭倒暖阀，解除 VV 阀、一抽管道疏水阀强制。利用高压缸倒暖可以在汽轮机冲转前将高压缸金属温度加热到一个较高的水平，有利于缩短机组启动时间，延长机组寿命。

倒暖阀为电动门，开启或关闭信号为短脉冲式，阀门具有 0、25%、50%、75%、100%五个固定位置。

(3) BDV（紧急排放阀）阀的作用。BDV 的含义为 Blowdown Valve。由于在高压缸和中压缸之间没有轴承或隔断，高、中压缸内的蒸汽是可通过转子轴封部件和密封部件相通的。当汽轮机带负荷跳闸后，高中压调节汽门快速关闭，切断汽轮机进汽以防超速。但是由于中、低压部分已是真空状态，积存在高压缸内的高温高压蒸汽会通过高、中压缸间的轴封向中低压侧泄漏，继续膨胀做功，从而引起超速。为防止这种情况的发生，在高、中压缸之间安装了一个气动卸载阀（BDV），当中压调节汽门关闭时开启，将大部分泄漏的蒸汽直接引至凝汽器。

BDV 由一气源门控制，自动动作。该卸载阀为一提升式蒸汽阀门，内有一弹簧开启式活塞，活塞上部通有压缩空气，克服弹簧力使阀门严密关闭。当气压失去时，该阀内部同轴安装的先导阀首先开启 10mm 来建立门后压力，这样，BDV 阀就会很容易地开启，把高压蒸汽引入凝汽器。

（4）主、再热汽蒸汽阀。

1）主汽阀。通常，机组设置两只高压主汽阀，主要功能是当停机保护装置动作或停机时快速切断汽源，防止因调速系统失控而引起机组超速。2 号主汽阀内部设置了预启阀，可以通过大约 75％的无载流量，利用预启阀可对阀体及各部件、调节阀柜进行预暖，减轻热应力。随着预启阀的开启主汽阀后压力将逐渐提高，当主汽阀前后差压为门前压力的 15％～20％时，主汽阀开始开启。因此，停机时应注意检查预启阀和主汽阀的关闭情况。

主汽阀关闭的时间常数不大于 0.15s。每个主汽阀为液压开启，弹簧关闭。DEHG 可在运行中进行主汽阀全关活动试验。两个主汽阀的试验回路设有电气闭锁，不能同时进行全关试验。

2）高压调节汽门。通常，机组设置 4 只高压调节汽门，根据机组转速和符合要求来调节进入汽轮机的蒸汽量。4 只调节汽门安装在一个公用的阀柜内，并与两只主汽阀焊成一体后悬挂在机头前面的运行平台下。4 个调节汽门分别由各自的油动机控制，液压开启、弹簧关闭。关闭的时间常数不大于 0.2s。DEHG 可在运行中进行调节汽门全关活动试验。

3）中压联合汽门。通常，机组设置 2 只中压联合汽门。中压主汽阀和调节汽门共用一个阀壳，中压主汽阀为套阀，调节汽门为球型阀，两者可以各自独立地进行全行程移动。在正常运行中，两只中压联合汽门都是全开的。

中压主汽阀和调门分别由各自的油动机控制，液压开启、弹簧关闭。中压主汽阀关闭的时间常数不大于 0.15s；中压调门关闭的时间常数不大于 0.2s。DEHG 可在运行中进行联合汽门全关活动试验。两个中压联合汽门的试验回路设有电气闭锁，不能同时进行中压主汽阀或调节汽门的全关试验。

（三）旁路系统

以机组采用 30％BMCR 的高低压二级串联旁路系统为例。高压旁路为 30％额定容量，低压旁路为 40％额定容量。一般来讲，旁路的容量越大，对机组的运行越有利。但是，当旁路的容量大于 50％后，旁路的作用就不是很明显了。

该形式的旁路不考虑停机不停炉和带厂用电（电气主开关跳闸后，汽轮机带厂用电运行，维持锅炉在最低负荷）的功能。

高压旁路管道从主蒸汽总管上接出，经旁路阀减温减压后接至低温再热总管，高压旁路减温水取自给水泵出口的给水母管。低压旁路管道从热再总管上接出，经减温减压后进入凝汽器，低压旁路减温水取自凝泵出口的凝结水管道。

高压旁路系统为一路，配置了电动截门、高压液动减压阀、高压液动减温水闭锁阀和调节阀。低压旁路系统为两路，配置了电动截门、高压液动减压阀、高压液动减温水调节阀、三级减温水气动门等。

高压旁路减温水来自给水母管，低压旁路减温水来自凝结水。

1. 旁路的启动

汽包压力升至1.0MPa，准备投入旁路系统。开启高、低压旁路喷水手动截门。检查旁路系统插入盘上控制方式均处于“REMOTE”。在旁路CRT上调出“M/A STATION”画面，打开旁路启动曲线，检查设定值设定正确。

调出“BLOCK VALVES”画面，将旁路系统三个电动截门（HPBV、LPBV1、LPBV2）置于自动位并开启。将高、低压旁路压力调节阀切为手动方式，手动开启高压旁路压力调节阀至5%开度，稍开低压旁路，对旁路管道进行暖管。

设定好主、再热蒸汽升压率和目标值。根据燃烧情况逐渐开大高、低压旁路压力调节阀。当高压旁路开度大于25%。低压旁路开度大于20%时，投入高、低压旁路“AUTO”或“REMOTE”方式。

当旁路减温水系统不正常时，应将减温水控制切为手动，以免喷水量剧烈波动时造成管道振动并出现水冲击。

2. 旁路的切换

带3%初负荷暖机30min后，要进行阀切换，即旁路逐渐关闭，将负荷切换到汽轮机上来。高压旁路后流量不得太大，以防转换后负荷升得太高。在阀切换时应严密监视旁路系统的动作情况，如果旁路减压阀的关闭与调节汽门的开启在流量上配合不好，必然导致蒸汽压力波动和汽包水位的大起大落。因此，当阀切换制动控制效果不理想时，应立即切至手动进行，以确保各参数的稳定。具体切换步骤如下：

按下“LOAD UP”按钮，汽轮机开始进行转换、升负荷，注意：

（1）1～2号ICV接近开满时，BDV关闭，1～4号CV开启；

（2）随负荷增加，高、低压旁路逐渐关闭至全关，当负荷至70MW左右时，高、低压旁路全关，V.V全关，注意检查高排止回阀开启；

（3）转换操作过程中应注意汽包水位变化，加强机炉协调，稳定燃烧，维持汽包水位正常。

3. 旁路系统的主要保护

当旁路系统出现故障时，旁路将自动关闭以保护下游的设备，避免超温。

（1）发生下列情况之一时，低压旁路关闭：

1）低压旁路出口蒸汽温度高至185℃，延时3s；

2）低压旁路出口蒸汽压力高至0.65MPa，延时3s；

3）低压旁路喷水压力低至1.6MPa，延时3s；

4）凝汽器真空低至－75.7kPa；

5）锅炉MFT动作。

（2）发生下列情况之一时，高压旁路关闭：

1）锅炉MFT动作；

2）高压旁路喷水压力低至10MPa；

3）高压缸启动方式；

4）中压缸启动方式下，转换区结束；

5）高排止回阀未全关而高压调节汽门全关，延时30s。

二、对高温高压管道的定期校验

对于汽水系统管道，首先应对主蒸汽及高温再热蒸汽监视段的蠕胀进行测量，对主蒸汽、高温再热蒸汽、低温再热蒸汽及主给水系统管道应各抽查检验 2 道焊缝，最后还应仔细检查主、再热蒸汽和给水管道的保温、支吊架是否完好。

对于工作压力超过 10MPa 的主给水管道，在其投运 5 万 h 之后应进行如下的检查：

（1）对管道中的三通、阀门应进行宏观检查。

（2）对管道中的弯头应进行宏观检查和厚度检测。

（3）对焊缝和应力集中部位进行宏观检查和无损探伤检测。

（4）对阀门后的管段进行壁厚检查，并将以后的检查周期缩短为 3 万～5 万 h。

对于 300MW 以上的机组，其给水管道运行 10 万 h 后，应对管系和支吊架的情况进行全面检查、调整。

主蒸汽管道设置监督段的目的就是为了更好地保证主蒸汽管道的安全运行。

主蒸汽管道监督段应满足下列条件：

（1）监督段所处的区域应当是该主蒸汽管道上温度最高处。

（2）选作监督段的钢管应当是该主蒸汽管道上管壁最薄的地方。

（3）监督段的钢号、钢管规格尺寸应当和主蒸汽管道其他部分钢管的钢号、规格尺寸一致，并具有钢管化学成分、金属组织、力学性能、钢管耐热性能试验结果和探伤结果的证明文件。

在选取监督段的过程中还应注意，所选监督段钢管的组织性能应当和该主蒸汽管道中其他管段的一致或稍差，以便在钢管材料组织变化上具有代表性。

第二节　高、低压旁路系统

1. 高、低压旁路阀门与管道的布置方式

以国产的某汽轮机厂产品为例，其电动旁路系统的容量为 35%，二级串联，并带有三级减温减压器。

高压旁路从主蒸汽管道接出，经减压、减温后接至再热（冷段）蒸汽管道，高压旁路减温水取自电动给水泵出口管道；低压旁路从再热（热段）蒸汽管道接出，经减压、减温后接至位于排汽装置喉部的三级减温减压装置，经减压、减温后再排至排汽装置，低压旁路及三级减温减压装置减温水取自凝结水泵出口管道。高低压旁路系统包括蒸汽控制阀、减温水控制阀、关断阀及控制装置。

旁路系统的设置有利于提高机组的调峰能力，启动过程中协调机、炉之间的汽量不平衡，实现高中压缸联合启动，加快机组启、停速度，减少机组循环寿命损耗。机组事故状态时，保护再热器，防止干烧。还有回收工质和安全门的作用。

2. 高压旁路系统的投停

（1）高压旁路系统在下述情况下时必须立即自动完成开通动作：

1）汽轮机组跳闸；

2）汽轮机组甩负荷；

3）锅炉过热器出口蒸汽压力超限；

4）锅炉过热器蒸汽升压率超限；

5）锅炉 MFT（主燃料跳闸）动作。

（2）当发生下列任一情况时，高压旁路阀快速自动关闭（优先于开启信号）：

1）高压旁路阀后蒸汽温度超限；

2）按下事故关闭按钮；

3）高压旁路阀控制、执行机构失电。

当高压旁路阀动作时，其减温水隔离阀、控制阀同步动作。

3. 低压旁路系统的投停

（1）低压旁路系统在下述情况下应立即自动完成开通动作：

1）汽轮机跳闸；

2）汽轮机甩负荷；

3）再热热段蒸汽压力超限。

（2）当发生下列任一情况时，低压旁路系统应立即关闭：

1）旁路阀后蒸汽压力超限；

2）低压旁路系统减温水压力太低；

3）凝汽器压力太高；

4）减温器出口的蒸汽温度太高；

5）按下事故关闭按钮。

当低压旁路阀开启或关闭时，其相应的减温水调节阀也随之开启或关闭（后者关闭略有延迟）。

第三节　汽封系统

一、汽封系统

汽轮机动静部分有间隙，故设有汽封系统。它的作用是避免高中压缸向外漏汽，空气沿轴端进入低压缸（负压）影响真空。

正常运行时高中压缸的内侧的高压漏汽经凝结水减温后供低压缸汽封，通过基地式压力调节站将多余蒸汽排到低压缸的排汽装置。高中压缸外侧的漏汽经轴封风机抽到轴加经凝结水冷却后疏水排到凝结水箱。

在机组启停时用高压辅助蒸汽或再热蒸汽供汽封站。

汽轮机自密封系统如图 2-2 所示。

二、汽封系统的投停

1. 主机轴封系统投停

（1）轴封系统投运前检查。

1）机组处于盘车状态。

2）确认循环水系统运行正常，凝汽器已建立水循环。

3）确认凝结水系统运行正常，轴封加热器水侧投入运行。

4）确认辅助蒸汽母管压力 0.6～0.8MPa，温度符合要求，辅助蒸汽至轴封进汽管已充分疏水暖管。

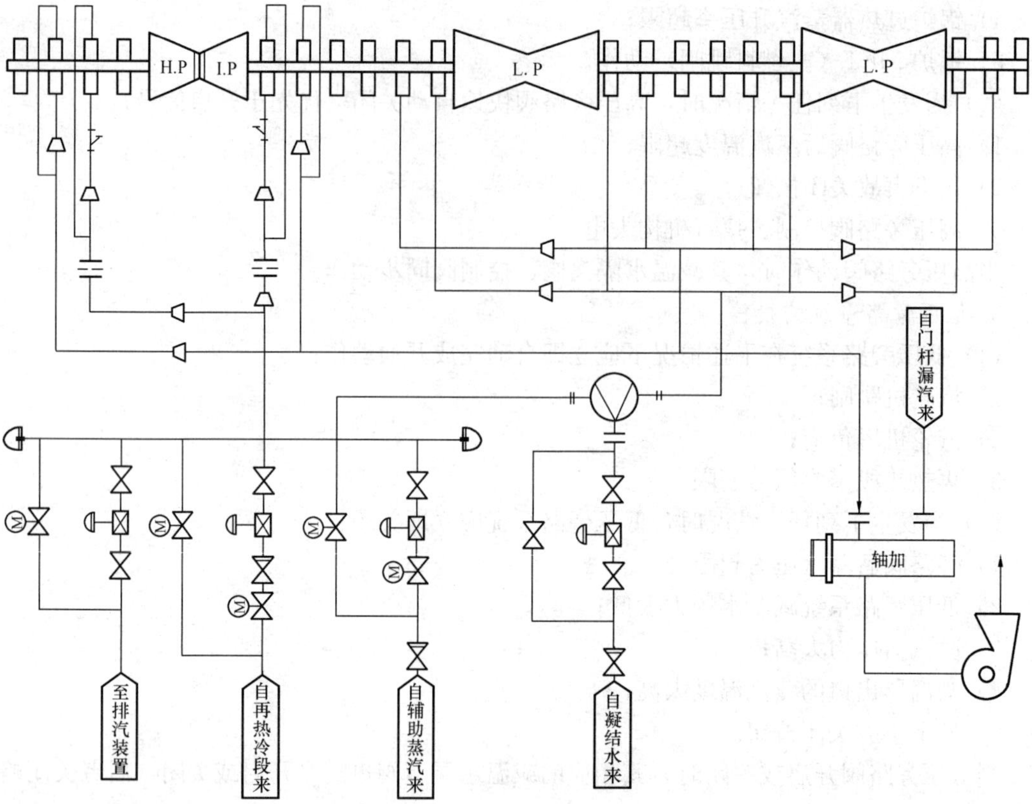

图 2-2 汽轮机自密封系统图

（2）轴封系统投运。

1）开启多级水封注水阀注水，注满水后开启放气阀。关闭注水阀，开启水位控制阀放水至放不出水时关闭水位控制阀和放气阀。

2）启动一台轴加风机。

3）稍开 SSAFV 和 SSFV 的电动隔离阀，检查开启轴封系统各疏水门，充分暖管疏水后关闭。注意轴封系统管道无振动现象。

4）开 SSAFV 和 SSFV 的电动隔离阀，检查轴封母管压力正常，轴封系统投运后，应检查确认以下各项：

①轴封系统没有泄漏；

②轴加风机运行正常；

③轴加壳侧压力正常；

④轴封母管压力正常。

（3）轴封系统停运。

1）关闭至凝汽器的疏水。

2）停运真空泵，开启真空破坏门。

3）当凝汽器真空到零后关闭 SSAFV 的电动隔离门及 SSFV 的电动隔离门，确认 SSAFV 和 SSFV 隔离门全关，确认轴封减温水隔离阀关闭严密。

4）在 CRT 上解除备用轴加风机“STANDBY”，停运轴加风机。

2. 在轴封投运过程中，必须注意以下的事项

(1) 充分疏水暖管；

(2) 轴封投运后要及时抽真空，防止蒸汽大量溢出；

(3) 注意低压缸人孔门关闭时，严防爆破阀破裂；

(4) 检查除氧器加热隔离，防止冷气倒入汽轮机低压缸。

第四节 润滑油系统

一、润滑油系统

(一) 润滑油系统的作用

润滑油系统的任务是可靠地向汽轮发电机组的各轴承（包括支持轴承和推力轴承）、盘车装置提供合格的润滑/冷却油。同时，经套装油管分别送往发电机密封油系统、危急遮断器注油及复位装置等，并供盘车装置、各联轴器冷却用油。

由于不同制造厂的汽轮发电机组整体布置各不相同，所以相应的润滑油系统的具体设置也有所不同。但从必不可少的要求来看，润滑油系统主要由润滑油箱（及其回油滤网、排烟风机、加热装置、测温元件、油位计）、主油泵、交流电动（备用）油泵、直流电动（事故）油泵、冷油器、油温调节装置（或油温调节阀）、轴承进油调节阀（或可调节流孔板）、滤油装置（或滤网）、油温/油压监测装置以及管道、阀门等部件组成。

润滑油系统的离心式主油泵由汽轮机主轴驱动。在额定工况下，主油泵向三方面供油，一路经射油器作为动力油，将主油箱的油抽出，并经冷油器之后送往机组的各润滑点（轴承、盘车装置）、低压密封备用油管路和主油泵进口；一路送往机械式超速装置；一路送往发电机的高压密封油系统。在机组启动阶段和主油泵供油压力低于整定值时，交流备用润滑油泵自动启动，向轴承润滑油母管供油，高压氢密封油泵自动启动，向氢密封油系统和机械超速装置、手动脱扣装置供油。

在机组运行中，当润滑油母管内的油压低于整定值时，直流事故油泵即自动启动，其供油方向与交流备用润滑油泵相同。各轴承进口处供油的油温要求在45℃（极限范围43～49℃）。油箱中油温的最低极限是10℃，必须加热到25℃以上油系统才能启动。

润滑油系统配置有油净化装置，经净化后的润滑油油质达到运行要求。

正常运行时，系统油压为：主油泵进口处油压0.11～0.14MPa，主油泵出口处油压1.4～1.65MPa，润滑油压0.18～0.19MPa（机组不同，参数有所区别）。

润滑油系统中一般设置两台100%额定容量的表面式冷油器（一台运行，一台备用），由开式循环冷却水进行冷却。两台冷油器出口油管道上设有一连通阀，两只冷油器切换时，须先开启该连通阀，向备用中的冷油器充油，以免发生断油事故。

润滑油箱油位应保持在±100mm，当油位出现过高或过低时，应出现“主油箱油位高/低”报警，CRT上出现“润滑油系统故障”报警；当主油箱油位达到最低油位时，CRT上出现“主油箱油位低一低”报警。汽轮机执行紧停。

润滑油系统的主要保护设有：

(1) 润滑油箱油位高、低报警。

(2) 润滑油箱负压低报警。

（3）轴承进油温度高报警。

（4）润滑油压低报警。

（5）推力轴承乌金温度高报警。

（6）支持轴承乌金温度高报警。

（二）主机润滑油系统投停

1. 系统投入条件

（1）系统设备各项连锁保护试验已完成且合格。

（2）主油箱已注好适量合格油（油位应在 200～300mm）。

（3）系统所有放油门、放水门均关闭。

（4）已投入相应的冷油器。

2. 设备试转及系统查漏

（1）启动主油箱排烟风机，检查其振动、声音等正常。

（2）启动主机电动吸入泵 MSP，检查其振动、声音、压力等正常。

（3）启动主机交流润滑油泵 TOP，检查其振动、声音、压力等正常。

（4）检查润滑油系统无油泄漏现象。

（5）检查系统所有压力、温度表计指示正确。

（6）进行冷油器切换试验，确证切换时油压无波动。

（7）依次启动各顶轴油泵，检查其振动、声音、出口压力等一切正常。

（8）检查顶轴油装置无油泄漏。

（9）停运顶轴油泵。

（10）停运交流润滑油泵 TOP。

（11）停运吸油泵 MSP。

（12）启动主机直流润滑油泵，检查其一切正常。

（13）直流油泵运行 30min 后停运。

（14）停运主油箱排烟风机。

3. 润滑油系统投运

（1）润滑油系统投运前，确保系统的所有启动检查已完成。

（2）启动主油箱排烟风机。

（3）启动 MSP、TOP，检查系统各处压力表计指示正确。

（4）直流润滑油泵连锁开关投入备用。

（5）系统初次投运和大修后投运时，装在涡轮升压泵上的三个阀门（升压泵节流阀、升压泵旁路阀、升压泵安全阀）需要由检修人员调整。调整合适后，用锁紧手柄紧固住。机组 3000r/min 运行稳定、在停运 TOP、MSP 前，按以下程序完成在额定转速时上述三阀门的调整：

1）调整升压泵节流阀，使主油泵入口压力达到设计值；

2）检查轴承母管压力和安全阀出口流量；

3）调整升压泵旁路阀，同时安全阀设定好，使供油母管压力和安全阀出口流量符合要求；

4）再次检查主油泵入口压力，如果轴承母管压力变化很大，那么需要用升压泵节流阀对主油泵入口压力再次调整；

5）汽轮机额定转速下的最终压力设定如下（汽轮机前箱处指示）：

主油泵入口压力：＞98～147kPa。

轴承润滑油母管压力：＞176kPa。

主油泵出口压力：＞1372kPa。

以上压力表读数达到最终稳定值后，不需再进行调整。

6）锁定节流阀和润滑油母管安全阀的最终设定调整值。

（6）检查各轴承回油窥视孔油流正常。

（7）检查轴承润滑油温正常，油温过低时可投入主油箱油加热器。

4. 润滑油系统停运

（1）停运原则。汽轮机缸温最高点小于180℃时，方可停运主机盘车运行；缸温最高点小于150℃，方可停运主机润滑油系统，并注意密封油系统运行正常。

（2）主机盘车停运后，解除主机直流油泵连锁，根据缸温情况停运顶轴油泵、MSP、TOP，注意检查主油箱油位上升情况，严防外溢。

（3）关闭冷油器冷却水进、出口门。

（4）若需要，停运主机润滑油净化装置。

（5）停运主油箱排烟风机。

二、顶轴油系统

设置汽轮发电机组的顶轴油系统是为了避免盘车时发生干摩擦，防止轴颈与轴瓦相互损伤，减小盘车装置的启动力矩。目前大型汽轮机组多数设有顶轴油系统，但也有少量的机组则不设顶轴油系统。在汽轮机组由静止状态准备启动时，轴颈底部尚未建立油膜，此时投入顶轴油系统，使机组各轴颈底部建立油膜，将轴颈托起，以减小轴颈与轴瓦的摩擦，同时也使盘车装置能够顺利地盘动汽轮发电机转子。

顶轴油系统主要包括两台100％额定容量的顶轴油泵、滤网、压力调节阀、压力开关以及阀门、管道等部件，其油源、回油均来/回入汽轮机的润滑油系统。自汽轮机润滑油系统来的润滑油经滤网后，进入顶轴油泵，顶轴油泵出口的顶轴油经其母管之后，通过各支管送往汽轮发电机组的各个支承轴承。每台顶轴油泵的出口管道上均装有一个出口门和一个止回阀。当一台顶轴油泵启动前，其对应的出入口阀应处于开启状态，防止泵体超压，损坏油泵密封。部分顶轴油泵出口设有再循环管，顶轴油经节流孔板减压后，回至润滑油箱。这也是为了防止泵体超压而损坏油泵密封，防止顶轴油泵启动时电动机过载。

此外，部分600MW机组顶轴油泵出口管道上还设有压力调节阀（PCV）和减压阀，其整定值分别为30.1MPa和40.1MPa。汽轮机的每个轴承进油口处均设有顶轴油泵流量调节装置，可手动调整所需要的顶轴油流量（6～10L/min）。顶轴油泵进口管道上设有两个100％容量的滤网（互为备用），其过滤精度为10ppm，还装有压差开关。当滤网前后压差达到0.07MPa时，发出报警信号。顶轴油系统投运时，在主控室或就地操作盘上均可启动或停止顶轴油泵的运行。

当汽轮机的转速高于1r/min时，如发生下列任一情况则顶轴油泵自动投运：

（1）盘车电动机过载。

（2）一台顶轴油泵运行时，其顶轴油压低，则另一台也投运。

（3）运行的一台顶轴油泵电气故障，则另一台投运。

当顶轴油母管内的油压降低时，压力开关动作，发出报警信号；当润滑油箱内的油位降至低一低油位时，或顶轴油泵进口压力低 0.2MPa 时，顶轴油泵自动停运。

三、润滑油的主要功能

汽轮发电机组的汽轮机、发电机以及重要的辅助设备都是转动机械，如给水泵、凝结水泵、真空泵、锅炉的各类风机等。这些转动设备的轴承均采用各类润滑油进行润滑冷却，保证轴承运转正常。如果转动机械的润滑油恶化，造成的后果是极其严重的。

润滑油的主要功能表现在以下几个方面：

1. 润滑功能

对于全油膜润滑滑动轴承，轴颈和轴承的轴瓦表面被一层薄的油膜隔开，通过油膜支承轴颈给予的负荷，润滑油供给系统则向轴瓦和转动的轴颈之间的间隙不断地供应润滑油。若油品被水分、金属粉末、灰尘和油劣化产物沉淀、油泥等杂质污染，将会改变润滑油的黏度等性能，而形成不了液体摩擦代替其间的固体摩擦，润滑油起不到润滑功能。对于滚动轴承油质恶化，轴承滚珠之间、滚珠与轴径之间润滑性能下降，摩擦加剧，轴承、转机极易受损。

2. 散热冷却作用

由于转动设备运行转数较高，一般为 1500～3000r/min，轴承内摩擦会产生大量的热量，如不及时散出，会严重影响机组安全运行。润滑油可将这些热量带走，通过高效率的冷油器进行冷却或自然散热将热量带出。若油质劣化，产生沉淀物和油泥，在热油中这些老化产物呈溶解状态，当油温降低时，这些老化产物会沉积下来，不能很快将油中大量热量散发出来，转动机械轴承温度随之升高。

3. 油质劣化的原因分析

润滑油油质劣化的原因一般有以下几点：

（1）受热和氧化变质。温度对油质氧化速率的影响是相当大的。一般温度在 60℃以上，温度每增加 10℃，氧化速率就会加倍。在高温下，碳氢化合物的热裂解会形成不稳定的化合物，进一步聚合成各种树脂和油泥。如果汽轮机一发电机组转轴上积碳，就会引起严重磨损。若碳堆集在轴乌金瓦最薄油膜处的附近，这种积碳会改变轴承的稳定特性和改变大轴中心线。

（2）受杂质的影响。由于油中存在水分、金属和颗粒物质等杂质会促进油的氧化，并有助于泡沫、积垢和油泥的形成。颗粒物质如粉煤灰、空气中灰尘和细砂都可能通过轴承箱的开口处和油箱的门盖进入润滑系统。管道的结垢、铁锈和其他颗粒物质等都有可能进入油系统，甚至在润滑系统经安装冲洗后仍然留在系统内。润滑油内避免不了水分的存在，会引起轴承腔室的腐蚀，形成锈斑、坑蚀或轴承表面的表皮剥离。这些老化物质又会进一步促使油的氧化，形成恶性循环。

（3）油质恶化的处理方法。运行中，转动机械的润滑油如已不能正常发挥其冷却、润滑作用，应及时停运设备，防止转动机械损坏。查明油质恶化原因并消除后，重新投运设备。为延长油的使用寿命，保护转动机械，运行中应采取防止恶化的措施，根据具体情况进行处理。主要方法有：

1）投入重力沉淀处理设备，清除游离水分和杂质颗粒。如汽轮机油的油净化装置。

2）投入吸附再生装置，除掉油中老化产物及杂质颗粒。

3）在油脂内加入抗氧化剂，延缓油脂的氧化进程。

4）添加防锈剂防止金属锈蚀。

5）加入破乳化剂，如汽轮机的透平油的乳化是普遍存在的问题，加入破乳化剂可以破坏乳化形成的环节，消除乳化。

（4）润滑油系统的结构和设计的原因。

1）部分转动机械设有整套的润滑系统，其储油设备油箱结构设计对油品变质起着一定的作用，若油箱容量设计过小，增加油循环次数，油在油箱停留时间就会相应缩短，起不到水分析出和乳化油的破乳化作用，加速了油老化。

2）油的流速、油压对油品变坏也有关系。进油管中的油不但应有一定的油压，而且还应维持一定的流速。回油管中的油是没有压力的，因此流速一般也较小。若回油速度太大，回到油箱冲力也大，会使油箱中的油飞溅，容易形成泡沫，造成油中存留气体，而加速油品的变质；同时冲力造成激烈搅拌，会导致含水的油形成乳化状态。

四、各供油泵的投停

交流润滑油泵均能在CRT或就地控制盘上控制其启停。直流事故油泵可在集控室备用盘上或就地控制盘上控制启动，而其停运只能在就地控制盘上操作。交流润滑油泵发生电气故障时，它们将各自停运并报警。但直流事故油泵发生电气故障时，则只报警，继续运行，直至人工操作停运。盘车也能在CRT或就地控制盘上控制其启停，并具有自启动功能。

润滑油系统油泵自启动条件如下：

（1）当发生下列任一情况时，备用的交流润滑油泵自动启动：

1）轴承润滑油压低。

2）主油泵出口油压低。

3）发电主开关跳闸3s内。

（2）当发生下列任一情况时，备用的直流事故油泵自动启动：

1）轴承润滑油压低。

2）主油泵出口油压低。

3）盘车油泵交流电源失电。

五、主机冷油器的投停

1. 冷油器的备用

（1）运行时备用冷油器应充满油，检修后的冷油器必须充油放气后方可作为备用：进出油门开启，冷却水停用。

（2）检查主油箱油位在0位以上，否则，应向主油箱补油。

（3）一台冷油器运行，另一台检修后充油时，应稍开冷油器注油阀，注意监视润滑油压力的变化，待冷油器油侧空气放尽后，关闭注油阀。

2. 冷油器水侧投运

（1）关闭冷油器底部水侧放水阀，关闭冷油器出水门。

（2）开启冷油器水侧放气阀。

（3）确认冷油器冷却水调节阀前后隔离门开启，其旁路门关闭。

（4）微开冷油器进水门，向冷油器注水放气，当放气阀见水后关闭。

（5）开启冷油器出水门。

（6）确认冷油器冷却水调节阀控制气源投入，调节动作正常。

3. 冷油器切换

（1）运行中冷油器切换时，应注意主油箱油位、润滑油压力及温度的变化。

（2）确认A、B冷油器的出油阀全开。

（3）备用冷油器充满油后，按“冷油器冷却水投运操作”投入备用冷油器的冷却水。

（4）转动切换阀的大手轮，使阀松动。

（5）沿箭头方向使小手轮转动90°，即可进行切换，注意冷却水调节阀动作情况，确认冷油器出油温度在38～49℃之间，润滑油压力正常。

（6）切换正常后，用大手轮锁住切换阀，停原运行冷油器冷却水，原运行冷油器转入备用状态。

4. 冷油器停运

（1）检查确认A、B冷油器的出油阀全开。

（2）将冷油器的切换阀缓慢切换至另一台冷油器投运的位置，切断待停运冷油器的油路。

（3）若停运后的冷油器需停后检修，则打开冷油器底部放油阀及油侧放气阀，将冷油器中的油放尽。

（4）关闭冷油器进出水阀，打开冷油器底部放水阀及水侧放气阀，将水放掉。

六、油净化装置的投停

在运行中，应确保系统中润滑油的理化性能和清洁度能够符合使用要求（包括系统注油和运行期间）。润滑油的理化性能在设计时就应当注意并予以妥善安排，润滑油的清洁度则应在安装、注油、运行等工作中加以重视、认真处理。

为了保证系统中润滑油的清洁度，必须认真做好如下工作：

（1）安装时，各种设备、管道、阀门以及通油的所有腔室，都必须清理干净，直到露出金属本色；不允许有落尘、积水（湿露）、污染物、锈皮、焊渣或其他任何异物。

（2）对系统中所有的容器进行油冲洗，直到冲洗油的油质合格为止。

（3）对注入系统的润滑油进行严格的检查。

（4）清理干净和注油后的系统应保持全封闭状态，防止落入异物和水分渗入。

（5）设置油净化装置，在运行中保持润滑油的清洁度。

设置润滑油净化系统的目的，是将汽轮机主油箱、润滑油储存箱（脏油箱）内以及来自油罐车的润滑油进行过滤、净化处理，以使润滑油的油质达到使用要求，并将经净化处理后的润滑油再送回汽轮机主油箱、润滑油储存箱（净油箱）。

润滑油净化系统的运行控制程序如下：

（1）润滑油净化系统通过位于净化油箱侧的就地控制盘机械操作，如投运、停运净化油箱，启动、停止再生油泵、循环油泵和排烟风机。控制盘上还设有自动/手动运行、正常/再循环的选择按钮，并配有报警指示灯，报警信号同时引入主控室。

（2）当精处理室内的油位低于或为“低油位”时，则通过其液位开关打开气动液位控制阀，并启动再生油泵，润滑油便流入净化油箱；当精处理室内的油位上升至高油位时，其液位开关则启动循环油泵，润滑油经精处理室过滤元件后，进入汽轮机或润滑油储存箱（清洁油箱)。

(3) 当来自再生油泵的润滑油量与循环油泵送出的润滑油量不匹配时，造成油位过高或过低时，则可分别通过其油位开关控制再生油泵或循环油泵的启停，直到油位恢复正常为止。

(4) 如果过滤室内的过滤袋堵塞，造成沉淀室和过滤室内的油位上升至高油位时，也可通过其液位开关关闭液位控制阀，停止再生油泵的运行，并发出报警信号。

(5) 如果精过滤室元件堵塞，而导致精过滤室前后压差大，则停止油净化系统的运行。

(6) 当排烟风机前后压差大时，或第三级过滤室油温高时，发出报警信号。

第五节 EH油系统

汽轮机液压油系统用于向汽轮机调节系统的液力控制机构提供动力油源，还向汽轮机的保安系统提供安全用油，其工质为磷酸酯抗燃油。对不同的机组来说，其调节系统和安全系统采用的汽轮机液压油压力也有所不同，如常见国产的600MW机组采用的液压油压力为14.48MPa，而有的型号的600MW机组采用的液压油压力则为11.2MPa，也有采用的液压油压力为12.1MPa（安全油压力为1.1MPa）的。可见，不同制造厂、不同类型的机组，采用的液压油系统布置方式和选用工质参数也会有所不同。

液压油系统主要包括液压油箱、液压油供油系统（去汽轮机调速系统和安全系统）、液压油冷却系统以及液压油再生（化学处理）系统。

1. 液压油箱

液压油箱注油口处设有一个注油滤网（过滤精度为3μm），油箱上还设有磁性液位指示器和高低液位、最低液位报警接点，以及温度测量仪表（温度计、热电偶）。

2. 液压油供油系统

液压油供油系统配有两台100%额定容量的电动高压柱塞泵（流量可调）。泵内设有压力调节器，可通过调整柱塞的行程来改变油泵出口处的流量，并保持其出口油压为定值。

柱塞油泵出口管道上装有：

(1) 筒形滤网。精度3μm，备有堵塞指示器。

(2) 安全/电磁旁路阀。安全阀的压力整定值为13.5MPa，该阀也可作为（电磁）旁路阀使用，即在液压油供油系统投运初期，柱塞泵出口的高压油经该旁路阀流回油箱，系统如此循环，借以提高油温。

(3) 蓄能器。装在柱塞泵出口液压油母管上，用以确保在调速系统的油动机动作时使液压油系统仍能维持其正常的工作压力。蓄压器的容量为17.8L，正常工作压力为12MPa，初始充气压力为7.6MPa。

安全油通往安全装置，当安全装置动作或做试验时，通过开启电磁阀将安全油排至油箱，致使汽轮机安全系统动作，汽门关闭。

3. 液压油冷却系统

液压油冷却系统配有一台冷却油泵、两台100%容量的冷油器、温度调节装置和滤网等部件。冷却系统维持油箱内的油温为50℃，其冷却水源来自开式循环冷却水或除盐水。系统中主要设备的技术参数如下：滤网的过滤精度为3μm，配有压差报警装置，当滤网前后压差达到0.05MPa时，发出报警信号。

4. 液压油系统的运行控制

机组正常运行时，一台液压油泵投运，向液压油系统和安全油系统供油，液压油冷却油泵和再生油泵同时工作，以维持液压油的油质和油温；另一台液压油泵则处于备用状态。

在汽轮机组启动前，应首先将液压油系统投入运行：

（1）当液压油处于冷态时，开启高压液压油泵，通过液压油作油循环的方式（此时安全/旁路阀用作旁路阀）将油温提高到35℃，之后，将该阀关闭作安全阀使用，其压力整定值为13.5MPa。

（2）当油温高于35℃时，即可启动液压油泵，直接向系统供油。

（3）液压油泵启动后，应尽快启动冷却油泵和再生油泵。

在汽轮机组运行期间液压油冷却油泵和再生油泵始终处于运行状态。只有当冷却系统或再生系统发生故障时，这两台泵才能在短时间内（几小时内）停运。

当油箱处于正常油位时，可在就地控制盘或主控室启（或停）液压油泵。但切不可两台液压油泵同时停运。当汽轮机正常运行时，如果正在运行的液压油泵发生故障，或其出口油压降至10MPa以下，则备用中的另一台液压油泵自动启动投运。液压油系统运行时，当下列项目达到整定值时，即发出报警信号：

1）油箱内油位高。

2）油箱内油位低。

3）油泵出口滤网前后压差大。

4）冷却系统滤网前后压差大。

5）再生系统滤网前后压差大。

6）液压油温度高/低。

7）液压油压力高/低。。

液压油系统停运后，应将系统中的油排至油箱。

5. 液压油再生系统

液压油再生系统用来对液压油进行化学处理，以维持液压油的酸度小于0.5KOHmg/g。系统配有一台再生油泵、一台再生滤网装置、一台金属丝滤网装置以及安全阀等部件。

第六节　给水回热系统

从朗肯循环的分析可以看出，大部分的热量损失是凝汽器中的冷却水带走的热量（60%左右），这也是火力发电厂效率低的重要原因。

如：在 p_2=0.04绝对大气压，饱和温度只有28.6℃，当锅炉压力 p_1=14绝对大气压时，相应的饱和温度为309.53℃，若将1kg28.6℃的水在锅炉中加热到饱和温度就约需300kcal(1256kJ)的热量，在朗肯循环中，这部分热量直接由锅炉的燃料燃烧放出的热量供给。如果利用乏汽所带走的热量是否可行呢，由于乏汽温度太低，只能部分利用，即从汽轮机中间抽出做了一部分功的蒸汽，把它送入到加热器中，利用这部分抽汽加热由凝汽器来的凝结水，提高给水温度。而抽汽部分不在凝汽器中凝结，又可减少冷却水带走的热量损失，从而节省燃料，提高循环的热效率。这种利用汽轮机抽汽以加热给水的方法叫给水回热。

由上述的分析可以得出以下的结论：

（1）采用回热循环后的热效率要比朗肯循环高。

（2）从理论上讲，当抽汽次数无穷多时，回热循环的热效率能达到同温度下卡诺循环的热效率。

（3）采用回热循环的汽耗加大了，加大了高压缸的通流面积，减小了低压缸通流面积，有利于蒸汽流动，而且使汽轮机低压缸和末级叶片尺寸大大减小，辅助设备的容量等都相应简化。

（4）无论如何，凝汽器内损失的热量是不可用能量，无论采用什么循环，只能将凝汽器内损失的热量降到50%左右，因此，要发展热电联合循环。

一、给水系统

（1）给水系统采用单元制。通常，为了提高给水系统的适应能力，经常是采用电动调速给水泵，每台机组配三台50%容量的电动调速给水泵，并设有三台高压加热器。高压加热器采用大旁路系统，装设一个快速电动旁路阀。

每台给水泵出口都接有最小流量再循环管，单独接至除氧器给水箱；而且为了防止停泵时蒸汽自此处倒流，在该管进入除氧器给水箱前都装有止回阀。主给水泵设中间抽头，作为再热蒸汽减温水水源。过热蒸汽及高压旁路减温水从三号高压加热器前给水管上接出。

电动给水泵由液力耦合器进行调速，以满足机组启动和各种工况的需要。

（2）高压加热器。每台机组设三台双流程、全焊接结构、固定板、U形管卧式高压加热器，每台高压加热器均设置过热蒸汽冷却段、蒸汽凝结段和疏水冷却段三个换热区段。如图2-3

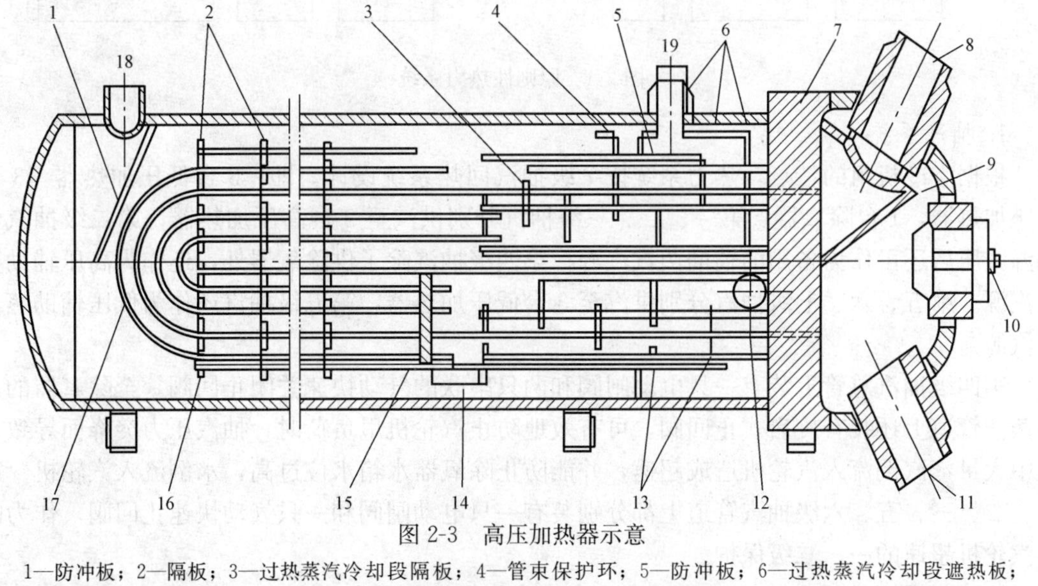

图2-3　高压加热器示意

1—防冲板；2—隔板；3—过热蒸汽冷却段隔板；4—管束保护环；5—防冲板；6—过热蒸汽冷却段遮热板；7—管板；8—给水出口；9—分流隔板；10—压力密封人孔；11—给水进口；12—疏水出口；13—疏水冷却段隔板；14—疏水冷却段进口；15—疏水冷却段端板；16—拉杆；17—U形管；18—疏水进口；19—蒸汽进口

所示为单流程高压加热器结构示意图。

（3）给水操作台。高压给水管道设简易给水操作台，设置一个100%电动阀和15%旁路调节阀，均为进口产品。在给水主路上不设调节阀，以减小正常运行节流损失。

二、回热抽汽系统

如图2-4所示为回热抽汽系统的原则性热力系统示意图。

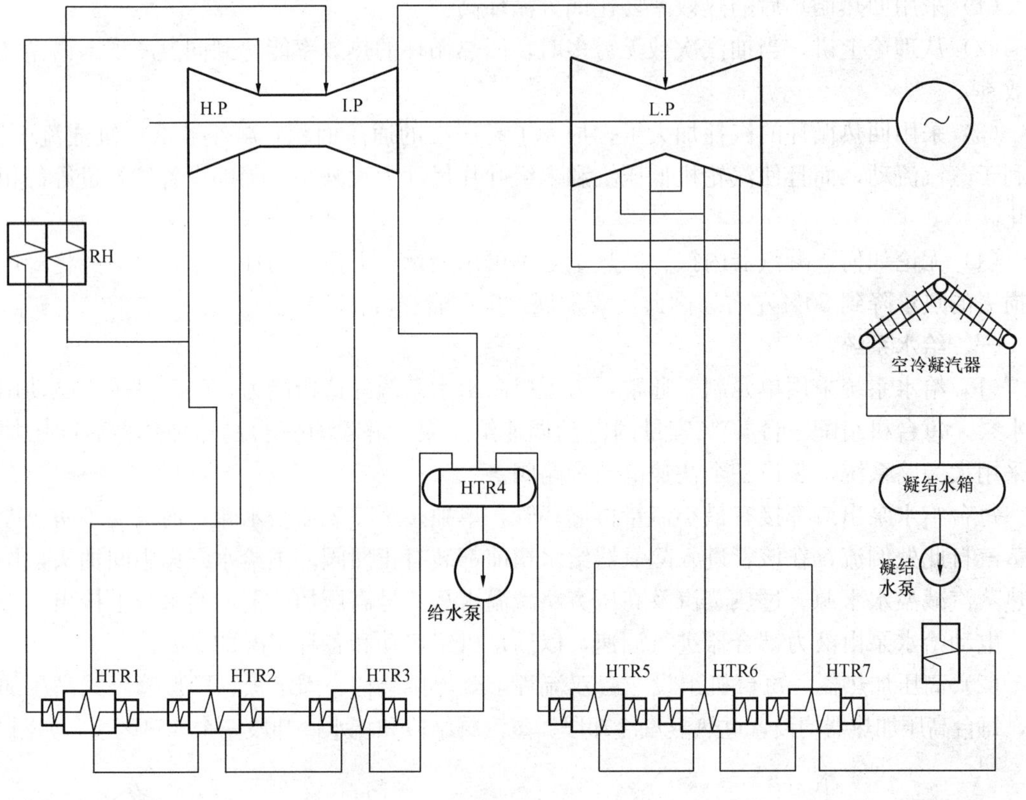

图2-4　原则性热力系统

1. 抽汽系统

根据空冷机组的特点，热力系统按7级抽汽回热系统设计，即：3台低压加热器，3台高压加热器，1台除氧器。第一、二、三级抽汽分别供汽至3台高压加热器，第二级抽汽经减温减压后还可作为备用的辅助蒸汽汽源；第四级抽汽除了供除氧器外，还作为高压辅助蒸汽汽源。第五、六、七级抽汽分别供汽至3台低压加热器，第五级抽汽还作为低压辅助蒸汽的汽源。

第四级抽汽总管上装有一只电动闸阀和两只串联的气动快速关闭止回阀，至除氧器的加热蒸汽管道上还装有旋启式止回阀，可有效地防止汽轮机甩负荷时，抽汽压力突降而导致水箱中大量蒸汽倒流入汽轮机造成超速，并能防止除氧器水箱水位过高，水倒流入汽轮机。第一、二、三、五、六级抽汽管道上都分别装有一只电动闸阀和一只气动快速止回阀，作为防止汽轮机超速的一、二级保护。

2. 加热器疏水系统

加热器的疏水系统设有正常疏水管路和事故疏水管路，三台高压加热器和三台低压加热器的正常疏水都采用逐级回流以利用疏水热量，提高热效率。高压加热器疏水逐级串联疏水至除氧器，低压加热器疏水逐级串联疏水至排汽装置。

加热器事故疏水均单独接至疏水扩容器，高压加热器事故疏水接至机头前疏水扩容器，低压加热器事故疏水接至机尾疏水扩容器。在某台加热器管束泄漏或其他原因，正常疏水不足以排除加热器中的积水时，通过事故疏水管路，可迅速排除疏水。

除氧水箱设有溢流水管，管上装设电动调节阀，在水箱水位升至高—高水位时，可打开电动调节阀放水至排汽装置。

系统中疏水调节阀和加热器水位联动，加热器疏水在正常水位时，逐级回流至下级加热器，当加热器出现高水位时，事故疏水调节阀自动打开；当高压加热器出现高—高水位时，抽汽管道的快速气动止回阀和电动闸阀关闭，水侧电动旁路动作，切除高加，给水走大旁路；当某台低压加热器出现高—高水位时，抽汽气动止回阀和电动闸阀关闭，上级疏水切断，水侧旁路打开，加热器进出水门关闭，该台低压加热器退出运行。

轴封加热器疏水单独回流入排汽装置，疏水管路设置多级水封。

3. 除氧器

目前 600MW 机组中应用比较广泛、使用效果良好的就是无头式除氧器。

对于无头式除氧器来说，一般采用定压—滑压的运行方式。系统内设置有一台上水泵，用于启动补水和系统冲洗补水，上水至除氧器。除氧水箱的储水量为 230～245m^3，此容量可以满足无凝结水补充进入系统时锅炉在最大蒸发量情况下为 6～7min 的给水量。

无头式除氧器的主要特点如下：

(1) 除氧效果好、运行平稳可靠。其出水含氧量小于 5μg/L，适应负荷变化的能力较强，负荷的允许的变化范围为 10%～110%之间，在此范围均能保证上述除氧效果。

(2) 使用寿命长。由于取消了除氧头，因而避免了除氧水箱支撑除氧头处产生的应力所产生的裂纹，增加了除氧器的使用寿命。

(3) 安装检修维护简单、方便。因取消了除氧头，总高度降低、外形紧凑，其自身高度至少能降低 3～5m，无需设除氧头的检修维护平台，只需沿水箱布置一个平台即可满足检修维护要求。除氧器布置在汽机房运转层，采用无头式更有利于汽机房运转层行车的运行及空间的美观。

(4) 设备维护费用低。无头式除氧器不需要填料，喷嘴性能稳定，正常情况下不需要更换喷嘴，设备维护及备件费用低。

(5) 节能。无头式除氧器由于采用蒸汽与水直接接触，不会出现蒸汽跑漏现象，在排除非凝结气体时伴随排放的蒸汽量少，热效率高。

给水的最终含氧量，在一定程度上也取决于进入除氧器的主凝结水的含氧量，而后者又受到真空系统严密性（如凝汽器的空气严密性，处于真空状态的法兰、焊口、轴封管道、筒体的严密性）的影响，以及凝汽器内真空除氧装置运行状况的影响。此外，化学补充水量的增加也可能影响凝结水的溶氧量。

在除氧器结构完好的情况下，运行中精心维护和合理调整是降低溶解氧的主要途径。如排气门的开度、加热蒸汽量、主凝结水量及温度的改变，补水率的大小，压力变化等。

为了有效地除氧，必须将水中分离出来的气体经排气门及时排出。排气门应有合适的开度，这些应通过对除氧器水中溶氧的及时监控、测定来确定或通过实践摸索而确定。

补水量的变化对溶解氧可能有影响。当补水量增加时，由于除氧器负荷增大，加热蒸汽调节不及时，将会影响到除氧效果。大部分机组凝汽器内都带有一个真空除氧装置，600MW机组补水量不大，而且一般都补入凝汽器。实践证明，这种化学补水系统对凝结水的溶氧几乎没有太大的影响。

低压加热器切除时，将使除氧器热负荷增加。如有两台以上的低压加热器切除，除氧器很容易发生过负荷，产生除氧头冲击振动、排气门喷水、除氧效果恶化等异常运行的情况。

机组正常运行时，除氧器随机变压运行，进汽没有阀门节流损失，这样可改善热循环效率。

正常运行中，除氧器水箱的水位一般要求维持的稍高一些，但以不超出溢水高度并有一定余量为准，以保证给水箱的有效容积的充分利用。

三、回热系统设备的投停

（一）除氧器的投停

1. 除氧器投运前准备

（1）确认压缩空气系统运行正常，仪表用气压力正常。

（2）确认辅汽系统运行正常，辅汽压力、温度符合要求。

（3）确认凝结水系统运行正常，水质合格。

（4）除氧器水位、压力连锁保护试验已合格。投入除氧器水位、压力等测量、保护装置。

（5）确认下列阀门已关闭：

1）1、2、3号高压加热器至除氧器连续放气一、二次门；

2）除氧器充氮保护有关隔离门；

3）除氧器事故放水门及溢流阀的旁路门；

4）1、2、3号高压加热器疏水至除氧器隔离门；

5）四级抽汽电动隔离门、止回阀；

6）辅汽至除氧器压力调节阀及其隔离门。

（6）开启除氧器溢流阀前后截门，确认溢流阀关闭。

2. 除氧器投入

（1）除氧器上水至水位正常。

（2）开启除氧器至除氧再循环泵进口门，除氧再循环泵注水放气后启动。开启泵出口门及至除氧器门，确认其至锅炉上水门关闭。

（3）开启辅汽至除氧器调门前后隔离门，调节辅汽至除氧器压力调节阀，使除氧器温度上升率不大于1.5℃/min。当除氧器水温达到100℃以后，将其投入自动，检查确认除氧器压力为0.05MPa，对凝结水进行加热除氧。

（4）当给水泵启动，除氧器水位正常、流量建立后，根据需要投入除氧器水位自动调节。

（5）当四抽压力大于0.4MPa后，除氧器由辅汽倒至四段抽汽，除氧器由定压运行变为滑压运行。

（6）在滑压过程中，当汽水品质均合格后，开启连排至除氧器隔离阀，投入连排蒸汽至除氧器运行。

3. 除氧器正常运行维护

（1）除氧器正常运行中应注意监视除氧器压力小于1.1MPa，温度不大于374℃，与当时机组运行工况相对应，滑压范围0.05～1.1MPa。

（2）除氧器的就地水位计与CRT上水位指示值要经常校对，保证一致。

（3）除氧器的水位控制应投入自动，保证除氧器在正常水位运行。

（4）除氧器正常运行中辅汽作为备用汽源时，辅汽至除氧器压力调节阀手动隔离阀应全开，门前疏水稍开，压力调节阀应投入自动。

（5）除氧器正常运行中溶解氧应符合要求（≤7ppb）。

（6）除氧器出水温度不大于187℃。

4. 除氧器停运

（1）当机组负荷降至150MW时，除氧器由四抽倒为备汽，连排二次汽排至大气。

（2）注意随着机组负荷的下降水位自动调节应正常，否则切为手动。

（3）当机组停止运行后，根据具体情况决定是否停止除氧器上水。

（4）关闭锅炉连排扩容器至除氧器的隔离阀。

（5）除氧器若停运一周以上，应采用充氮保护，切断一切汽源、水源，放尽水箱余水，关闭放水阀，全面隔离后开启充氮总门和隔离门，对除氧器充氮并维持一定压力。

（二）加热器的投停

1. 回热加热器的运行

回热系统在正常运行中的监视、调整包括：观察运行中设备的状态和各种参数，正常运行工况偏差的消除及预防性措施的实施等。

在正常运行条件下，加热器工作最重要的指标是给水的温升和端差。高压加热器通常都设有内置的过热冷却区，故端差较小；如果端差数值与设计值之间产生偏差，表示加热器工作不正常。例如在相同负荷下加热器的温差减小、端差增大，就表明可能出现了加热器内部聚集空气或管子结垢、导致传热条件恶化，也有可能是疏水水位过高、淹没了部分管子，使传热面积减小引起的。

在加热器运行过程中，应严密监视疏水水位的变化，如果加热器内管子泄漏或水位调整装置失灵，均会造成水位升高甚至满水。加热器满水除造成壳体及管道系统振动外，还可能使汽轮机汽缸进水，造成汽轮机水冲击，这将是十分危险的。判断加热器水位是否过高，除了水位计及水位信号外，还可以根据出水温度下降、端差增大、汽侧压力摆动或上升及抽汽管疏水管振动等异常情况来判断。在运行中加热器水位偏离正常值，即使未发展成上述事故，也将对机组运行的安全、经济带来影响。如加热器无水位运行，蒸汽将通过疏水管流入下一级加热器，从而减少了下一级抽汽。这样，不仅影响了机组回热系统的经济性，而且由于疏水的两相流动会使疏水调节阀和疏水管弯头发生严重的冲蚀，影响安全。加热器无水位运行还会引起疏水管振动，蒸汽夹带着被凝结的水珠流经加热器管束的尾部，造成对流部分管束的冲蚀。尤其对有疏水冷却段的加热器，无水位运行将使管束侵蚀成孔洞而泄漏。加热器水位过高，将使管束的传热面积减少，出水温度下降，直接影响回热系统的经济性，另外还容易造成加热器水位保护动作。

国内600MW机组大部分配用带过热蒸汽冷却段和疏水冷却段的卧式加热器。这类加热器疏冷段的疏水进口处有一水封管段，在正常运行时管口浸于水中，使加热器凝结段的蒸汽不能进入疏冷段。当加热器水位过低、水封管口露出水面时，凝结段的汽、水同时冲向疏冷段，冲蚀疏冷段管子外壁，相当于形成了前述的无水位运行的不良后果。另外，这类加热器运行一个重要指标是疏水温度与加热器进水温度的差，严格地讲，应称为加热器进口端差。高压加热器正常运行时，进口端差应保持在10℃以下，最好维持在6℃左右。

加热器运行中还应监视进出口温度和抽气压力。如发现给水温度下降，应检查汽侧水位是否过高、汽侧空气门是否误关、处于关闭状态下的旁路门是否严密等。此外，抽汽止回阀、加热器进汽门开度不足而处于节流状态，也将使给水温度降低，这种情况可根据汽轮机抽汽口压力与加热器侧压力之差的变化来分析。

运行中还应注意负荷与疏水调节门开度的关系。当负荷未变而调节门开度增加时，有可能管束已出现轻度泄漏，应对加热器进行听音检查。加热器管束泄漏时，要及时将加热器停用，防止泄漏处高速水流对相邻管束的冲刷。

加热器运行中，还应对疏水水质进行化学分析，其溶解氧、铁和硅的含量应符合要求，否则疏水应排地沟或凝汽器。

当一台加热器汽侧退出运行、其他加热器仍继续保持运行状态时，此时加热器组的运行工况将发生大幅度的变化。在这种情况下，前一级（抽汽压力高的一级）加热器负荷明显增大，过热冷却区出口蒸汽剩余过热度不能保证成为饱和汽，这样就会造成饱和汽挟带着水分，将冲蚀凝结区的管子，使之过早损坏。另外，前一级加热器的疏水量也将增加，疏水经旁路直接进入停用加热器后面的一级加热器也是不利的。因此，切除一台高压加热器，则其前级高压加热器必须随之停用。

2. 加热器投停

（1）加热器投停操作原则。

1）加热器投运时，应先投水侧再投汽侧；停运时，应先停汽侧再停水侧。低压加热器在凝结水系统注水时应投运水侧，高压加热器在锅炉上水时应投入水侧，完成低压下注水投运。

2）低压加热器在机组冲转时随机滑启，高压加热器在机组负荷达25%，除氧器倒至本机四段抽汽供汽后投入。投高加时应遵循从低压到高压的原则，停时相反。

3）严禁泄漏的加热器投入运行。

4）加热器必须在水位计完好，报警信号及保护装置动作正常的情况下允许投入运行。

5）加热器投停过程中应严格控制低压加热器出水温度变化率不大于3℃/min，高压加热器出水温度变化率不大于1.85℃/min。

6）加热器水侧投入时，在CRT上调出所投加热器水侧进口门控制画面，先按“RESET”，然后按“HEATER IN SERVICE”，注意检查各门动作顺序：

①低压加热器进出口门开启，当全开后，旁路门关闭直至全关，低压加热器水侧投入；

②高压加热器进出口门的小旁路门全开后，水侧进出口门开启至全开，然后关闭水侧进出口门的小旁路门，开启水侧大旁路门的小旁路门至全开后，关闭水侧大旁路门至全关，最后关闭水侧大旁路门的小旁路门，高压加热器水侧投入；

③高、低压加热器水侧停运步骤与投运步骤相反。

（2）加热器投运前检查。

1）确认加热器及其管道冲洗合格，有关试验、校验合格。

2）确认系统各气动门控制气源投入正常。

3）确认各疏水阀动作正常，并已投入自动控制。

4）打开所有表计的考克门。

5）确认加热器充氮及湿保护系统隔离。

6）确认所有放水门关闭。

7）稍开低压加热器连续放气至凝汽器一、二次门。

8）确认高压加热器连续放气至除氧器一、二次门关闭。

9）确认高压加热器启动放气阀开启。

10）确认加热器正常疏水阀截门开启，事故疏水阀前后隔离阀开启。

11）确认抽汽止回阀关闭，抽汽止回阀前后疏水阀开启。

（3）运行中低压加热器的投入。

1）投入低压加热器水侧，当水室放气阀见水后关闭放气阀，注意低压加热器进出水门开启正常，水侧旁路门关闭，检查低压加热器水位计应无水位出现，凝结水流量无变化。

2）开启加热器至凝汽器放水门，开启所投低压加热器抽汽止回阀，稍开所投低压加热器抽汽电动门暖体，注意控制低压加热器出水温度变化率不大于3℃/min。

3）逐渐全开低压加热器抽汽电动门，开启连续放气阀，逐渐关闭加热器至凝汽器放水门，注意凝汽器真空变化及疏水阀动作正常。

4）检查抽汽电动隔离门前后疏水阀应关闭。

（4）运行中高压加热器的投入

1）开启加热器进水门的小旁路门进行高压加热器注水，当水侧放气阀见水后关闭放气阀，注水结束后关闭进水门的旁路门。

2）在CRT上调出所投高压加热器的进口门控制画面，先按"RESET"，然后按"HEATER IN SERVICE"投入高压加热器水侧运行，注意监视程序执行情况，检查加热器水位计无水位出现。

3）开启高压加热器启动放气阀。

4）开启加热器至凝汽器放水门，开启投运高压加热器的抽汽止回阀，稍开投运高压加热器的抽汽电动门，加热器暖体，严格控制高压加热器出水温度变化率不大于1.85℃/min。

5）逐渐关闭加热器至凝汽器放水门，逐渐全开投运高压加热器的抽汽电动门，注意疏水阀动作正常。

6）关闭启动放气阀，开启连续放气阀。

7）注意检查抽汽管道疏水阀应关闭，高压加热器水位在正常范围内。

（5）加热器运行维护。

1）就地水位计照明正常，水位显示清晰、正常，疏水阀动作正常。

2）加热器保温良好，无振动及汽水冲击声，汽水管道无泄漏。

3）加热器各处压力、温度指示随机组负荷变化正常。

4）加热器端差正常（5.6℃）。

（6）高压加热器停运。

1）缓慢关闭需停高压加热器的抽汽电动门，并严格控制高压加热器出水温度变化率不大于1.85℃/min，注意控制机组负荷的变化，关闭连续放气至除氧器一、二次门。

2）当高压加热器的抽汽电动门全关后，关闭抽汽止回阀，在CRT上调出所停高压加热器的进水门控制画面，先按“RESET”，然后按“BYPASS”，确认高压加热器水侧解列（旁路门开启，进出水门关闭），注意程序执行情况及上级高压加热器疏水至除氧器调节阀动作正常，注意高压加热器水位变化。

3）根据需要开启汽侧和水侧放水阀和放气阀，检查压力应逐渐降至零，注意在汽侧放气阀开启之前，应确认抽汽止回阀后疏水阀关闭严密，否则将影响真空。

4）加热器停止后需采取充氮保护时，充氮操作应随水侧放水同时进行。

（7）高压加热器紧急停运条件。

1）加热器汽水管道及阀门等爆破，危急人身及设备安全时。

2）加热器水位升高，处理无效，高压加热器满水时。

3）所有水位指示均失灵，无法监视水位时。

4）高压加热器危急疏水频繁动作，造成系统补水困难时。

（三）电动给水泵组的启停

1. 电动给水泵启停

（1）电动给水泵启动前准备。

1）电泵的各项连锁保护试验合格，投入各连锁保护和有关表计。

2）检查电泵油箱油位正常，油系统具备投运条件。

3）启动一台交流润滑油泵运行，检查润滑油压0.2MPa左右，滤网差压小于0.05MPa，各轴承油流正常，将另一台交流润滑油泵及直流油泵投入备用。

4）调节电泵冷油器出水门，维持油温40℃左右。

5）检查关闭泵组及其系统管道各放水门。

6）检查除氧器水箱水位正常，水质合格，水温满足锅炉上水要求，稍开电泵前置泵入口门，向前置泵、给水泵及管道充水排空气，空气门见水后关闭。充水放气完毕，全开入口门。

7）电泵出口电动门及大小差压调节阀关闭。

8）开启电泵最小流量阀前后截门，确认再循环门开启。

9）开启电泵机械密封冷却器闭式水进口阀，注水放气后开启出口阀。

10）开启电泵机械密封水磁性过滤器进、出口阀，旁路阀关闭。

11）投入电泵前置泵机械密封水。

12）电动给水泵电动机送电。

（2）电动给水泵启动。

1）确认电泵启动许可条件全部满足，开启电泵出口门的小旁路阀。

2）启动电泵，检查电泵出口电动阀联动开启，否则手动开启；检查电动机冷却风机联启。关闭出口阀的小旁路门。若电泵启动10s后电流未恢复正常，应立即停泵。

3）全面检查各轴承进油、回油温度、振动、声音、滤网差压等均正常。

4）稍开电泵出口小差压调节阀，向给水管道充水排空气，空气排尽后，可调整开大调节阀向锅炉上水。

5）根据需要，开启中间抽头阀。

6）泵运行正常后，注意电泵密封水温度变化，及时调节冷油器冷却水使电泵润滑油温在40～45℃之间。

（3）电动给水泵停运。

1）检查确认电泵最小流量阀在“自动”位置。

2）逐渐关闭大差压调节阀至全关，注意最小流量阀应开启正常，继续关闭小差压调节阀至全关。

3）关闭电泵出口电动阀，关闭电泵中间抽头阀。

4）停止电泵运行。

5）确认交流润滑油泵在电泵停止后继续运行，调整冷却水以保持油温40℃左右。

（4）电泵备用条件。

1）电泵的所有交直流电源应全部送上。

2）电泵油箱油位正常，油质合格。

3）电泵投入“STANDBY”。

4）电泵交流润滑油泵连续运行，油压不小于200kPa，油温35～45℃之间，各轴承油流正常。

5）电泵前置泵入口阀全开。

6）电泵出口电动阀全开，大小差压调节阀全关。

7）电泵最小流量阀前后隔离阀全开，最小流量阀投入“AUTO”且处于全开状态。

8）电泵中间抽头手动隔离阀全开，电泵出口至过热器减温水电动阀关闭。

9）电泵所有连锁保护投入，各测量表计、变送器等装置均处于投入状态。

（5）电泵倒转的处理。电泵在由运行状态到停止状态时，因系统阀门不严极易出现电泵倒转的情况。

1）倒转现象。

①电泵反转报警信号发出；

②泵转速降低到零后，转速又回升；

③该泵前置泵出口压力升高；

④除氧器压力、水位升高；

⑤泵组内有不正常声音，泵组各轴承振动大；

⑥泵出口电动阀未全关。

2）倒转处理。

①关闭电泵出口阀，若该泵电动阀失电，应手动关闭，若转速不降，继续执行下面的内容；

②关闭汽泵出口阀，停止汽泵；

③将电泵最小流量再循环调阀全开；

④关省煤器入口阀；

⑤关电泵中间抽头阀；

⑥严禁关闭电泵前置泵入口阀；

⑦将电泵液力耦合器勺管降至最低；

⑧确认电泵已停转，检查各系统（设备）正常，方可允许锅炉上水。

2. 汽动给水泵组的启停

(1) 启动前检查准备。

1) 前置泵。

①检查油箱油位正常，油质良好，辅助润滑油泵送电；

②启动辅助润滑油泵，检查油循环正常，润滑油压大于160kPa；

③若油温太低，可投入电加热器，调整油温至40℃左右；

④大修后投运应先空试电动机，确认电动机运转正常，转向正确后，将靠背轮连接好；

⑤检查润滑油冷却器和机械密封冷却水正常；

⑥稍开泵入口电动阀，前置泵及主给水泵壳体注水放气，见水后关闭各放气阀；

⑦全开泵入口电动阀。

2) 给水泵组。

①检查确认热工电源已投入正常；给水泵各部密封水及冷却水投入正常；

②检查给水泵汽轮机油箱已注入合格的油，油位2/3以上；

③启动给水泵汽轮机油箱排烟风机，调整油箱真空在$-25mmH_2O$；

④启动一台交流润滑油泵，检查润滑油压在150kPa、控制油压1500kPa左右，各轴承回油正常，将另一台交流润滑油泵投入备用；

⑤安装或大修后的首次启动，应将给水泵汽轮机与给水泵的靠背轮解开，手动盘泵转子，确保转动灵活；连接好靠背轮；

⑥根据需要做调速系统静态试验。

3) 给水泵汽轮机冲转前操作。

①确认主机真空已建立。

②稍开给水泵汽轮机轴封进汽调节阀前手动阀，开启轴封回汽电动阀，给水泵汽轮机轴封送汽暖管。

③全开给水泵汽轮机轴封进汽调节阀前手动阀，调节轴封供汽母管压力维持在14～40kPa之间。

④开启给水泵汽轮机排汽蝶阀，给水泵汽轮机抽真空，注意凝汽器真空变化。

⑤检查确认给水泵汽轮机本体疏水阀开启：

高压主汽阀上阀座疏水：高压汽送汽暖管结束后关闭；

高压主汽阀下阀座疏水：高压汽送汽暖管结束后关闭；

低压主汽阀上阀座疏水：给水泵汽轮机冲转前暖管时开启，主汽阀全开后关闭；

低压主汽阀下阀座疏水：给水泵汽轮机冲转前暖管时开启，冲转后关闭；

汽缸疏水：给水泵汽轮机带负荷运行稳定后关闭。

⑥稍开辅汽（或四抽）至给水泵汽轮机进汽阀，给水泵汽轮机进汽管暖管疏水。

⑦检查确认汽泵最小流量阀在自动开启位置，主给水泵出口阀关闭。

⑧确认前置泵、给水泵汽轮机、汽泵的所有保护已投入。

⑨启动前置泵，高压主汽阀上阀座疏水1min后可以关闭。

⑩全开给水泵汽轮机低压进汽阀。

(2) 汽动给水泵组禁止启动条件。

1）调速系统动作失灵或不能控制转速而使超速保护动作；

2）泵组转动部分有明显的摩擦声；

3）高低压自动主汽阀、调速汽门之一卡涩不能关闭严密；

4）主要的热工保护装置之一失灵；

5）主要的热工仪表之一失灵；

6）仪表或热机保护电源失去；

7）油质不合格或油温低于极限值15℃；

8）泵壳体上下温差大于30℃。

（3）给水泵汽轮机冲转。

1）在给水泵汽轮机MEH控制盘上手按“CLEAR”按钮。

2）按下“RUN”按钮，若转子处于惰走状态，“RUN”按钮必须按压两次。

3）按下“RESET”按钮，“RESET”指示灯亮，“TRIP”指示灯灭，确认给水泵汽轮机主汽阀开启。

4）对控制盘灯光信号进行以下检查：

①“ISOLATE”灯亮，“TRACK”灯灭；

②“MANUAL”灯亮，“AUTO”灯灭；

③主调速器和备用调速器的“AVAIABLE”灯亮。

5）再次按下“RUN”按钮，调节汽门开始开启，10s内给水泵汽轮机冲转至最小控制转速600r/min。

6）检查汽泵组声音、振动、各就地表计指示及CRT上各参数指示正常。

7）根据给水泵汽轮机启动状态（冷态、温态、热态），控制给水泵汽轮机升速和暖机时间。冷态启动时在1500r/min时进行10min暖机，热态启动时在3000r/min暖机20min，升速过程中若出现泵组振动增大或偏心度超限等，应停止升速并延长暖机时间。

8）当给水泵出口门前后压力接近时开启出口门，注意主泵出口流量增加时最小流量阀动作情况。

9）当“TURBINE SPEED”指示接近“AUTO SPEED REFERENCE”指示时按下“AUTO”按钮，将给水泵汽轮机控制切到“AUTO”方式，“AUTO”指示灯亮，给水泵汽轮机接受锅炉给水信号自动调整转速。

10）按下“TRACK”按扭，将备用调速器投入自动跟踪状态，“TRACK”指示灯亮，备用调速器“SPEED REFERENCE”显示窗显示值将小于“AUTO SPEED REFERENCE”大约28r/min。

11）根据需要开启汽泵中间抽头门及增压级后抽头门。

12）投入给水泵汽轮机高压汽源。

注：给水泵汽轮机挂不上闸检查内容为：

①除氧器水位正常；

②汽前泵运行，出口压力正常；

③润滑油压大于0.08MPa；

④再循环阀开且在“自动”；

⑤给水泵汽轮机车头“打闸复位”按钮位置正确；

⑥复位许可灯亮；

⑦低压加热器全关且灯亮；

⑧排汽蝶阀开，真空合适；

⑨给水泵汽轮机控制面板无报警；

⑩联系仪控检查电子间是否存在给水泵汽轮机跳闸信号。

3. 给水泵并泵运行操作规定

(1) 电泵与单台汽泵并泵运行时，机组保持主蒸汽压力14～15MPa定压运行，负荷400MW左右，最大不得超过450MW。若出现机组负荷突降时，应立即将汽泵“AUTO”切为“MAN”，电泵和汽泵间平衡调节分配流量，以防汽泵在“AUTO”状态下流量突然降低，最小流量阀来不及开启造成汽泵入口流量低保护动作跳闸。

(2) 电泵带基本负荷，其电动机电流不得超过额定值，严密监视电动机线圈温度应在140℃以下。运行汽泵在“AUTO”状态，其转速不应超过5375r/min。

(3) 当两台汽泵并泵运行且皆在“AUTO”，电泵备用时，若一台汽泵跳闸，电泵联动或手动启动后，应立即将运行汽泵切为手动调节方式，保证给水泵汽轮机转速在5375r/min以下，注意汽泵与电泵间平衡调节分配流量，若负荷持续下降时，应保证汽泵流量大于电泵流量且注意电泵和汽泵最小流量阀动作正常。当机组在额定负荷下出现此种工况时，应迅速减负荷至400MW左右。

(4) 无论何种情况下需要并泵时，都应将运行汽泵控制方式切为“MANUAL”。

4. 给水泵汽轮机停运

(1) 将给水泵汽轮机调速器切至“MANUAL”方式，关闭汽泵中间抽头门及增压级后抽头门。

(2) 缓慢降低给水泵汽轮机转速，注意当出口流量小于350t/h时，最小流量阀应自动开启，否则手动开启。

(3) 当给水泵汽轮机转速降至600r/min时（自动状态下，该转速为2250r/min）打闸停机，确认前置泵联跳正常，确认主泵出口电动门联关正常。

(4) 检查确认给水泵汽轮机高低压主汽阀、调节汽门关闭，本体疏水阀自动开启，根据需要关闭给水泵汽轮机排汽蝶阀。

(5) 记录给水泵汽轮机惰走时间及转子偏心度。

(6) 转速至0，关闭排汽蝶阀，停用轴封汽。

(7) 关闭给水泵汽轮机高低压汽源门。

5. 汽泵倒转的处理

汽泵在由运行到停止时，因系统阀门不严极易出现汽泵倒转，分别介绍如下：

(1) 倒转现象的表现。

1) 汽泵反转报警信号发出；

2) 泵转速降低到零后，转速又回升；

3) 该泵前置泵出口压力升高；

4) 除氧器压力、水位升高；

5) 泵组内有不正常声音，泵组各轴承振动增大；

6) 轴向位移向负向增大；

7）泵出口电动门未全关。

（2）倒转的处理。

1）关闭汽泵出口门，若该泵电动门失电，应手动关闭，若转速不降，继续执行下面的内容；

2）关闭电泵出口门，停止电泵；

3）将汽泵最小流量再循环调阀全开；

4）关省煤器入口门；

5）关汽泵中间抽头门；

6）严禁关闭汽泵前置泵入口门；

7）确认汽泵已停转，检查各系统（设备）正常，方可允许锅炉上水。

（3）防止给水泵倒转的反事故措施。

1）设备方面。

①电/汽泵反转报警信号，联动关闭各该泵出口门信号应恢复，并能保证可靠动作；

②电/汽泵出口电动门全开、全关要灵活，无卡涩，并能关闭严密；

③电/汽泵再循环调阀远方操作全开、全关灵活，无卡涩，并能投入自动且动作灵活；

④省煤器入口电动门全开、全关要灵活，无卡涩，关能关闭严密；

⑤汽泵跳闸联动关其出口门的保护要动作可靠；

⑥省煤器入口止回阀、电/汽泵出口止回阀动作灵活且关闭时严密。

2）操作方面。

①机组大小修启动前要对设备方面逐项进行试验；

②电/汽泵正常运行或电泵正常备用时，各泵最小流量再循环调阀投自动，各其前后隔离门均应全开；

③电（汽）泵正常停运时，应确认电（汽）泵最小流量再循环调阀动作，若不动作，应手动“开”向操作；

汽（电）泵接带负荷后，关闭电（汽）泵出口门、电（汽）泵中间抽头门，并适当降低电（汽）泵转速；

确认电（汽）泵出口门确已关闭后，将电泵转速降至最低（汽泵转速降至 3100r/min）停止电（汽）泵；若电（汽）泵出口电动门关不到位，严禁停止电（汽）泵。若停电泵后转速正常备用时，电泵停转后将出口门全开，但开门过程中严密监视电泵转速，防止电泵倒转。

④电/汽泵运行中跳闸时，应及时关闭该泵出口门。

6. 给水泵汽轮机正常运行维护

（1）汽泵周围清洁无杂物，无汽、油、水等泄漏。

（2）油箱油位正常，若油位低于 1/3 时及时补油。

（3）轴承回油温度正常在 60～71℃之间，最高不超过 82℃。

（4）控制油压、润滑油压、油温正常。

（5）每天对轴承、本体振动进行实测，振动值不应超过 0.05mm。

（6）定期检查油箱排烟风机运行正常，确保给水泵汽轮机油箱有一定的真空度。

7. 给水泵汽轮机冷油器切换

（1）确认两冷油器运行及备用状态。

（2）检查备用冷油器良好，底部放油阀关闭。

（3）微开冷油器充油阀和备用冷油器出口管高点放气阀，对备用冷油器进行充油放气。当放气口处有连续油流冒出时，关闭放气阀。

（4）全开冷油器充油阀，对备用冷油器升压，观察有无泄漏。

（5）开启备用冷油器冷却水进出水门。

（6）转动冷油器切换手柄少许，观察备用冷油器工作情况。

（7）继续缓慢转动切换手柄。每转动少许，应停留观察片刻，逐渐投入备用冷油器，直至全部切换至原备用冷油器运行位置。注意油温变化情况。

（8）关闭冷油器充油阀，逐渐关闭原运行冷油器进、出水门，转入备用。

8. 单台汽动给水泵停运消缺时的注意事项

（1）确认汽动给水泵跳闸 RB 信号解除，仪控有该信号解除的书面手续。

（2）将机组有功功率减至 320～360MW，根据制粉系统运行情况，保留三套相邻的制粉系统，最好保留 BCD 三套制粉系统。

（3）如果操作时制粉系统不能满足上述要求，保留的制粉系统中至少应有两套是相邻的但应避免 ABE 和 ADE 两种方式，根据火检情况可投油助燃

（4）机组减负荷过程中要注意汽轮机轴封母管压力的调整。

（5）电泵启动前后一定要认真检查，确保电泵启动后带负荷运行正常。

（6）确认电汽泵最小流量再循环调阀前后隔离门开，启动电泵，进行汽泵向电泵切换，电泵接带负荷后，停止汽泵。

（7）要加强对电泵组的运行监视，电动机电流正常不超过红线，电泵转速不应超过 5100r/min。

（8）根据检修工作要求作安全措施。

（9）检修工作结束后，恢复安全措施，检查汽泵符合启动要求，启动汽泵接带负荷后运行正常，停止电泵运行，运行正常后恢复 RB 信号。

（10）其他操作按规程执行。

第七节　辅助蒸汽系统

厂用蒸汽系统的主要功能有两方面。当本机组处于启动阶段而需要蒸汽时，它可以将正在运行的相邻机组（首台机组启动则是辅助锅炉）的蒸汽引送到本机组的蒸汽用户，如除氧器水箱预热、暖风器及燃油加热、厂用热交换器、汽轮机轴封、燃油加热及雾化、水处理室等；当本机组正在运行时，也可将本机组的蒸汽引送到相邻（正在启动）机组的蒸汽用户，或将本机组再热冷段的蒸汽引送到本机组各个需要辅助蒸汽的用户。该系统主要由辅助蒸汽母管、相邻机组辅助蒸汽母管至本机组辅助蒸汽母管供汽管，以及一系列相应的安全阀、减温减压装置等组成。为了减小热态启动期间汽轮机轴封系统的热应力，该系统还设置了再热冷段直接向轴封系统供汽的管路。

以图 2-5 所示的厂用蒸汽系统为例来做一个简要的说明。

如图 2-5 所示，该厂用蒸汽系统分别设置了高压、低压两个辅助蒸汽联箱，两个不

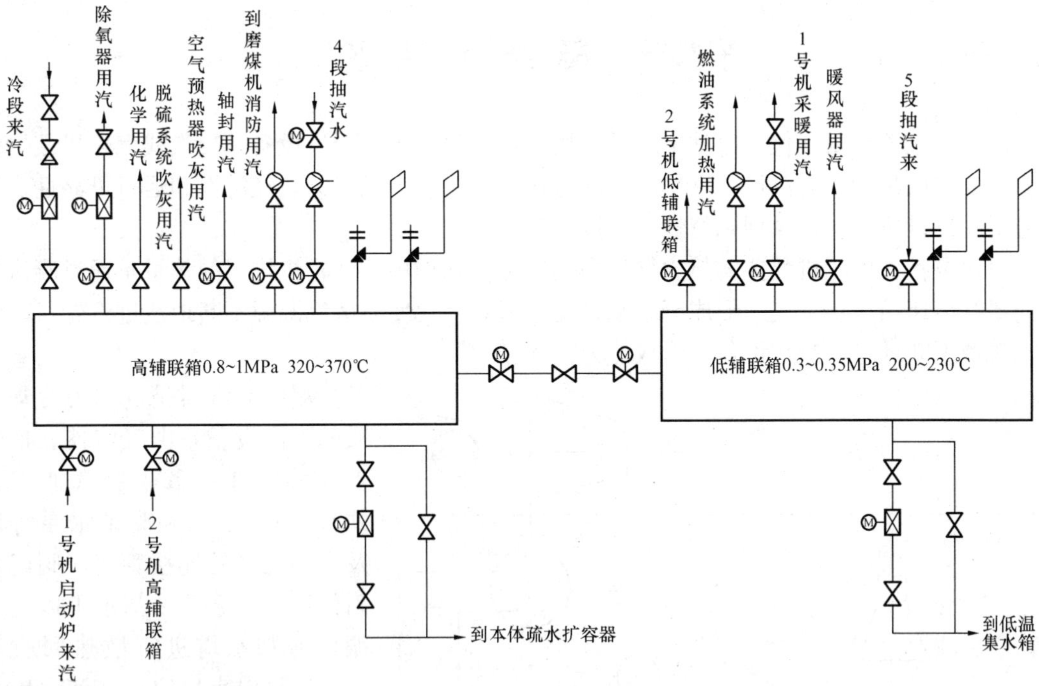

图 2-5　厂用蒸汽示意

同压力的辅助蒸汽联箱之间用母管连接，联络管上设有隔离阀，便于切换和互供厂用汽。

该厂用蒸汽系统是向机组提供在启动、停机、正常运行和甩负荷等工况下符合参数要求的蒸汽。在系统内设置有一个蒸汽参数为 0.78MPa，330℃的高压辅助蒸汽联箱，其汽源来自启动锅炉房、四段抽汽、冷再热蒸汽；同时，其与相邻机组的高压辅助蒸汽联箱间用电动阀隔断。当第一台机组准备启动时，由启动锅炉房来汽，经过辅助蒸汽联箱供各用汽点使用：在机组低负荷运行时，辅助蒸汽可由本机冷再热蒸汽供汽；机组正常运行时，由本机四段抽汽供汽。

当一台机组正常运行，另一台机组启动时，待启动机组的辅助蒸汽即可由正常运行机组的四段抽汽或冷再热蒸汽来提供所需的启动用汽。

主厂房皮带层采暖（汽暖）等用汽参数要求 0.4MPa、170℃，所以又设有低压辅助蒸汽联箱。低压辅助蒸汽联箱的来汽是从相邻两机间的高压辅助蒸汽联络管上接出，经减温减压后供给主厂房采暖，并且也供给锅炉暖风器加热用汽、除尘器灰斗加热等处。采用蒸汽加热较经济，且运行维护方便，也便于调节控制。

空气预热器需要在锅炉点火前吹尽其积灰，在炉膛着火后根据积灰情况定期吹灰，吹灰蒸汽在机组正常运行时由锅炉过热器分隔屏出口联箱供给，在机组启动前吹灰由吹灰蒸汽联箱供给，汽源来自邻机冷再热蒸汽管道。吹灰蒸汽参数约 1.57MPa，300℃。

为了保证给水泵运行更安全，在系统设计时，考虑了在汽轮机甩负荷除氧器失去加热蒸汽的情况下，辅助蒸汽站至除氧器的蒸汽管道上的电动阀门将自动快速打开，供给除氧器加热蒸汽，以避免除氧器失去加热蒸汽使除氧水箱压力降低而产生汽化。

第八节 凝结水系统

凝汽式汽轮机是现代火电站中广泛采用的典型汽轮机。凝汽设备是凝汽式汽轮机装置的一个重要组成部分。凝汽设备工作的好坏直接影响到整个机组的热经济性和运行可靠性。因此应对凝汽设备的工作原理和特性等加以了解。

凝汽设备在汽轮机装置的热力循环中起着冷源的作用。汽轮机排汽的热量是通过凝汽设备而最终传递给环境空气，形成凝结水，返回锅炉，促使新蒸汽源源不断地流进汽轮机，而排汽源源不断地排入凝汽设备，形成热力循环。

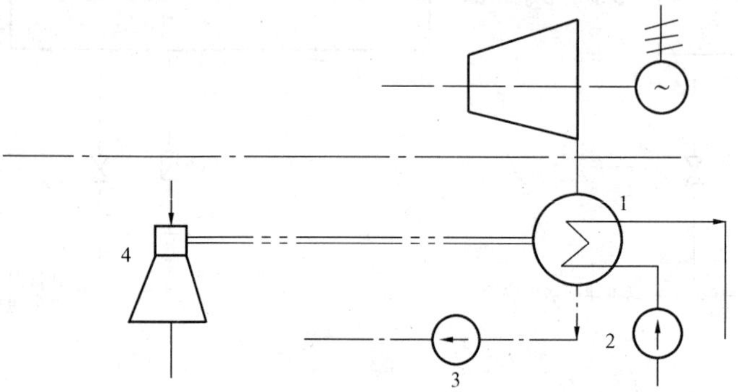

图 2-6 最简单的凝汽设备示意
1—凝汽器；2—循环水泵；3—凝结水泵；4—抽汽器

湿冷凝汽器是以水为冷却介质的凝汽设备，由凝汽器、抽气器（水环真空泵或射汽抽汽器式）、循环水泵和凝结水泵等以及它们之间的连接管道、阀门和附件组成。循环冷却水可以通过循环冷却水塔进行散热回收利用，还可以直接取自江河水库中的水与凝汽器交换热量后再回流原水源处散热。最简单的凝汽设备示意如图 2-6 所示。汽轮机排汽进入凝汽器 1，循环水泵 2 不断地把循环冷却水打入凝汽器，吸收蒸汽凝结放出地热量，蒸汽被冷却并凝结为水。凝结水由凝结水泵 3 抽走。凝汽器内压力低，容易漏入空气，空气阻碍传热并降低了真空，因此需用抽气器 4 不断将空气抽走。

凝汽设备的主要任务是：

1）在汽轮机的排汽口建立并保持真空。

2）把汽轮机的排汽凝结成水，再由凝结水泵送至除氧器，成为供给锅炉的给水。

此外，凝汽设备还有一定的真空除氧作用。

凝汽器设备形成真空的原因是凝汽器内的蒸汽凝结空间是汽水共存的，其压力是蒸汽凝结温度下的饱和压力。只要外界冷却介质（湿冷机组的循环冷却水或空冷机组大气中的空气）温度不高，在正常条件下，凝结水温度就不高，如 30℃左右的蒸汽凝结温度对应的饱和压力约只有 4～5kPa，大大低于大气压力。因此，通过改善外界冷却条件，降低凝汽设备内的蒸汽饱和温度，就可以在凝汽设备内形成高度的真空。

对采用空冷的 600MW 机组来说，从汽轮机低压缸排出的蒸汽是经 2 根 DN6000 的管道，流向空冷排汽装置，凝结水经联箱收集于凝结水箱中，通过凝结水泵送入中压精处理装置，处理后送入轴封加热器各级低压加热器，最后至除氧器。除氧器采用滑压运行。低压加热器的凝结水管道设有小旁路，以避免有个别低压加热器因故停运时，过多影响进入除氧器的凝结水温度和机组热效率。

为了简化系统，汽轮机本体疏水扩容器内置于排汽装置内，凝结水箱合并于低压缸排汽装置下部，容量约为 200m^3，既作为凝结水箱，又收集本体疏水等。补水直接进入排汽装置喉部进行预除氧，以避免凝结水含氧量过高。凝汽器溶氧高原因主要有：

1）凝汽器真空低（检查真空泵轴端是否漏气）；

2）凝结水泵盘根密封不良漏空气、凝结水泵入口法兰漏；

3）凝汽器两侧是否漏气；

4）凝水系统是否泄漏；

5）低压加热器水位计、放气阀是否泄漏；

6）真空系统是否泄漏（与凝汽器相连负压管道漏空气）等。

低压加热器逐级疏水到汽轮机排汽装置，汽轮机本体及管道的疏水也收集于汽轮机排汽装置，其扩容器随汽轮机排汽至空冷排汽装置冷却，凝结水汇集至下部凝结水箱。这时，要注意消除凝结水的过冷度。因为，具有过冷度的凝结水要使汽轮机消耗更多的回热抽汽，以使它加热到预定的锅炉给水温度，增大了热耗率，这使系统的经济性降低；同时，过冷也会使凝汽器含氧量增大，从而增加对凝结水流经的设备和管道的腐蚀，降低了设备的使用寿命，因此，消除或减低凝结水的过冷度对于提高运行的安全性是有利的。

每台机组设置两台100%容量的定速、电动、立式筒型凝结水泵，其中一台运行，一台备用。该系统中选用一套100%中压凝结水精处理装置。

每台机组设250m^{3}凝结水补充水箱和凝结水补充水泵，作为排汽装置热井水位控制的储水和补水容器，同时兼作发电机定子冷却水箱、水环式真空泵组等补水和启动注水。

轴封加热器出口的主凝结水管道上设有除氧器水箱水位调节阀。凝结水再循环管道由轴封加热器后引出至排汽装置。再循环管道上设调节阀以保证低负荷时轴封加热器通过最小流量。

每台机组设置三台低压加热器，采用U形管卧式结构，双流程。每台加热器内有蒸汽凝结段和疏水冷却段两个传热区段，图2-7所示为单流程低压加热器示意。

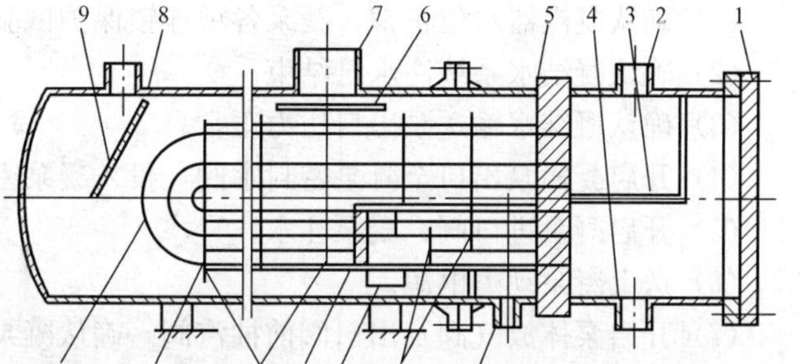

图2-7　低压加热器示意

1—端盖；2—给水出口；3—水室分割板；4—给水进口；5—管板；6—防冲板；7—蒸汽进口；8—疏水进口；9—防冲板；10—U形管；11—拉杆及定位杆；12—凝结段隔板；13—疏水冷却段端板；14—疏水冷却段进口；15—疏水冷却段隔板；16—疏水出口

在运行过程中，要防止出现凝汽器真空低的现象，以免引起以下的这些危害：

1）真空下降，汽轮机可用焓降减少，不经济，同时机组出力减少；

2）排汽缸及轴承座受热膨胀，可能引起低压缸轴的中心变化，引起振动；

3）排汽温度升高，引起凝汽器铜管松弛，破坏严密性，造成循环水进入汽侧，影响水质，同时使真空进一步恶化，同时使空气漏入含氧量增加；

4）可使纯冲动式汽轮机轴向推力增大；

5）真空下降，式排汽的容积流量减少，对末级叶片工作不利，末级要产生脱流及旋流，同时还会在叶片的某一部件产生较大的激振动，有可能损害叶片，容易造成事故。

一、凝结水系统投停

(1) 根据系统要求检查凝结水系统各阀门位置开关正确。

(2) 确认闭式冷却水系统运行正常。

(3) 联系化学向凝结水储水箱补水至 8m 左右。

(4) 启动凝结水输送泵。

1) 确认泵进口阀、再循环阀开启，泵出口阀关闭。

2) 开启凝输泵泵体放气阀，见水后关闭。

3) 启动凝输泵，检查泵及电动机声音、振动、轴承温度、电动机电流、出口压力等正常，稍开出口阀。

(5) 凝结水系统注水及凝汽器补水

1) 逐渐开大凝输泵出口阀，关闭再循环阀。

2) 开启凝汽器补水旁路阀向凝汽器补水。

3) 凝汽器达正常水位时，关闭补水旁路阀。停止补水前稍开凝输泵再循环阀。

4) 开启凝汽器补水调整阀前后截门，投入水位自动控制。

5) 开启凝输泵至凝结水系统注水阀，开启凝结水系统各放气阀进行注水放气。各放气门见水后关闭。

二、凝结水泵的启停

1. 凝结水泵启动

(1) 确认凝汽器水位正常，凝泵各项连锁保护试验合格。

(2) 确认凝结水系统注水已结束。

(3) 确认凝结水输送泵出口压力正常。

(4) 开启凝输泵出口至凝泵密封水阀，投入凝泵密封水。

(5) 开启凝泵进口阀，凝泵注水。

(6) 送上凝泵动力电源。

(7) 开启泵体放气阀及出口阀前抽汽阀。确认凝泵再循环电动阀开启。

(8) 启动凝结水泵，注意电流、振动、声音压力指示等正常。注意泵启动 1min 后，其出口门前抽气电磁阀自动关闭。

(9) 开启凝结水泵出口至泵密封水阀，关闭凝输泵至凝泵密封水门。

(10) 开启另一台凝泵进、出口阀，开启泵体及出口门前抽汽阀，并投入备用。

2. 凝泵停运

(1) 机组停运后，确认制氢站、暖通等凝结水用户已倒至邻机供，后缸温度（Ⅰ、Ⅱ）低于 50℃时，可以停凝泵。

(2) 解除备用凝泵“STANDBY”。

(3) 停运凝泵。

(4) 注意凝泵出口阀前电磁抽汽阀应开启。

(5) 凝泵停后需隔离检修时，应注意关闭其泵体及出口门前抽汽阀。

3. 凝泵切换

(1) 检查备用凝泵备用良好，具备启动条件。

(2) 检查备用凝泵的密封水投入正常。

(3) 确认备用凝泵进口门开启。

(4) 确认备用凝泵出口门开启。

(5) 检查凝结水系统运行正常。

(6) 确认备用凝泵泵体抽汽阀开启。

(7) 解除备用凝泵“STANDBY”。

(8) 启动备用凝泵。

(9) 检查备用凝泵启动后电动机电流、振动、声音等正常，CRT状态指示正确。

(10) 备用凝泵启动运行1min后，检查该泵出口电磁抽汽阀自动关闭。

(11) 停运原运行泵，检查CRT状态指示正确。

(12) 检查运行泵停运后，泵体至凝汽器抽汽阀开启。

(13) 检查凝泵出口母管无压力低信号，根据需要将原运行泵投入“STANDBY”

三、凝汽器注水检漏操作

1. 凝汽器注水检漏需关的阀门

主要包括有真空泵入口阀、真空破坏阀、凝泵入口阀、给水泵汽轮机排汽蝶阀、凝水再循环阀、凝汽器热井放水阀、三级喷水、凝结水收集箱至凝汽器疏水阀、辅汽疏水至凝汽器、高扩喷水阀、暖风器疏水阀、水帘保护、联系仪检关2号抽汽止回阀前疏水、冷再管道疏水。

2. 凝汽器汽侧注水检漏操作措施

(1) A凝结水泵停运并停电，并挂禁止操作牌。

(2) B凝结水泵停运并停电，并挂禁止操作牌。

(3) 关A凝结水泵入口阀，手摇并停电。

(4) 关A凝结水泵出口阀，手摇并停电。

(5) 关B凝结水泵入口阀，手摇并停电。

(6) 关B凝结水泵出口阀，手摇并停电。

(7) 关凝汽器真空破坏阀并停电。

(8) 关凝汽器本体疏水扩容器喷水阀并停电。

(9) 确认凝汽器本体疏水扩容器喷水旁路阀关。

(10) 联系仪控关与汽侧凝汽器相关连疏水。

(11) 确认凝汽器水帘喷水旁路关。

(12) 确认凝汽器水帘喷水调阀前隔离阀关。

(13) 确认凝汽器A侧三级喷水旁路关。

(14) 确认凝汽器B侧三级喷水旁路关。

(15) 确认凝汽器A侧三级喷水后隔离阀关。

(16) 确认凝汽器B侧三级喷水后隔离阀关。

(17) 确认凝水至低压缸喷水旁路阀关。

(18) 关凝水至低压缸喷水后隔离阀。

(19) 关凝输泵至低压缸喷水隔离阀。

(20) 关给水泵汽轮机排汽蝶阀并停电。

(21) 关给水泵汽轮机排汽蝶阀旁路阀并停电。

(22) 关A侧凝汽器抽空气阀。
(23) 关B侧凝汽器抽空气阀。
(24) 关1号高压加热器事故疏水调阀前隔离阀。
(25) 关2号高压加热器事故疏水调阀前隔离阀。
(26) 关3号高压加热器事故疏水调阀前隔离阀。
(27) 关高压缸通风阀至高扩疏水一次阀。
(28) 确认除氧器事故疏水旁路阀关。
(29) 关除氧器事故疏水调阀前隔离阀。
(30) 关高扩喷水调阀前隔离阀。
(31) 确认凝汽器低部放水阀关（两个）。
(32) 确认高扩放水阀关。
(33) 关5号低压加热器事故疏水调阀前隔离阀。
(34) 关6号低压加热器事故疏水调阀前隔离阀。
(35) 关7号低压加热器事故疏水调阀前隔离阀。
(36) 关8号低压加热器事故疏水调阀前隔离阀。
(37) 关8号低压加热器正常疏水调阀前隔离阀。
(38) 确认暖风器事故疏水调阀前隔离阀关。
(39) 确认辅汽疏水箱至凝汽器调阀后隔离阀关。
(40) 确认辅汽疏水箱至凝汽器旁路阀关。
(41) 关凝结水收集箱至凝汽器调阀后隔离阀。
(42) 确认凝结水收集箱至凝汽器旁路阀关。
(43) 关凝水再循环总阀。
(44) 确认凝汽器高水位放水调阀前隔离阀关。
(45) 确认凝汽器高水位放水旁路阀关。
(46) 开凝汽器补水旁路阀。
(47) 汇报机组/单元长。

3. 凝汽器铜管冲洗隔离措施

(1) A循环水泵停运并停电，并挂禁止操作牌。
(2) B循环水泵停运并停电，并挂禁止操作牌。
(3) 关A凝汽器循环水入口阀，手摇并停电。
(4) 关A凝汽器循环水回口阀，手摇并停电。
(5) 关B凝汽器循环水入口阀，手摇并停电。
(6) 关B凝汽器循环水回口阀，手摇并停电。
(7) 开A凝汽器出水室放气阀。
(8) 开A凝汽器出水室放水阀。
(9) 开B凝汽器出水室放气阀。
(10) 开B凝汽器出水室放水阀。
(11) 开A凝汽器转向室放气阀。
(12) 开A凝汽器转向室放水阀。

（13）开B凝汽器转向室放气阀。

（14）开B凝汽器转向室放水阀。

（15）汇报机组/单元长。

第九节　真空抽汽系统

在真空系统中，设置3台水环式真空泵用以抽取空冷凝汽器内不凝结的气体，以维持排汽装置所要求的真空度。机组正常运行时，水环式真空泵一台或两台运行，一台备用。当机组启动时，为了尽快建立起真空，可同时启动三台真空泵。

排汽装置喉部设有电动真空破坏阀，当汽轮机甩负荷或处于即将发生事故的情况下，用以迅速破坏真空、缩短转子惰走时间。在真空破坏阀上设置有水封，以防止正常运行时空气漏入排汽装置而影响排汽装置的真空。抽真空系统中设有真空破坏阀门，当汽轮机甩负荷或有可能发生事故的情况下，开启抽真空管路上所设的真空破坏阀门以破坏排汽装置的真空、缩短汽轮机甩负荷的惰走时间。

一、真空系统投停

（1）对真空泵和真空系统进行全面检查，确认符合投运条件。

（2）真空泵送电。

（3）检查真空系统各放气阀、放水阀应关闭，有关表计投入。

（4）确认凝汽器至各真空泵入口电动、手动隔离总阀开启。

（5）检查真空泵入口阀关闭。

（6）确认凝结水系统、开式循环冷却水系统已投入正常运行。

（7）开启凝结水至真空泵汽水分离器手动隔离阀对分离器注水，注意自动补水阀动作正常。

（8）投入真空泵冷却器冷却水。

（9）关闭凝汽器真空破坏阀。

（10）开启真空破坏阀密封水总阀，调节各分门，维持一定的密封水位且不外溢。

二、真空泵的启停

1. 真空泵启动

（1）启动6kV真空泵及400V真空泵。

（2）当真空泵入口前后差压达−2kPa时，确认真空泵入口阀联开正常。

（3）确认真空泵入口真空指示及汽水分离器排气正常。

2. 真空泵运行维护

（1）检查泵振动正常、无摩擦、无异声、电动机电流正常。

（2）检查真空泵汽水分离器水位正常。

（3）检查凝汽器真空破坏阀水封水位正常。

（4）检查真空泵冷却器工作正常。

3. 真空泵停运

（1）解除备用真空泵“STANDBY”，停止运行真空泵。

（2）确认真空泵入口阀关闭。及时停运为真空泵入口供水的管道泵。

(3) 如果是故障或停泵消缺，应对泵做好隔离工作。

4. 真空泵切换

(1) 全面检查备用真空泵备用良好，具备启动条件。

(2) 解除备用真空泵“STANDBY”。

(3) 启动备用真空泵，检查其电流、振动、声音正常，CRT状态指示正确。

(4) 检查确认备用泵启动后，当入口前后差压达－2kPa时，入口门应联动开启，否则联系热工人员处理。

(5) 全面检查正常后，停运一台原运行真空泵，检查CRT状态指示正确，就地检查各门是否正确关闭。

(6) 检查凝汽器真空正常，根据需要将停运真空泵投入“STANDBY”。

第十节　空　冷　系　统

空气冷却器有直接空气冷却（简称ACC或GEA）和采用混合式凝汽器的间接空气冷却（又称海勒“HL”方式）以及采用表面式凝汽器的间接冷却方式三种方式。

图2-8是直接空冷方式的简单示意图。汽轮机排汽进入热交换器冷却凝结，热交换器一般采用具有鳍状散热片的管束组成。蒸汽进入管束内侧，空气在管外流过。为了加强冷却效果，可用风扇机力通风。由于空气传热系数很低，所以冷却表面积往往布置很大，整个凝汽器的体积庞大，无法放在汽轮机下部，常不得不远离汽轮机放在户外，因此汽轮机粗大的排汽管道很长，金属耗量和流动阻力很大。

为了克服这一缺点，出现了如图2-9所示的间接空冷式凝汽器系统。汽轮机排汽进入喷射凝汽器中，与从干冷塔来的冷却水相混合而凝结为水。喷射凝汽器体积不大，可以挂在汽轮机下面。从喷射凝汽器出来的冷却水和凝结水的混合水流，一小部分给凝泵抽走作为锅炉补水，大部分经出水泵打入干冷却塔冷却。在缺水地区，这种空气凝汽器可用在大功率机组上。在热交换器至喷射凝汽器管路上装设水轮机，可利用水的压头能量。喷射凝汽器的传热端差为零，凝汽器内不需要冷却水管，投资相对较小。

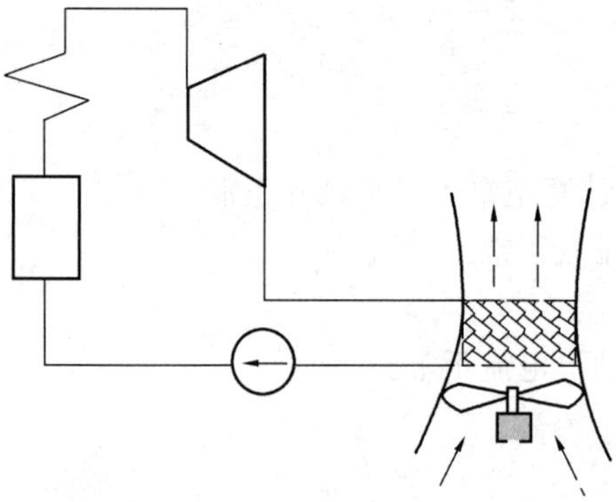
图2-8　直接空冷简单示意

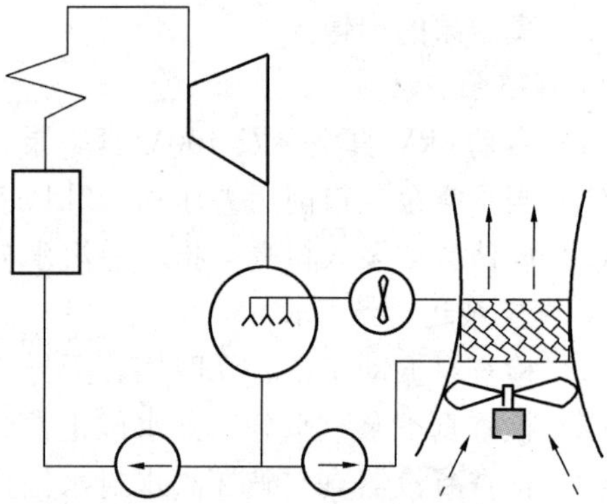
图2-9　间接空冷简单示意

一、空冷方式和湿冷方式的比较

空气冷却方式和水冷却方式由于采用的工作介质不同，而形成的相应冷却系统不相同，采用的设备也不相同。两者相比较具有如下的优缺点：

（一）空气冷却优于水冷却的比较

1. 空气冷却的优点

（1）空气可以免费取得，不需要各种辅助设备。

（2）采用空冷，厂址选择不受限制。

（3）空气腐蚀性低，不需要采取任何清垢的措施。

（4）由于空冷器空气侧压力降为100～200Pa左右，所以运行费用低。

（5）空冷系统的维护费用一般为水冷却系统的20%～30%。

2. 水冷却的缺点

（1）冷却水一般难以取得，即使可以取得也必须设置各种泵站和各种管线。

（2）特别是大厂的厂址取决于水源条件。

（3）水有腐蚀和水垢，需进行清理。

（4）水的运行费用高，循环泵的压头高。

（5）在水冷器中，某些生物能附着在换热器表面上，需要停下设备清除，增加了维护费用。

（二）水冷却优于空气冷却的比较

1. 水冷却的优点

（1）水冷却能将工艺流体冷却到比环境空气温度低2～6℃，且循环水在冷却塔中可以被冷却到接近环境湿球温度。

（2）水冷却器结构紧凑，冷却面积比空冷器要小得多。

（3）水冷却对环境气温的变化不敏感。

（4）水冷器可以放在其他设备之间。

（5）一般的管壳式换热器即可满足要求。

2. 空气冷却的缺点

（1）由于空气比热小，且冷却效果取决于空气的干球温度，不能将流体冷却到环境气温。

（2）空气侧换热系数低，空气比热小，所以空冷器需用较大的面积。

（3）空冷器性能受环境气温、雨雪、大风的影响。

（4）空冷器不能靠近大的建筑物，以免形成热风再循环。

（5）空冷器要求采用特殊制造的翅片管。

二、闭式循环水系统的投停

1. 闭式冷却水系统投入

（1）投前检查。

1）开启闭式水箱底部出水阀；

2）投入闭式冷却水箱水位计；

3）关闭系统中所有放水阀，开启放气阀，见水后关闭；

4）开启闭式冷却水水位自动调整阀前后截门；

5）启动凝结水输送泵向闭式冷却水箱补水至正常水位（凝泵运行时可开启凝泵出口至闭式水箱补水阀）；

6）开启闭式冷却水泵进口阀和出口阀；

7）开启闭式冷却水冷却器进、出水阀，泵体及系统注水放气，放气结束后关闭放气阀；

8）提供闭式冷却水通路；

9）检查闭式泵轴承油位正常，油质良好。

（2）确认泵体及系统注水放气结束，关闭泵出口阀。

（3）启动闭式冷却水泵，注意泵出口阀联动开启直至全开，检查闭式水箱水位正常，否则开启旁路阀补水，检查电动机电流、泵组振动、声音、出口压力、轴承温度均正常；调节闭式水冷却器出口阀，以保证闭式泵不超电流。

（4）备用闭式泵注水放气结束，备用泵出口阀开启，投入“STANDBY”。

2. 闭式水系统停运

（1）确认闭式水各用户已具备停水条件。

（2）解除备用泵“STANDBY”。

（3）关闭运行泵出口阀。

（4）停止闭式冷却水泵运行。

（5）停止向闭式冷却水箱补水。

（6）根据需要关闭闭式水冷却器进、出口阀，停用闭式水冷却器。

3. 闭式冷却水泵切换

（1）检查备用泵备用良好，具备启动条件。

（2）检查确认闭式水箱水位 2/3 以上。

（3）检查确认备用泵进口阀开启。

（4）关闭备用泵出口阀。

（5）解除备用泵“STANDBY”。

（6）启动备用泵，检查其电流、振动、声音、出口压力正常，CRT 状态指示正确。

（7）检查备用泵启动后出口阀应联开，否则手动开启。

（8）全面检查正常后关闭原运行泵出口阀，注意闭式水母管压力正常。

（9）停运原运行泵，检查 CRT 状态指示正确。

（10）开启原运行泵出口阀。

（11）检查闭式水母管无压力低信号，根据需要将原运行泵投入“STANDBY”。

第十一节　开式循环冷却水系统

一、开式冷却水系统投停

1. 开式冷却水系统投入

（1）开式泵启动前检查。

1）确认系统及泵连锁试验合格；

2）循环水系统、压缩空气系统投运正常；

3）开启开式泵进口滤网前后截门，关闭旁路阀，滤网排污后，关闭排污阀；

4）关闭系统中所有放水阀，开启开式泵进口阀，检查其出口压力指示正确；

5）开启开式泵泵体及系统放气阀，见水后关闭；

6）开启闭式冷却水热交换器（A或B）的冷却水进出口阀及回水调节阀前后截门及旁路门，提供开式水通路。

（2）启动A或B开式泵，检查电动机电流、振动、声音、压力、轴承温度均正常。

（3）调节闭式水热交换器冷却水旁路门，使开式冷却水母管压力正常。

（4）全开备用开式泵出口阀，投入备用。

（5）开启开式水至锅炉侧总阀及至空气压缩机冷却水总阀。

2. 开式冷却水系统停运

（1）确认开式水各用户已具备停水条件。

（2）解除备用泵"STANDBY"。

（3）停泵，关闭开式泵出口阀。

3. 开式泵切换

（1）检查备用开式泵备用良好，具备启动条件。

（2）检查确认备用开式泵进口阀开启。

（3）解除备用开式泵"STANDBY"。

（4）启动备用开式泵，检查其电流、振动、声音、出口压力正常，CRT状态指示正确。

（5）停运原运行开式泵，检查CRT指示正确，泵不倒转。

（6）检查开式水母管无压力低信号，根据需要将原运行泵投入"STANDBY"。

二、循环水系统及凝汽器的投停

（一）循环水系统投停

1. 循环水系统投入

循环水系统投入运行时，必须先启动辅助冷却水泵对系统充水，待系统中的空气全部被正常排除后，方可启动第一台循环水泵。

（1）确认循环水系统连锁保护试验合格并投入，热工电源投入。

（2）对循环水系统和循环泵进行全面检查。

1）开启掺混水至循环泵冷却水总门，关闭辅助循环水泵至循环泵冷却水总门。

2）循环水泵轴承及盘根冷却水投入。

3）循环水泵出口蝶阀关闭；循环水泵蝶阀油泵站工作正常，联动开关在"远方"位置。

4）循泵进口吸水井水位正常；循泵入口旋转滤网试转良好，可以随时投入运行。

5）开启循环水泵润滑水阀。

6）开启凝汽器循环水进水阀。

7）开启凝汽器循环水出水阀。

8）开启凝汽器水室放空气阀。

9）循环水系统放水阀均关闭。

（3）启动冷却水泵启动。

1）检查启动冷却水泵符合启动条件，轴承油位、油质正常，冷却水投入。

2）启动启动冷却水泵，出口阀同时开启。

3）检查电流、振动、声音及出口压力等正常。

4）当凝汽器水室放空气阀见水后关闭水室放空气阀。

（4）循环水泵启动。

1）检查高、低位油箱油位在一半以上。

2）检查循环水泵的冷却水、润滑水投入正常；泵及各轴承油位正常，油质良好，各放油门关闭严密。

3）检查蝶阀油泵站的油位、油压正常。

4）启动循环水泵电动机的冷却风机。

5）启动循环水泵，注意检查其出口蝶阀联动开启正常。

6）检查循环水泵电流、出口压力、振动等各部正常。

7）开启辅助循环水泵至循泵冷却水总门，关闭掺混水至循泵冷却水总门。

8）循环水泵系统各部正常后，停运辅助冷却水泵。冬季投循环水系统时，凉水塔热水门应开启，随机组带负荷循环水温度升高后再逐渐关闭，以防凉水塔严重结冰。

2. 循环水泵停运

（1）在停止最后一台循环水泵前，应先启动辅助冷却水泵。

（2）检查出口蝶阀在“远方”位置，停泵前就地必须有专人监视。

（3）停止循环水泵，注意检查出口蝶阀应联动关闭，泵不倒转，否则手动泄压关闭。

（4）待所有辅机停运、低压缸（Ⅰ、Ⅱ）温度低于50℃且循环水确实再无其他用途时，停运辅助冷却水泵。

（5）冬季机组停运后，应及时开启热水门，循环水走旁路，防止凉水塔结冰。

3. 循环水泵切换

（1）全面检查循环水系统正常，备用泵备用良好，具备启动条件。

（2）将备用泵连锁开关打向解除位置。

（3）确认备用循泵出口蝶阀关闭。

（4）检查备用循泵蝶阀油泵站油位、油压正常。

（5）启动备用循泵运行，出口蝶阀持续开启至全开。

（6）检查备用循泵出口压力、声音、振动、电动机电流正常。

（7）启动备用循泵电动机冷却风机运行。

（8）全面检查正常后，停运原运行循泵，确认出口蝶阀联动关闭。

（9）停运原运行循泵的电动机冷却风机。

（10）根据需要将原停运循泵的连锁开关打向投入位置。

（二）循环水系统运行维护

（1）循泵电动机线圈温度高85℃报警，就地检查冷却风机运行是否正常；线圈温度高至110℃时，需手动紧急停泵，启动备用泵。

（2）循泵电动机导瓦温度或循泵推力瓦温度高至75℃时报警，高至80℃时，需手动紧急停泵，启动备用泵。

（3）循环水温低于15℃时，关闭启闭器，加大外围淋水密度。冬季机组启停时，先开热水门，循环水温度达15～20℃时，关闭热水阀。循环水温大于20℃时，开启启闭器，根据真空和负荷情况，增开第三台循泵。

（4）循环水浓缩倍率和ΔB超标时，要加强排污和补水。要经常查看吸水井水位。大风季节和冬季要严防杂物和冰块堵塞旋转滤网。旋转滤网要按规定定期旋转排污。

（5）凉水塔正常运行水位控制在 1.7m 以上，且不得溢流。

（三）循环水泵轴承温度高典型事故处理

1. 现象

（1）循泵温度检测仪显示温度升高；

（2）就地轴承油色异常，油位偏低，并有可能发生乳化现象。

2. 原因

（1）循泵润滑油油质差，油位低；

（2）循泵冷却水系统异常，冷却水量低；

（3）循泵温度检测仪温度测点故障；

（4）循泵过负荷，振动大。

3. 处理方法

（1）循泵温度异常时，应对比其他温度测点，若为测点故障，则应联系热工处理，否则按以下规定处理；

（2）若为单一轴承温度高，则应检查该轴承油位、油色是否正常，该冷却水系统门位置是否正确；

（3）若所有轴承温度均升高，则应检查冷却水系统总门，确认位置是否正常；

（4）若推力轴承温度高，应检查循泵电流情况，严禁超负荷运行；

（5）一旦发生某个轴承温度温升率超标（>5℃/min）或温度不断上升、达到 80℃时，必须立即紧急手动停运该循泵。

三、胶球清洗装置的投停

根据凝汽器的换热管清洁程度和设备运行中摸索出的实际规律，可灵活地采用每班、每天一次或每周 3～5 次启动胶球清洗装置，以保证达到满意的效果。

凝汽器胶球清洗系统的投停步骤：

（1）送上清洗装置控制电源及胶球泵动力电源。

（2）检查控制盘上收球网板按钮（V101、V102）在“ON”位置，然后切至“OFF”位，确认两侧开关灵活。

（3）检查胶球泵入口阀 V103、出口阀 V104 及装球室出口阀 V105 关闭。打开装球室底部放水阀，打开装球室上盖，投入合格胶球 1000 只。关闭上盖并上紧，关闭底部放水，开启顶部放气。

（4）稍开 V104，装球室注满水，放气后关闭放气阀。开启胶球泵入口 V103，启动胶球泵，全开出口 V104。

（5）将 V105 打至“开”位（如为第一次加新球，应在 V105 关闭状态下运行 30min 后再打至开位），系统投入运行。从装球室上盖观察窗看到有球返回为正常。一次清洗时间为 60min。

（6）回收胶球时，将装球室出口 V105 打至“关”位，收球 60min。关闭 V104，停胶球泵，关闭 V103。

（7）需清点时，将装球室下部放水阀打开，打开放气阀。水放净后打开装球室上盖点球。如收球率低于 90%，可按上述步骤继续收球。

第十二节 汽轮机快冷系统

一、快速冷却系统简介

由于大容量汽轮机热容量大、保温性能良好，停机后所需的自然冷却时间自然较长。通常，汽轮机制造厂都有这样的规定：在机组停运后，当高压缸调节级上半部分的金属温度降到149～204℃范围之内时，方可停止盘车和润滑油系统运行，进行机组的检修工作。而在实际运行中，当机组突然发生事故、故障停机时，高压缸调节级的金属温度一般均在430～450℃左右，自然冷却到180℃需210～230h方能停止盘车和润滑油系统。如果采取滑参数停机，高压缸调节级的金属温度最低可降到290～300℃，自然冷却到180℃停盘车和润滑油系统，也仍需120～130h。此外，采取滑参数停机方式的话，需要消耗大量的锅炉助燃油，无形中增加了电厂的燃油消耗量；而且，停机后仍需自然冷却，汽缸内金属温度的下降速度一般要控制在0.75～1℃/h的范围，这样就使得机组检修工期延长、机组可用系数降低了。

为了加快汽轮机停机后的冷却速度、缩短停机后的冷却时间，现在大多是采用了汽轮机快速冷却的方式。该方式主要是利用通热空气的方法，在汽轮机停机后的高温阶段，输送300℃左右干燥、洁净的热空气，并保持与汽缸内壁一定的温差，由高温阶段的小流量逐渐调至低温阶段的大流量，这样来加速实现汽轮机缸体的冷却速度。通过对汽轮机冷却过程中汽缸应力变化的监视，可以看到高温干燥洁净的热空气对其产生的热冲击和应力方面的破坏性极小，是十分安全可靠的。

快速冷却装置是由进汽法兰、油水过滤器、空气加热器、管道、截止阀、压力表、流量计、控制柜、测温元件、集气箱等部分组成的。

快速冷却装置是利用空气压缩机输送气源，经油水过滤器过滤后，由两套空气电加热器将压缩空气加热到一定温度输送到集气箱，然后送入汽轮机各个冷却部位，为便于灵活操作和控制，在整个冷却通风系统中的各条管路中均安装了控制阀门和压力、流量、温度显示装置，随时调节通往各个冷却部位热空气的温度和流量，再配合汽轮机应力监视，这样就可在规定范围内按比例降低汽缸温度，达到快速冷却的目的。

在机组计划性A/B级检修、事故状态下的抢修等过程中，快速冷却装置发挥了充分的作用，可产生很大的经济效益。使用快冷装置以后，可使缸内金属温度下降速率由原来的1℃/h增大到7～10℃/h，可使事故停机下的抢修工期提前150h左右、正常停机下的检修工期提前85～100h左右。

汽轮机快速冷却装置YPL系列还可用在机组冷态启动时，开机前预热汽轮机，缩短甚至取消低速暖机时间。热态启动时，可先冷却中压缸，使缸温与再热汽温提前匹配；停机备用时，可用来干燥汽轮机，防止湿汽腐蚀。因此，使用该装置后，可以大大地提高机组的投运率。

1. 强制通风快速冷却方式的选用

汽轮机加速冷却的主要对象是汽轮机的高、中压缸，根据冷却空气与工作蒸汽流动方向的异同可分为逆流和顺流两种。

（1）顺流方式。冷却空气自高温区引入，传热温差大，但与逆流空气冷却方式相比有产生大的热冲击的风险。但由于该方式为全周进汽，对转子、汽缸冷却比较均匀，进汽区原来都有金属温度监视测点可加利用，便于监视和控制冷却速率。

（2）逆流方式。虽然进口端的冷却温差小，在汽轮机处于高温阶段冷却时承受热冲击的风险比顺流冷却方式小，但因不具备顺流冷却的均匀性优点及进汽区无现成的金属温度监视测点，因此不便于监视及调节。

通过理论论证和实践中的综合比较，还是顺流冷却方式较为方便。

为了防止冷却开始阶段在汽缸冷却的空气引入处产生热冲击，在空气引入前设置电加热器，预先将冷却空气加热到一定温度，这样使得冷却空气的初始温度具备了可控条件，加上易于调节的空气流量条件，使汽轮机冷却速率自始至终更易控制于最佳值附近并较为均匀一致。而对汽缸的热冲击风险因冷却空气已在阀门及导汽管中吸热、温度已升高，故只要控制得当是完全可以预防的。

2. 安装与操作

汽轮机快速冷却装置一般需靠近汽轮机安置，这样有利于管道的连接安装和温度的自动控制。高压缸空气冷却由自动主汽门前疏水管引入，经高压缸排汽管止回阀前疏水管排出；中压缸空气冷却由中压调门前（或后）疏水管引入，经中低压缸间导汽管上的孔口排出，或通过凝汽器真空破坏门排出。中压缸的排汽亦可通过末级抽汽管止回阀前疏水管排出。控制柜一般要求配备 380V、50Hz 的电源，总功率为 80～200kW，再连接有关电路、气源管道。

当汽轮机快速冷却装置的输入、输出管路和电气线路全部连接好以后，打开一、二次阀门和部位阀门，关闭与汽轮机的连接阀门，再打开备用排汽阀、放水/油阀，然后输送气源，流量调至最大、时间大约 10min 左右；这样做的目的是为了把管道、容器内的杂物、油水除去，并开始预热空气直到规定温度。当集气箱内的热空气达到预定温度后再打开通向汽轮机各部位阀门，同时对热空气的流量、温度进行监视，控制汽缸金属的冷却速度，随时调节快速冷却装置中热空气的流量和温度。

当高压第一级金属壁温度、中压 1 号静叶保持环温度达到 140℃且无明显回升时，则强制通风冷却即可结束。这时可切断电源和进汽阀门，然后拆开送气支管，用法兰盖板封住所有汽缸及管道上的进、排气接口，再继续盘车 30min，视各汽缸温度监测点的温度是否有回升，如无回升，则可停盘车、开始揭缸大修。

汽轮机快速冷却装置的主要运行操作步骤及其注意事项：

（1）对强冷系统进行充分吹扫，排尽系统管道内积水，吹去其污垢。

（2）投入电加热器．调节出口气温，对系统暖管。

（3）汽轮机停机后 10～12h，汽缸内疏水充分排尽后，关闭汽缸本体和 1 号、3 号段抽汽管气动疏水阀，其目的是防止压缩空气短路。

（4）待系统暖管充分。分气箱内压缩空气温度和汽缸内首级金属温度之差小于 150℃时，可分别打开各分路隔离阀，开始通气冷却。

（5）在冷却过程中，严格按规定的下降速率控制进气量及强冷装置出口气温；加强监视，随时调整，按时记录，控制各项参数在许可范围之内，确保设备机组安全。主要监视参数有：高、中压缸金属温度及下降速率，汽轮机上下缸温差，轴向位移，高低压差胀、偏心，盘车电流，缸胀，高、中、低缸排汽湿度，DEH 应力报警，压缩空气流量、压力、温度，强冷电加热器电流等。

（6）在强冷过程中，确保有关辅助系统运行正常。

（7）待汽轮机首级金属温度下降到130℃时（一般有10～20℃温度反弹），可停止强制冷却，打开前面关闭的有关气动疏水阀。

（8）再盘车12h左右，确认汽缸内金属温度停止反弹开始平稳下降，各项参数均正常时，可停止盘车及润滑油系统运行，许可检修工作。

二、快冷装置的使用说明

以国内某厂生产的YQL系列汽轮机快速冷却装置为例，来简要说明一下其使用方面的特点和注意事项。

1. 设备安装与使用前的检查

YQL系列汽轮机快速冷却装置为移动式结构，必须安放在干燥通风、便于操作的地方。控制柜和电加热器应安全可靠接地，整个装置应水平安放。检查电源线、热继电器、流量计导线及输出连接线是否正确，装置的各个法兰、阀门、连接螺栓及控制柜元件是否有松动或损坏，如有异常应及时拧紧或更换。

2. 操作要点

（1）确证高、中压自动主汽门、调汽门、各段抽汽止回阀、高压缸排汽止回阀关闭，各回热加热器进汽门关闭。

（2）开启汽轮机所有抽汽管道、蒸汽管道、轴封供汽管、法兰加热系统的疏水阀。待疏水疏净后，将以上阀门关闭。

（3）检查装置所有阀门是否均呈关闭状态，并将未关闭的阀门关闭。

（4）打开空气电加热器疏水阀使其母管中油水排尽。

（5）打开集气箱、气液分离器疏水阀使其油水进一步排尽，并用滤油纸检查分滤效果。

（6）油水排尽后再打开系统有关阀门使其管路中杂物彻底排空，时间约5～10min，再将以上阀门关闭。

（7）根据通风冷却前汽轮机温度水平确定的换热温差的要求，将加热器切换成串联或并联状态，在向汽轮机送气前需进行暖管，暖管结束后，按指挥员指令操作。

（8）根据温度、流量的需要，调整加热功率、调整流量控制总阀，使流量、温度相适应。

（9）控制柜系精密仪器，需由专人操作，合上空气开关，开启钥匙开关，将ST-91数字温度调节仪的“设定、测量、报警”开关拨向“设定”位置，旋动温度设定电位器，使其显示出所需温度值，再将此开关拨向“报警”位置，使其显示出报警温度值，然后再将此开关拨向中间“测量”位置，此时仪表显示的温度就是集气箱出口的实际温度，温度设定好以后，在无异常情况下，按下“启动”按钮，加热器开始工作，将晶闸管电压调整器拨向自动位置，则控制柜按设定的温度自动控制。

3. 常见故障的维修方法和注意事项

（1）电源指示灯不亮，电压表无指示，温度不上升。

检查输入电压是否正常，熔丝是否完好。

（2）三相电源不平衡。

打开空气电加热器防护罩，用万用表检查单支电热元件是否损坏，然后进行更换。

（3）温度显示紊乱，不规则。检查热电偶接线是否正确。

(4) 安全阀应定期校验，保证起/回座压力符合规定。

(5) 空气电加热器、集气箱疏水阀应保持微开，以防阀门泄漏，出现意外。

(6) 该装置特别是控制部分为精密仪器，运输时小心轻放，严禁冲击撞打。装置应合理吊装，以免变形或损坏零件。

汽轮机缸体强制冷却方式仅适用于当汽轮机停机后需快速冷却并尽早再次启动的停机过程。强制冷却可大大缩短停机检修工期，但汽缸强制冷却系统的投用，必须是在汽缸温度已降低到规定值以下的情况下，如捷制500MW汽轮发电机组规定，当高压内缸内壁温度降到400℃以下时，方可采取强制冷却措施。

第十三节 发电机氢气冷却及密封油系统

一、发电机氢气系统概述

发电机的转子、定子铁芯均为氢气冷却。运行经验表明，发电机通风损耗的大小取决于冷却介质的质量，质量越轻，损耗越小，氢气在气体中密度最小，有利于降低损耗；另外氢气的传热系数是空气的1.51倍，换热能力好；氢气的绝缘性能好，控制技术相对较为成熟。但是最大的缺点是一旦于空气混合后在一定比例内具有强烈的爆炸特性，所以发电机外壳都设计成防爆型，气体置换采用CO_2。

1. 转子与铁芯的氢气冷却流程

转子的冷却采用气隙取气斜流式通风结构。在转子表面槽楔上开有进气口和排气口，转子绕组上也开有通风孔，组装固化后组成斜流式通风路径。气体沿转子表面通过一组斜槽吸入斜流式通道进入槽底，在槽底径向转弯，然后通过另一组斜流式通道返回气隙。参见图2-10和图2-11，它是利用布置在两端的两个风扇使氢气获取压力，随转子转动而进出冷却通道的。

转子与铁芯的冷却通道为多进多出结构，采用径向和轴向气隙隔板，从而使气体分为不同的冷热区域，可以有效地遏止冷热风的混合，沿转子轴向温度分布比较均匀。整体上冷却区域可分为四块，如图2-12所示。

如图2-12所示，氢气经风扇升压后进入转子与铁芯的冷却通道，换热后进入氢气冷却器进行降温，再进入风扇，开始下一循环。

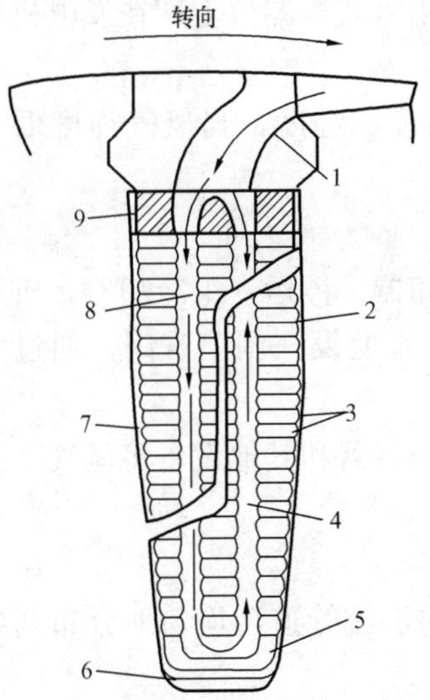

图2-10 沿气流中心线取气的斜流通风转子横截面

1—光滑进风斗；2—匝间绝缘；3—铜线；4—出风口；5—锻成的通风口；6—绝缘垫；7—槽衬；8—进风口；9—槽口垫条

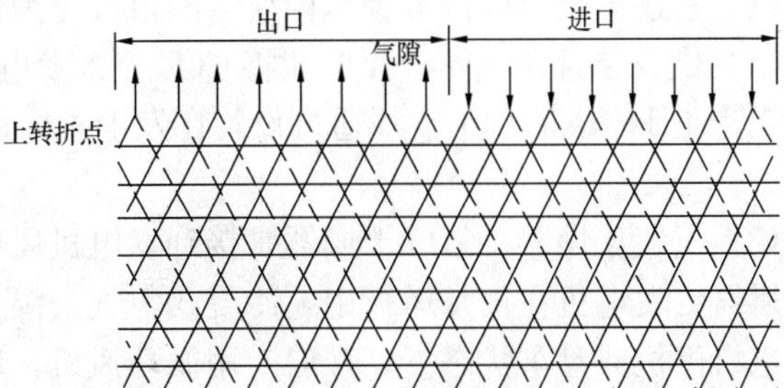

图2-11 气体斜向通图

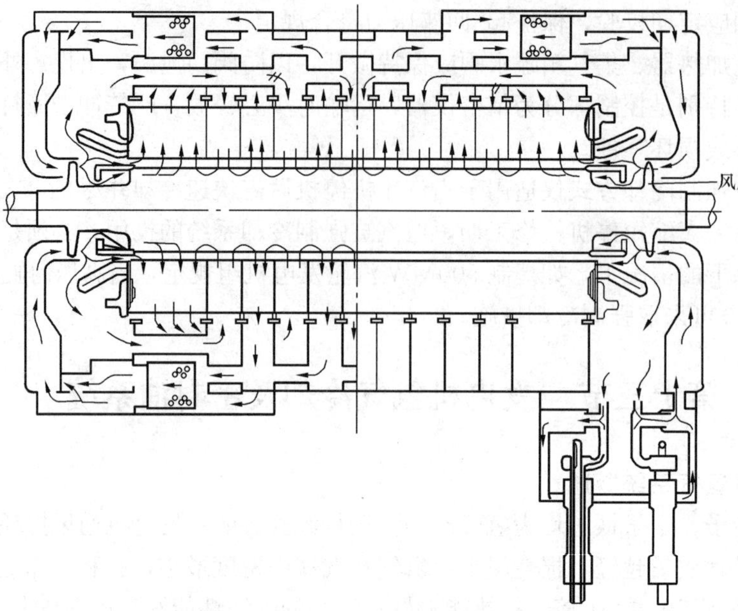

图 2-12 转子与铁芯的冷却区域分块示意

2. 氢气系统的运行控制

通常，发电机内设计压力为 414kPa，一般控制在 380～400kPa 之间。机组在正常运行中，氢气会通过密封油系统及其他不严密的部分泄漏出去。为维持气体压力在规定值，就要不断地进行补充操作，补充氢气来自制氢站。各类机组补氢可采用自动/手动操作，由汽轮机 0m 处的双回路系统进行补充。一般机组设计最大泄漏量在 $19m^3$/天左右，当发现补氢量异常增大时，应当对系统进行检漏。在正常运行中，也应当利用氢气检漏仪定期在发电机氢气等有关区域进行检漏。

在汽轮机设就地氢气控制盘，可以实时监视氢气压力、温度、纯度，当氢气纯度低于 95%时要进行排氢再补充操作，直至纯度合格。

3. 氢气系统的设备

（1）氢气冷却器。该系统在发电机的四角上布置了四组冷却器，停运一组冷却器，机组最高可带 80%额定负荷。冷却介质为氢冷升压泵供水，回水母管上设一调节汽门，通过水量的调节可控制合适的冷氢气温度在 40～46℃。

（2）供气装置。氢气供气装置提供必需的阀门、压力表、调节器和其他设备将氢气送进发电机，它还提供用以调节到机内所需的氢气压力值。

CO_2 供气装置在气体置换期间将 CO_2 充入发电机。

无论是 H_2 还是 CO_2，都通过设置在发电机内顶部和底部的汇流管道，均匀地分布到各个地方。

（3）氢气干燥器。氢气干燥器是接到发电机风扇处的，所以发电机在运行时氢气循环通过干燥器。发电机在正常运行中，冷凝式氢气去湿循环动力依靠发电机内风扇两端的压差，在发电机停机或盘车状态下，开启专用循环风机，使氢气去湿装置能正常工作。

（4）液体检漏器。液体检漏器是指装在发电机机壳和主出线盒下面的浮子控制开关，其可指示出发电机里可能存在的冷却器漏出或冷凝成的任何液体。在机壳的底部，每端机壳端环上设有开口，将收集起的液体排到液体检漏器。每一个检漏器装有一根回气管通到机壳，使得来自发电机机壳的排水管不能通达空气。回气管和排水管都装有截止阀，另外为了能排除积聚的液体，检漏器底部还装有排放阀。

（5）氢气压力监测设备。氢气压力由变送器直接连到发电机机壳，并变送出发电机里的压力。

氢气压力监控总管供氢侧装有一个压力开关，当供氢压力低时发出报警。在这点上压力下降可能意味着供氢有效压力低或者供氢系统里调节器压力调得太低。

4. 氢气置换

（1）当氢气与空气的混合物中的氢气含量在4%～74.2%范围内时，均为可爆性气体。与氧接触时，极易形成具有爆炸浓度的氢、氧混合气体。因此，在向发电机内充入氢气时，应避免氢气与空气接触。为此，必须经过中间介质进行置换，中间介质一般为惰性气体 CO_2。

（2）气体置换应在发电机静止或盘车时进行，投入密封油系统，同时应保持轴密封瓦处的密封油压力。如出现紧急情况，可在发电机加速或减速时进行气体置换，但不允许发电机充入 CO_2 气体在额定转速下运行。我们推荐在发电机静止时置换机内气体。

（3）排除发电机内的空气。在充氢前，必须用惰性气体排除空气，利用 CO_2 罐或 CO_2 瓶提供的高压气体，从发电机机壳下部引入，驱赶发电机内的空气，当从机壳顶部原供氢管和气体不易流动的死区取样检验 CO_2 的含量超过85%（均指容积比）后，停止充 CO_2。期间保持气体压力不变。按此程序进行气体置换，发电机内将不存在爆炸性的混合气体，其前提气体是彻底混合的。

在转子静止或盘车条件下，机内只有极少量的空气和 CO_2 混合气体。纯度检测风机是通过连接管路从发电机顶部或底部汇流管对气体采样。在 CO_2 充入发电机内期间，由于 CO_2 气体较重，顶部 CO_2 纯度较差，所以应从发电机顶部汇流管采样，CO_2 纯度读数应为95%左右。

在水冷定子中，应注意防止 CO_2 与水接触，因为水中溶有 CO_2 将急剧增加定子线圈冷却水的导电率。

（4）发电机充氢。氢冷发电机在正常运行时，氢气纯度应在95%或以上。在发电机静止或盘车情况下，从发电机的顶部汇流管充氢，氢气经供氢装置进入机壳内顶部的汇流管向下驱赶 CO_2。当从底部原 CO_2 母管和气体不易流动的死区取样检验，氢气纯度高于96%，氧含量低于2%时，停止排气，并升压到工作氢压。升压速度不可太快，以免引起静电。

在发电机静止或盘车时，在发电机内只有很少的氢气和 CO_2 混合气体。由于氢气较轻，底部氢气纯度较差，所以氢气纯度的检测是通过将纯度检测风机的取样管路接通到机座的底部汇流管进行。

（5）发电机运行时补氢。氢冷发电机在运行期间，密封油泵正常运行时，氢气纯度通常保持在95%或以上。通过补氢装置向发电机内补氢，以保持发电机正常的氢气压力及纯度。必须补氢的原因是：①氢气的泄漏，这就需要补氢以维持氢气压力；②空气的渗入，因此要求补氢以维持氢气纯度，通过补氢保持发电机正常的氢气压力及纯度。

（6）发电机排氢。发电机的排氢，通过在机座底部汇流管充入 CO_2，使氢气从机座顶部汇流管排除出去，为了使机内混合气体中的氢气含量低于5%，应充入足够的 CO_2。排氢应在发电机静止或盘车时进行，充 CO_2 时，风机与发电机机座顶部汇流管接通，在充入的 CO_2 达到要求的浓度、CO_2 纯度读数为 95%时，排氢结束。

5. 事故处理规定

（1）发电机冒烟、着火或爆炸，应紧急停机并排氢。

（2）发电机运行时，机内氢气纯度低至 95%，应进行排补氢。排污时应确认排污口附近无动火工作。操作应缓慢，以防产生静电引起爆炸起火。

（3）氢温异常，应检查氢气冷却器工作情况，若氢温自动调整失灵，用旁路阀手动调整温度并通知维护人员处理。

（4）氢气冷却器一台故障停运，机组负荷减至 80%，严密监视发电机定子铁芯及线圈温度。

（5）氢气纯度仪故障时，应立即通知检修处理并联系化学每 4h 取样分析氢气纯度一次，直到氢气纯度仪修复并能正常投用为止。

（6）发电机内氢压下降或发生漏氢时，应立即查明原因，并设法消除漏氢量大和氢压下降的故障根源。

6. 发电机氢气系统的运行维护

发电机氢气系统的运行维护项目主要有氢压、氢气纯度、氢气湿度、发电机冷氢温度、发电机热氢温度等。发电机氢气系统投用后应进行下列维护工作：

（1）维持发电机内氢压在规定的范围内，当氢压下降时应及时补氢。对于氢内冷发电机而言，冷却效果基本上和氢气的压力成正比，定子、转子绕组导体的温升随氢压的升高而降低。因此发电机在额定负荷下运行时，氢压也要达到额定值，如果氢压降低了，将会影响到发电机组的效率。

（2）当发电机内氢气纯度下降时，会影响发电机的冷却效果，并对发电机设备产生氧腐蚀，更严重的是当氢纯度下降到氢、氧混合物爆炸极限时，会发生氢气爆炸事故。所以，发电机内氢气纯度必须保持在 96%以上，当氢气纯度下降后应补充新鲜氢气，排出发电机内不合格的氢气。

（3）维持发电机内氢气湿度小于 $10g/m^3$。当氢气湿度增大时，氢冷器、定子线棒、定子积水环等处会结露而影响发电机的绝缘程度。在发电机运行中，保持氢气干燥器连续不断地运行，发现问题及时处理。

（4）控制冷热氢温度在规定的范围内。当冷氢温度太低时会造成发电机内结露；而冷、热氢温度升高后，将影响发电机的出力。

二、发电机密封油系统

发电机密封油系统的功能是向发电机密封瓦提供压力略高于氢压的密封油，以防止发电机内的氢气从发电机轴伸出处向外泄漏。密封油进入密封瓦后，经密封瓦与发电机轴之间的密封间隙，沿轴向从密封瓦两侧流出，即分为氢气侧回油和空气侧回油，并在该密封间隙处形成密封油流，既起密封作用，又润滑和冷却密封瓦。

（一）密封油系统设备设置及其功能

发电机密封油系统主要包括主密封油泵、交流事故密封油泵、直流事故密封油泵、氢侧回油箱（密封油箱）、压力调节阀、差压调节阀以及有关管道、阀门、滤网等。系统还设置有氢—油分离箱（隔氢装置）、排氢风机等设备。氢、油分离箱实际即为一油筒，位于空气侧回油管道的U形管上方，其油位距筒顶约300mm，即为该U形管的虹吸高度。设置该U形管的目的在于防止空气侧回油中的氢气流入汽轮机润滑油系统。排氢风机可使氢油分离箱内建立起微负压，以助于发电机轴承回油和分离该箱内空侧回油中的氢气，并将箱内的氢气排入大气。

1. 空侧油路

该油路的主油源来自汽轮机射油器或交流油泵，还有一台交流电动油泵和一台直流电动油泵作为备用泵。当油压降低时，通过接点压力表及延时继电器等启动交流备用油泵，直流电动油泵为第二备用泵。从射油器出来的压力油，经过冷油器降温，过滤装置滤除机械杂物及油—氢压差阀调节压力之后，再进入发电机两端密封瓦的空气侧。其回油与发电机轴承回油混合流入专设的隔氢装置，空侧密封油中可能含有氢气（如密封瓦内氢侧油窜入空侧油路）时，空侧密封油中含有的氢气在此分离出来，排至厂房外的大气中，然后回流到汽轮机主油箱。因这一路油只与空气接触，故名空侧油路。

2. 氢侧油路

经过此油路向密封瓦氢侧供油。交流电动油泵从油封箱中吸油加压后经冷油器降温，过滤器滤除机械杂质及油压平衡调节阀调整到所需压力之后，再进入密封瓦的氢气侧，回油流到专设的油封箱中。如此循环，形成一个相对独立的密封油路，因该油路只与氢气接触，故称为氢侧油路。

密封瓦供油系统的主要设备均在汽轮机、发电机的下方，如射油器，空侧交、直流油泵，隔氢装置、密封油箱、氢侧交流油泵、冷油器、过滤器、油压调节站，油压平衡阀及各种指示仪器等。与密封油箱连接的氢侧交流油泵，没有专设备用泵，因为空侧油路是氢侧油路的备用，当氢侧油泵发生故障时，密封瓦以单流环式瓦的方式运行，同样与以维持机内的氢气密封。只是因氢、空侧油混合（当空侧油进入氢侧油路时，油中溶解的空气会析出，放出的这部分空气污染了机内的氢气，同时，机内的部分氢气溶入油中而带出）使机内氢气纯度降低较快，引起排污而多消耗一些氢气。空侧油路中一台交流油泵和直流备用油泵和3号射油器在管路上均并联连接。

密封油箱是氢侧油路的独立油箱，氢侧回油含有氢气，回到密封油箱后必然会有部分氢气分离，分离出来的氢气可以通过密封油箱上部的回气管回到发电机壳内，也可以顺着氢侧回油管回到机壳内。因此，密封油箱在设计和安装时均应很好地密封，密封油箱上装有液位信号器和补排油电磁阀。当液位过低时，液位信号器发出信号，并通过电气操作系统让补油电磁阀向箱内补油。空侧油路的压力油为补油电磁阀提供油源，当油位过高时，液位信号器发出信号，并通过电气操作系统开启排油电磁阀，密封油箱内本身的气压将油压出排向隔离装置。由此可见，氢侧油路通过补、排油电磁管路和空侧油路发生联系。

空侧、氢侧各设两台冷油器，一台工作，一台备用。滤油装置布置在冷却器出口端，该装置包括一只换向阀、两台过滤器（一台工作，一台备用），当工作过滤器需要清洗时，扳动换向阀手柄便可进行切换。过滤器底部装有一块永久磁钢。以吸附磁性杂质。清洗过滤器时，可以将磁钢取出，以便对其清扫。

密封瓦供油控制站设有两套滤油装置，一套供氢侧油路使用，另一套供空侧油路使用。密封油压的调节由油氢压差阀，平衡阀来完成的。

图2-13为油—氢压差调节阀示意图，它主要由阀壳、阀芯、阀杆、活塞、配重片、上

盖、指示针等组成，此阀门垂直安装，当机内气压 p 和密封瓦进油压力变化时，调节阀能自动动作改变密封瓦进口油压，使氢压与密封瓦内油压差保持一定值。

图 2-14 为油压平衡阀示意图。油压平衡阀简称平衡阀，用于双流环式密封瓦的密封供油系统的氢侧油路中，用于调整氢侧密封油压，使之与空侧密封油压相等。它主要由阀壳、阀杆、阀芯、上盖、活塞组成，其中活塞上下感应密封瓦氢侧、空侧进油压力，当此阀进口油压或空测油压变化时该阀门自动动作，改变阀门开度，保证密封瓦氢侧油压与空侧油压相等。

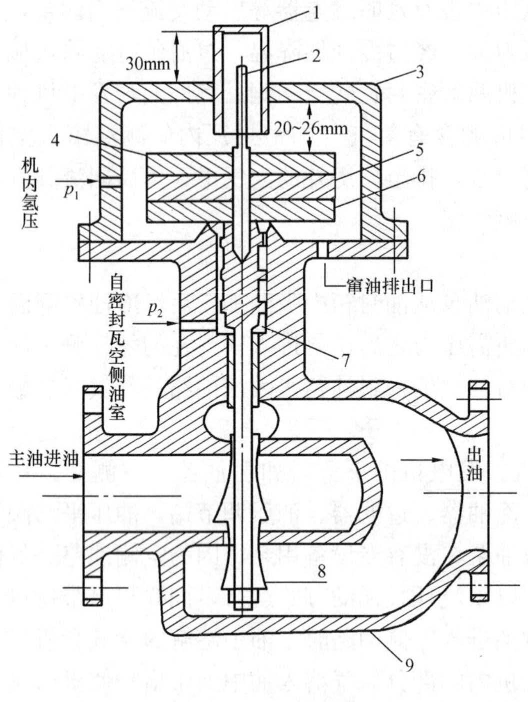

图 2-13　油氢差压阀

1—指示器；2—指针；3—上盖；4—芯；5—配重片；6—活塞；7—油室；8—阀芯；9—阀壳

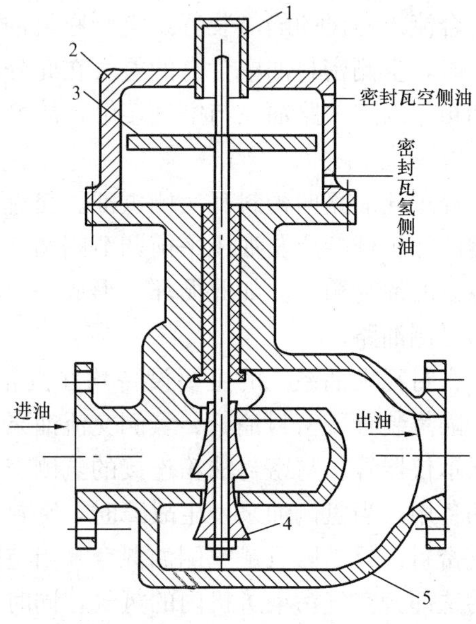

图 2-14　油压平衡阀

1—指示器；2—上盖；3—活塞；4—阀芯；5—阀壳

理论上，氢、空侧进油压力完全相等时，发电机密封瓦处于最佳工况下工作。此时能保持相对稳定的氢气纯度，因而可节省排污和补氢所耗的氢气。但由于机械摩擦及其他原因，油压平衡阀不可能使氢侧与空侧进口油压完全相等，制造厂规定最大允许压差为±1500Pa，如果氢侧油压高于空侧油压，则部分氢侧密封油将通过密封瓦内部轴向间隙进入空侧（称为窜油），与空侧油混合，最后进入隔氢装置，这样一来，氢侧油路的总油量将逐渐减少而使密封油箱内油位降低，导致补油。反之，如果空侧油压高于氢侧油压，则空侧油将不断地进入氢侧，使氢侧总油量逐渐增加，密封油箱内油位上升，导致排油，不论是补油还是排油，其结果都是空侧油进入到氢侧油路。空侧油中含有的空气进入氢侧后，空气分离出来，使机内氢气受到污染，致使氢的纯度下降，窜油量越大，氢气纯度降低得越快，因此运行时，一定要仔细调整好平衡阀，使空、氢侧进油压力尽可能达到平衡。

（二）双流环式密封瓦介绍

图 2-15 为双流环式轴密封装置结构示意图。正常运行中，供给密封瓦一定的压力油，在密封瓦与转轴间隙充满油，防止了发电机内氢气的泄出和外界空气的漏入。双流环式油密

封有两套独立的循环供油系统（如前所述），空侧冷却压力油流入油室，经侧面的斜油孔流到密封瓦与转轴之间的间隙内，大部分油经空侧回油管流出，氢侧冷却压力油则流入油室，经一个直油孔流到密封瓦与转轴之间的间隙内，大部分油经氢侧回油管流到油箱。这两股油流在瓦块中央被狭窄的流体密封分开，各自成为一个独立的油循环系统。氢气侧装设的平衡阀可控制密封瓦氢、空侧来油压力相同。当进油压力完全一样时，在瓦的中间区（即两个循环回路的接触处）没有油的质量交换。氢气侧油流独自循环，与机内氢气接触并吸收氢气直至饱和；混有空气的空气侧油流也独自循环，由于空侧油流不与发电机内的氢气相接触，故空气不会侵入发电机内。因此，可以认为双流环式轴密封结构中被油吸收而损耗的氢气几乎为零，同时可保持发电机内氢气纯度达到97%以上。双流环式油密封的优点是：结构简单，安装、调整、检修方便，气密性能好；可靠性高，若一路断油，另一路仍可向密封瓦供油，两股油路可互为备用。

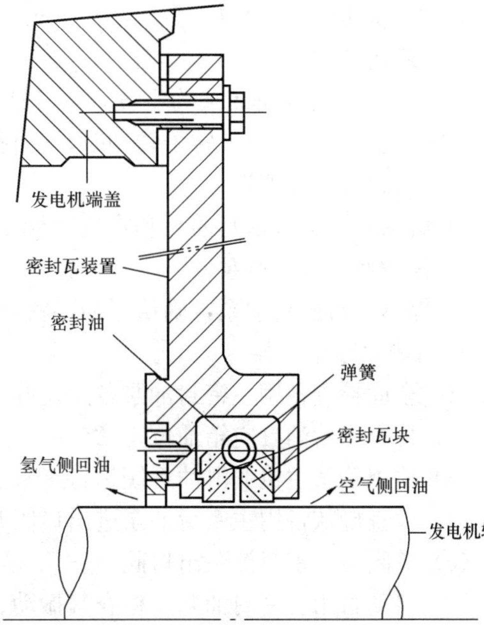

图 2-15　发电机密封瓦的结构示意

（三）发电机密封油系统投停

1. 投运前检查

（1）检查主机润滑油系统已投入并运行正常。

（2）密封油系统连锁保护试验合格并投入。

（3）密封油真空箱已注油，油位正常。

（4）系统有关动力、热工电源送上。

2. 系统投入

（1）启动密封油真空泵，将密封油真空箱真空拉至－70kPa左右，关闭抽空气门，短时停密封油真空泵。

（2）密封油泵注油放气结束，启动一交流密封油泵，检查其一切正常，确认再循环密封油泵联启正常。

（3）微开主密封油泵出口门，检查出口压力正常，待系统注油结束后，全开密封油泵出口门。密封油真空箱油位正常后，启动密封油真空泵，开启真空箱抽空气门至额定值。

（4）密封油系统运行正常后，将另一台主密封油泵和直流密封油泵投入备用。

3. 系统运行维护

（1）密封油差压调节阀调节正常，氢油差压维持在35～55kPa，不得过高和过低，以防漏氢和发电机进油。定期活动滤网手柄。

（2）密封油真空箱油位正常，真空大于－88kPa。

（3）检查密封油真空泵油分离器是否有积水，发现有积水应及时排掉。

4. 系统停运

（1）停运条件。

1）机内 H_2 已全部置换为空气，空气纯度100%，机内压力为50kPa以上；

2）汽机盘车已停止。转子转动时，密封油系统不得停止，否则会损坏密封瓦。

（2）密封油系统停运。

1）解除备用交流密封油泵和直流密封油泵连锁；

2）停运密封油真空泵；

3）停运运行密封油泵，确认再循环密封油泵联停。

5. 主密封油泵切换

（1）全面检查备用主密封油泵备用良好，具备启动条件。

（2）检查密封油真空箱油位正常。

（3）检查确认主机润滑油系统运行正常。

（4）检查确认备用主密封油泵进出口阀开启。

（5）关闭备用密封油泵出口阀。

（6）启动备用主密封油泵，检查其振动、声音、出口压力等正常，开启出口门。

（7）关闭原运行主密封油泵出口阀，注意密封油母管压力正常。

（8）停止原运行主密封油泵。

（9）开启停运主密封油泵出口阀，投入备用。

（四）发电机密封油系统的运行维护

发电机密封油系统的正常运行，是保证发电机安全运行的重要环节之一。发电机内充氢后，密封油系统必须可靠地投入运行。调整发电机的氢油压差在规定的范围内，油系统各油箱内油位符合运行要求，密封油温不超过规定值。

隔氢装置内的负压，是保证密封油中的气体充分排放的前提条件。当负压不合格时要设法消除，并加强氢气纯度的检查，必要时补充新鲜氢气。

由于发电机轴流风扇的抽吸以及密封瓦损坏等原因，密封油很有可能进入发电机内。运行中要定期检查发电机底部油、水收集器内的液位，一旦发现有油，要设法处理，必要时停机处理。

如果密封油的油质不合格，一方面会造成密封油系统设备的腐蚀；另一方面油中的水分会被发电机中的氢气吸收而引起氢气湿度增大。所以在发电机组运行中，要定期化验油质，并进行各油箱的排水工作（油净化装置），当油质不合格时，补充合格的油。

1. 密封油系统的油位控制

密封油箱在发电机底部稍下，储存氢气侧回油，油位高时发报警信号。该箱中间由一隔板隔开，防止发电机两侧风扇出口压力不一致时产生压差，造成油气在发电机两端之间循环。箱体上部各设一根排气管，用以排掉低纯度的氢气。两个回油间隔通过一个U型管连接，回油向下进入浮子阀油箱。

氢侧回油进入带有浮子阀的密封油箱(见图2-16)，氢气经分离又回到扩压箱，油流入空气析出侧。由于浮子的控制作用，油箱内始终维持一定的油位，可以避免氢气进入空气析出侧。

油位逐渐上升时，浮球阀逐渐开大直至全开；油位逐渐降低时，浮球阀逐渐关小直至全关。当浮子阀卡涩时，易出现油位过高或过低甚至看不到的现象。油位过高，说明浮子阀未

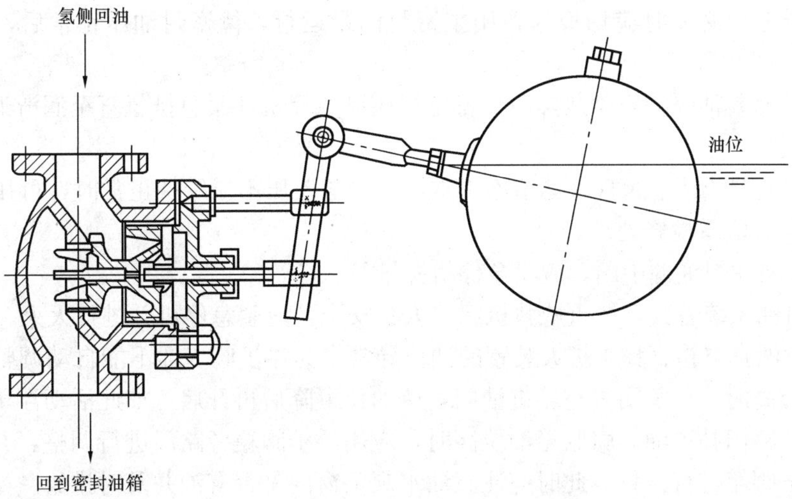

图 2-16　氢侧回油控制浮球阀

有效地打开，有可能造成密封油箱油位的异常升高；油位过低，说明浮子阀未有效地关闭，有可能造成氢气大量外排，引起机内压力的下降。出现上述情况，应当振打浮子阀，无效时隔离浮子阀，暂时使用旁路阀进行调节，并通过玻璃油位计观察油位。

空气析出侧位置应低于密封油箱以确保回油。

密封油真空箱的油位由一浮球阀控制（见图 2-17）。油位逐渐上升时，浮球阀逐渐关小直至全关；油位逐渐降低时，浮球阀逐渐开大直至全开。当浮球阀故障时，易于出现油位失控的现象，此时可通过开关手动补油门暂时来维持合适的油位。

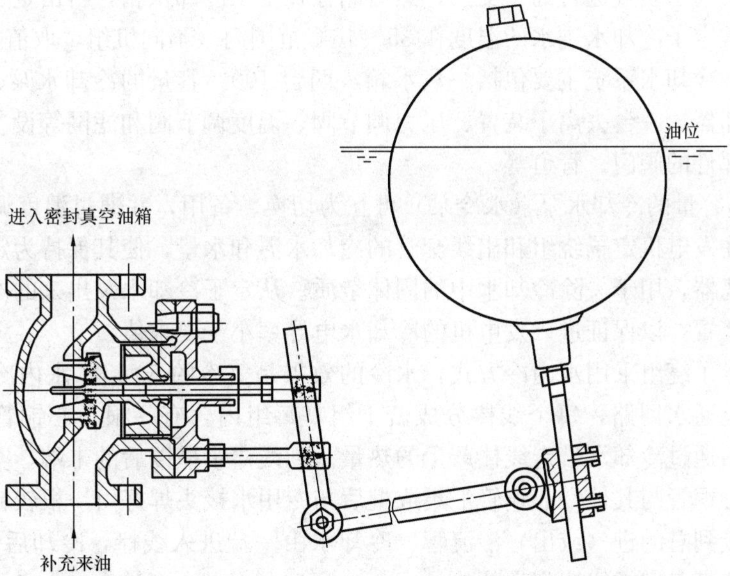

图 2-17　密封油箱的油位控制浮球阀

2. 事故处理原则

（1）主密封油泵跳闸或密封油母管压力低至时，发出报警，备用密封油泵应自启动，否则手动开启。若密封油压继续降低至时，直流密封油泵自启动。检查运行的主密封油泵及有关设备有无异常，必要时应切换为备用主密封油泵运行，待密封油压正常后，停直流密封油泵。

(2) 当各密封油泵均发生故障时，发电机应紧急停机并紧急排氢直至润滑油压能对机内氢气进行密封。

(3) 密封油差压调节阀自动调节不正常，使油氢差压不能维持正常时，可用调节阀旁路进行调整，同时联系检修处理。

(4) 发电机密封油源中断，应紧急停机并排氢。

(5) 密封油系统着火，严重威胁机组或人身安全，应紧急停机并进行灭火、排氢。

(6) 密封油真空箱、膨胀扩大装置的油位异常多为浮子阀卡涩不能自动调整引起。密封油真空箱油位高时，可关闭真空箱进油门，待油位下降后再开启，如此活动浮子阀。油位低时，可通过旁路门补进油。膨胀箱油位高时，应用浮子阀箱旁路门进行调整，并联系检修用橡皮锤对浮子阀箱进行振打。此时应注意油水观察窗内是否有油并及时排放。如备用密封油泵联动，应待系统正常、油压稳定后停用。操作中要确保密封油压正常，否则，一旦发现发电机大量漏氢，应切断励磁、紧急停机。

第十四节　发电机定子冷却水系统

一、发电机定子冷却水的概述

发电机定子冷却水系统用于冷却发电机定子绕组及出线侧的高压套管。该系统为闭式循环系统，其工质为除盐水，来自化学补给水系统。在进入发电机闭式循环冷却水系统之前，冷却水先经过去离子装置进行离子交换，然后储存在定子冷却水箱，再由定子冷却水泵注入定子绕组。通常定子冷却水进水的温度在35～46℃范围内（不同机组，取值也有所不同）。

发电机定子冷却水系统主要包括一只水箱、两台100%容量的冷却水泵、两台100%容量的水—水冷却器、一台去离子装置、压力调节阀、温度调节阀和滤网等设备和部件，以及连接各设备、部件的阀门、管道等。

两台100%容量的冷却水泵（水冷泵）可互为切换、备用，并通过温度调节阀和压力调节阀来调整送往发电机定子绕组和出线套管的冷却水温和水量，使其保持为定值。冷却器出水管上设有过滤器，用于去除冷却水中的固体杂质。从定子冷却水泵出来的冷却水有一小部分送往去离子装置，以保证进入发电机的冷却水电导率小于要求值。

发电机的定子绕组采用水内冷方式，水冷的效果是氢冷的50倍。水内冷绕组的导体既是导电回路又是通水回路，每个线棒分成若干组，每组内含有一根空心铜管和数根实心铜线，空心铜管内通过冷却水带走线棒产生的热量。到线棒出槽以后的末端，空心铜管与实心铜线分开，空心铜管与其他空心铜管汇集成型后与专用水接头焊好由一根较粗的空心铜管与绝缘引水管连接到总的进（或出）汇流管。冷却水由一端进入线棒，冷却后由另一端流出，循环工作不断地带走定子线棒产生的热量。

定子水系统配备了定子水箱、定子水泵、热交换器、压力温度调节阀、出口滤网、进回水管、离子交换器等设备。

定子水经水泵升压后进入冷却器进行热交换，由温度、压力调节阀将温度、压力控制在设定的数值，在励磁端进入发电机后与定子线棒进行热交换，从汽轮机端流出至水箱。在进入发电机前，约20%的定子水经旁路进入离子交换器，连续进行水质净化。当发现发电机定子水导电度持续升高时应当进行水箱换水并检查树脂的失效情况。

为保证冷却水管内的清洁，防止堵塞，系统中设有冲洗管路，可在安装或检修后对定子冷却水管进行冲洗，冲洗水排入地沟。定子冷却水箱设有充氮保护，系统运行时，水箱上部充以氮气，使空气和定子冷却水隔离，以防止空气进入冷却水，从而保证水质。当水箱没有水时，氮气将充满整个水箱，这样可以保护水箱的金属表面不受腐蚀。为了保证定子冷却水的水质，系统的管道采用不锈钢材料。

当发生下列情况时，辅助控制盘和CRT发出报警：

(1) 定子进水温度高于最高整定值；

(2) 定子出水温度高于最高整定值；

(3) 定子进水流量、压力低于最低整定值；

(4) 定子冷却水泵出口压力低于整定值；

(5) 水箱水温高/低于整定值；

(6) 定子冷却水电导率超标；

(7) AC（交流）或DC（直流）电源故障；

(8) 系统漏入氢气；

(9) 冷却水泵电气故障、电动机绕组温度高于允许值。

二、定子冷却水系统的投停

对于整个系统，定子水泵一台运行，一台备用。热交换器由开式水进行冷却，采用并联运行方式，正常运行中一台运行、一台备用。

在定子水回水管上的最高点，引出一细管直接连接到水箱，从而使可能泄漏的氢气直接进入水箱，同时也可以避免因虹吸现象而在高温出水端出现汽化，形成较大的气阻。在进回水管之间还设了一路联络细管，以保证回水侧的压力高于大气压，可以在一定程度上降低汽化的可能性。

三、发电机定子水系统的运行维护

(1) 无论任何情况都必须保持发电机定子冷却水压力低于发电机氢气压力，一般保持发电机氢、水差压在18kPa以上。

(2) 在发电机负荷变化过程中，定子冷却水流量要随发电机内氢气压力的变化而改变。

(3) 保持发电机定子冷却水的水质合格。当水质不合格时，应增大除盐水补水量，系统排污。

(4) 检查定子冷却水泵及定子冷却器的运行情况。当它们故障时应及时投入备用设备。

第十五节　热　网　系　统

一、热网设备

常见的热网设备主要有热网循环泵、热网疏水泵、热网加热器、热网疏水冷却器、热网除氧器以及配套的管道、阀门等。

下面就对热网的一些主要的设备及系统简略地加以介绍。

（一）热网加热器

热网加热器分为卧式、立式两种，一般均选用U型管壳式换热器，主要由U型管、管板、汽室、水室、疏水箱及安全阀等附件组成。加热器汽室一头通过一个锥形的短管与管板焊接在一起，另一头用椭圆形封头封堵。汽室内安装有中间隔板，蒸汽沿隔板组成的汽流通道流动，并与给水通过U型管进行换热。加热器水室隔成上下两部分，分别为出水、进水水室，并装有进、出口管。为便于内部检查，在水侧和汽侧各有一个人孔。

通常，加热器一头为固定支承，另一头为滑动支承，有导轨保证其顺利膨胀。疏水箱通过两根下水管与加热器相连接。在加热器中央，用多孔管引向壳外，将不凝结汽体排出。水侧、汽侧均设有安全门。

（1）加热器投入按下列程序进行：

1）加热器灌水、排尽空气。

2）开启水侧进、出口阀投入水侧。

3）开启加热器进汽阀少许，加热器暖体。

4）开大加热器进汽阀。

5）将加热器空气阀开启2～3扣。

6）疏水正常后，投入疏水泵运行，并投入水位自动控制。

（2）加热器正常运行中，进行以下维护项目：

1）加热器水侧、汽侧压力在规定值内，不准超压。

2）加热器水位保证正常水位。

3）加热器无内、外泄漏。

（3）加热器停止程序以投入程序反方向执行。

（二）疏水冷却器

疏水冷却器一般采用表面式换热器，其结构通常采用整体焊接、不可拆卸，只能通过人孔或割封头来进行检查管子表面情况，冷却器管侧有一可拆封头，可以检查管子泄漏和堵管。冷却器主要由以下几个部件组成：U型管束、隔板通道和导流系统、凝结水室外壳、管板、冷却水室及冷却水室封头。

疏水冷却器壳体用圆柱形钢板一头焊接封头，另一头与管板焊接，壳体上有进、出水短管，检查人孔和两组支承，一头固定支承，另一头有滑动装置支承。

冷却水室用圆柱状形板焊接而成，一头与管板焊接；另一头装设装封堵的法兰。水室也有进、出水短管，并分成两部分。

冷却器冷却水来自主凝结水某低压加热器前，然后回至该低压加热器后主凝结系统，管侧为四流程U型管结构。

疏水冷却器投、停基本不受其他条件影响，可以先投疏水侧，也可先投冷却水侧，并可保持半侧长期运行。正常运行中，无论疏水侧还是冷却水侧均无需调节水量。

（三）热网除氧器

通常，在热网补水系统配置有喷雾填料除氧器。热网系统补充软化水从除氧器上部进入，经配水喷嘴进行雾化、热交换后落入填料层以进行深度除氧。加热蒸汽从除氧头下部进入，向上流动，经填料、雾化区进行热交换。不凝结汽体从除氧头顶部排出。除氧器水箱用钢板圈焊加堵制成，内表面加衬胶防腐材料，提高水箱抗腐蚀能力，除氧头和水箱上分别安装有两个大气安全门。

除氧器调整配置了水位、压力自动调整装置，便于运行人员调整维护。

二、热网系统

热力网系统主要由供水、加热及其他辅助设备组成，主要包括热网循环水系统、热网蒸汽加热系统和热网加热器疏水系统。

（一）热网循环水系统

按照热网循环水参数选定为150℃/70℃为例，热网回水先进入两台并联的基本加热器，将水温从70℃加热到110℃，然后再进入两台并联的尖峰加热器，将水温110℃加热到150℃，供向用户。

热网加热器的循环水均设置旁路，对应基本加热器和尖峰加热器各一个，容量为100%。其作用有：一是任何一台加热器故障停用时，循环水量的一部分可通过旁路继续运行；二是根据外界热负荷的短时变化主动调节旁路上的阀门，改变通过加热器的循环水量，达到调节供水温度的目的。后者可以作为热网加热器正常工况下调节方式的手段之一，并可投自动调节。

在大型热网系统中，水击是一个相当重要的问题，它不但会发生在城市管网中，也会发生在电厂热网站内。一般是在热力网系统的回水管滤网前与供水管出口处设置一个止回阀旁路，介质流向从回水管到供水管，以防止水击。这样在水击发生时，回水管压力骤然升高，水经过止回阀直接进入供水管，避免了对循环水泵及系统的剧烈冲击。

（二）蒸汽系统

供热网加热器的汽源一般从汽轮机中压缸末级排汽通过管道抽出，分别供给基本加热器和尖峰热器。

（三）疏水系统

为保证锅炉给水品质，热网系统疏水在不同阶段和不同情况下设计了不同的回收点。当系统投入初期或热网加热器泄漏时，疏水回收至凝汽器，通过凝结水精处理，达到给水要求；当系统正常后，疏水指标达到锅炉给水要求时可直接回收至高压除氧器。

考虑到机组安全性和经济性，对应基本加热器和尖峰加热器分别设置两台疏水冷却器，用以当疏水向凝汽器排放时，保证凝汽器正常运行，同时进行热量回收，减小凝汽器冷源损失。

（四）补水系统

补水系统主要在热网系统投入前、投入后系统补充/补水之用，包括一台大气式除氧器、两台补水泵，补水采用自动控制，也可采用手动调整。

正常情况下，经化学处理的软化水，由软化水管向除氧器供水，除氧器汽源分别来自主汽轮机的抽汽，软化水经加热、除氧后补入系统。

三、热网系统运行

（一）热网系统投入前准备工作

热网系统设计为冬季采暖之用，因此系统很长时间是在停用中，这样在投入前尤其应做好以下工作：

(1) 进行系统冲洗。用系统中用来保湿或重新补入的水先进行冷循环，并逐步启动热网循环水泵，观察回水滤网压差，超出规定值时进行反冲洗。化验循环水中的含铁量达到标准，或长时间循环滤网差压无变化，可以停止冲洗。

(2) 补水系统及除氧器投入。冷冲洗结束后，投入除氧器加热系统，加热补水至规定温度进行除氧，补水系统投入自动。

(3) 对系统各调整阀包括抽汽控制蝶阀进行活动试验，做抽汽止回阀联关试验。

(二) 热网系统投入

准备工作结束、接到投入命令后，可投入热网系统。

(1) 投调整抽汽。开启基本加热器进汽门，稍开主机供热抽汽管电动阀，进行暖管和加热器暖体，30min后，根据抽汽室压力不小于0.245MPa后逐渐开大抽汽电动阀，当抽汽压力小于0.245MPa时，可旋动调压滑阀，逐渐关小抽汽控制蝶阀直至抽汽电动阀大开为止。注意整个过程中控制循环水温升率不大于3℃/min。

(2) 投入疏水系统。热网加热器开始进汽时，要注意各进汽加热器水位。当水位达到正常水位后，应启动一台疏水泵，投入水位自动调整，开启疏水泵出口调整阀后放水阀，进行疏水系统冲洗，投入疏水冷却器，回收疏水至凝汽器。

运行一段时间，水质达到给水标准，回收入除氧器，但后者投入时应慎重，以免影响锅炉安全运行。

(3) 投入尖峰加热器。外界环境温度变化需投入尖峰加热器时，可以投入。同投基本加热器一样，先开启加热进汽阀，再稍开抽汽电动阀，暖管及加热器暖体；30min后，在逐渐开大抽汽电动阀的同时，关小抽汽控制蝶阀、提高压力，使供水温度达到调度要求。疏水系统投入方法与基本加热器类同。

(三) 热网系统正常运行维护

(1) 随时根据调度命令，调整抽汽压力，满足外网水温要求。

(2) 随时保证热网回水压力为给定常数，保证管网安全稳定运行。

(3) 维护热网循环泵、热网疏水泵运行，检查各轴承轴承振动、温度在正常范围内。

(4) 调整除氧器，保证参数及补水溶氧合格率。

(5) 检查各加热器水位在正常范围，发现异常应及时采取措施，防止汽轮机进水。

(6) 观察回水滤网前、后压差不超过规定值，超过时必须进行反冲洗，保证系统安全运行。

(7) 每小时记录供回水温度、压力、流量及各泵电流、电压、出入口压力和加热器水位。

四、热网系统停止

热网系统停止操作要严格按照顺序执行，防止系统发生水冲击或其他故障。首先，接到停止热网系统命令后，应先停蒸汽加热系统。将抽汽调整蝶阀开大后，关闭供热管上抽汽电动门，关闭加热器进汽门，停止疏水泵运行；其次，热网循环水系统在停泵时，不能同时停止，必须隔一定时间停一台，防止系统发生水击。待循环泵全部停运后，关闭循环泵出入口门。补水系统可连续运转或间断运转维持系统内正压，进行热网设备和系统湿保护。最后，将加热器水侧水放尽，开启各空气阀通风、干燥，有条件的加热器汽侧要进行充氮保护。

五、热网系统对加热器循环水品质要求

pH值：8.5～10.5。

酸性电导率：小于1000μS/cm (25℃)。

强碱性物质过剩量：无。

氢化物：小于 50mg/kg。

硫化物：无。

总硬度：小于 0.1mg 当量。

六、热网加热器的维护和保养

（一）加热器的维护

（1）运行中如发现疏水水位不断上升，调节阀开到最大开度也不能调控到正常水位则可能是加热器水侧泄漏引起的，必须停加热器进行彻底检查。

（2）停机时应先关闭进汽阀，待汽侧压力消失后，再关闭给水阀，开启水侧、汽侧放水和排空阀。待设备冷却后，打开水室人孔，拆除水室内人孔，从壳侧充满水或使用压缩空气进行打压找漏，如管子本身泄漏，则水流从该管管内射出，如果管端胀接处泄漏则会有微量水或空气漏出。

（3）检修后应擦干管板，用丙酮和棉纱仔细清洗泄漏管端，清除铁锈、污垢和油泥。如果是管板与换热管胀焊处有泄漏，则应进行胀焊；如果是管子本身泄漏，则用专门的塞子堵上并焊好。

（4）若需检修管束，可按厂家总图由检修焊缝位置割开筒体，但应注意避免损坏管束；若需要更换管子，则把管板上的孔修磨到发出金属光泽为止，然后换上新管进行胀接。

（5）泄漏检修完毕后，再次投运前，应再进行水压试验，当确认无泄漏时，方可再次投运。

（二）加热器的保养

加热器停运期间的保养措施对使用寿命影响极大，根据停运时间长短不同，可按照下述方法进行保护：

（1）停运 2 天以内，水侧充满除氧水，汽侧充满蒸汽；

（2）停运 15 天以内，水侧充满含联氨 50～100mg/L、pH 值为 9.2～9.4、含氧量为 5～7μg/L的除氧水，汽侧充满氮气。

（3）停运在 15 天以上时，加热器及凝结水管必须彻底排空，并用压缩空气烘干，而且水侧和汽侧应充满氮气。氮气的纯度应在 99.5%以上，压力维持在 0.07MPa，若氮气压力低于 0.02MPa，应及时补充氮气。

第三章

汽轮机的DEH及调节保安系统

第一节 汽轮机DEH调速系统

一、DEH调速系统的基本原理及主要部套介绍

汽轮机数字电液控制系统（DEH）由计算机控制部分和EH液压执行机构部分组成。是汽轮发电机的专用控制系统，是控制汽轮机启动、停机及转速控制、功率控制的唯一手段，是电厂实现机组协调控制、远方自动调度等功能必不可少的控制设备。DEH在电厂的热工自动化系统中有着十分重要的地位。DEH的安全可靠直接影响到整个电厂的可靠运行。

现以国内某控制工程公司生产的DEH-ⅢA型产品为例，来对DEH调速系统做一个简介。

随着计算机技术的发展，某公司在1996年推出了DEH-Ⅲ的升级产品DEH-ⅢA。DEH-ⅢA保持了原先DEH-Ⅲ的可靠性及控制原理不变，将原先的控制计算机和操作员图像站分别升级到486和Pentium计算机。操作员与DEH-ⅢA的人机界面采用Windows技术，使画面和色彩更丰富。用户可通过增配的工程师站（原DEH-Ⅲ为两台调试终端），对DEH-ⅢA进行组态和维护。操作员站与工程师站配置完全相同，通过冗余数据高速公路相连，可完全互为备用。DEH-ⅢA与DEH-Ⅲ的I/O卡件完全相同，其布置和连接方式也不变，仅仅是主机及操作员站计算机的升级，因而保证了升级产品的继承性，也为实现已投运机组的升级提供了十分便利的手段。

汽轮机控制系统有其特殊的要求，即必须保证快速、安全及系统相对固定。对DEH系统来说，首先应适应快速响应和安全可靠，这是第一位的。在DEH-Ⅲ中，已充分考虑了这些问题。DEH-Ⅲ中，所有程序包括ATC、图像站均固化在EPROM中，保证了控制程序的可靠性。但用户在现场要进行更改，如增加测点、修改画面等就很困难。DEH-Ⅲ仅提供了一些参数地址，可进行简单的修改，如参数修改等。

DEH-ⅢA是一个开放的系统，可方便地进行控制策略组态及人机接口的操作、画面等的组态。根据多年的运行实践，我们认为DEH的基本控制部分，即转速控制、负荷控制、阀门管理、超速保护等，当汽轮机对象固定后，其控制回路、控制逻辑、保护逻辑是基本固定的。每个工程项目在设计中均能周全地考虑，现场投运过程中和移交用户后，极少进行修改。这在出厂时可通过设置口令的方式，防止进行不必要的修改。不知道口令的人员只能调出来看组态，不能进行修改，以保证控制系统的可靠性。

ATC控制是DEH的一项重要功能。ATC程序所涉及的外部测点数量较多，相关系统由于辅机配置不同也会相应变化。ATC担负着汽轮机及相关系统的数据采集、监视任务，并进行汽轮机高压、中压转子的应力计算。ATC启动时要进行应力控制，相关系统检测与逻辑判别。因而，ATC部分程序是相当复杂的，并且每个工程项目均有其特殊性。要使

ATC投运好，一般均需要根据项目实际和现场的实际情况，对软件做出相应修改。最终修改完成后也可加密，以防未授权人员修改。因此DEH-ⅢA控制系统是开放、分散的，我们可以根据工程需要进行组态。由有资格的专业人员，通过DEH-ⅢA工程师站，对系统进行上装、下装、维护等工作。

DEH-ⅢA操作员站和工程师站提供了比DEH-Ⅲ图像站更丰富的功能。DEH-ⅢA图像分辨率为1280×1024，256色。显示图像的数量可以不受限制。图像和显示数据的组态完全向用户开放，可根据用户需要随意设计或由用户用类似CAD的绘图工具自行组织。DEH-ⅢA图像数据，正常为绿色，超限时为红色，不采样为白色，数据状态一目了然（也可配置为其他颜色）。数据的详细状态，只要用鼠标右键在数值上单触一下，即可弹出单点框。DEH出厂时提供的典型图像为30幅左右。DEH-ⅢA的追忆打印、历史趋势、历史数据等均可由用户修改和组织。DEH-ⅢA操作员站，可对操作员所进行的每一次控制操作，进行记录，便于寻找问题。

DEH控制系统由两大部分组成，即EH系统（液压执行机构）和DEH控制装置（计算机控制部分）。EH系统是DEH系统的执行机构，DEH控制装置是DEH系统的指挥中心。

EH系统主要由供油装置（油箱、油泵、油管路）、安全系统（AST、OPC系统、隔膜阀）、油动机（主汽阀、高压调节汽门、中压主汽阀、中压调节汽门油动机）等组成。供油装置为系统提供油动机动作所需的稳定的高压动力油，安全系统提供使油动机迅速关闭的回路，油动机行程由伺服阀控制。伺服阀接受DEH开度指令，使油动机产生位移，带动连接到油动机上的阀门移动，从而控制汽轮机的进汽。

DEH控制装置一般包括四个控制柜，一个操作员站和一个工程师站。操作员站是运行人员操作DEH、监视系统运行的人机接口。DEH采集汽轮机状态数据，如挂闸、并网、盘车、旁路、主汽压、调节级压力、功率、转速、真空等，根据操作员的操作指令，进行逻辑判断与PID运算，最终得出每个阀门的位置指令，并输出指令到油动机上的伺服阀，控制阀门开度。这就是DEH简单的控制原理。事实上，DEH正是在此原理的基础上，完成了许多复杂的功能。

DEH-ⅢA运行方式主要有操作员自动、ATC控制、手动三种。这三种方式之间的切换是无扰的。DEH应该主要处于操作员自动和ATC自动方式，手动控制只是一种故障情况下的应急操作，不应长时间使用。

（一）DEH-ⅢA软件简介

1. 系统软件

DEH-ⅢA所提供的软件，主要有四大内容，即操作员站软件包、工程师站软件包、ATC软件包和基本控制软件包。就属性来说，前两个属人机接口类，后两类属控制类。其中，基本控制软件最为重要，完成DEH的基本控制功能。它宿主在冗余的两个控制处理计算机（DPU）中，互为热备用，任一主控机故障，备用机自动切入主控状态，实现控制的无扰切换。ATC软件包完成ATC数据采集、监控及应力计算，也在一对冗余的DPU中。其他软件分别宿主在人机接口站（MMI）上。

2. 通信驱动

DEH-ⅢA系统中有四个节点设备，操作员站、工程师工作站、基本控制站和ATC计算站。这四个节点设备相互的数据交换是通过冗余网络通信（数据高速公路）实现的。每个节点上都有相应的通信驱动软件。实时数据和组态数据都是通过此驱动软件接收和发送的。

通信驱动软件主要完成通信数据包的打包、发送、接收、拆包等工作，它工作于 MS-Windows 实时操作系统之下，与其他的软件模块有统一的接口规范。

3. 实时数据共享

实时数据是指 DEH 系统实时采集到的过程模拟点和开关点，以及控制计算过程中产生的中间计算点的集合。实时数据是通信的主要内容，产生实时数据的节点称为源节点。

基本控制节点是大部分实时点的源节点，它不断从 I/O 总线上得到实时数据的 A/D 值或开关状态，转换为工程值，写入本地数据库。通信扫描软件则不断按组态定义，从本地实时数据库中取出数据发往操作员站，供其显示、打印和记录用。通信扫描软件同时也接收操作员站上的数据（主要是操作员指令、设定值等），写入本地实时数据，供实现基本控制功能时使用。

基本控制站和 ATC 控制站相互交换数据，ATC 站将 ATC 计算结果以及一些子程序判断结果，送入基本控制站，从而实现 ATC 功能。汽轮机的一些状态，需从基本控制站送入 ATC 控制站进行 ATC 逻辑判断。

操作员站上的本地实时数据库包含了整个 DEH 中的所有有关的实时数据。它主要来源于基本控制节点上的实时数据和 ATC 监控软件采集和产生的实时数据。ATC 监控软件宿主在 ATC 计算站上，通过 I/O 总线采集 I/O 数据并进行 ATC 计算。产生的结果通过高速公路直接写入操作员站本地实时数据，供显示、打印、记录。

4. 基本控制软件包

基本控制软件包工作于 RMX 实时操作系统之上，主要包含 I/O 扫描、控制算法、通信驱动、命令处理、双机切换/跟踪软件模块。这些软件模块共享本地实时数据库，协同工作，完成控制任务。

基本控制处理机包括两台处理机互为热备用。这是通过双机模块及双机之间的通信得以实现的。

5. 操作员站软件包

操作员站软件工作于 MS-Windows 多任务操作系统之上，它包含通信驱动、显示、打印、操作处理、记录等软件模块，并通过本地实时数据库协同工作。其中，除了实时性要求高的模块，如通信驱动、记录、实时数据更新等工作，是工作在中断方式下之外，其余软件模块采用 Windows 的非抢占任务调度方式工作。

显示模块完成各种图形显示的功能，如模拟图、棒图、阀组、趋势曲线等。打印模块完成图形打印、曲线打印、追忆打印、报表及一览表打印等。

操作处理则完成画面操作、参数设置、Mouse 操作等一些由操作员发自 DEH 操作盘或 Mouse 的操作指令，同时将控制指令送入基本控制 DPU，实现对 DEH 的操作。

图形的生成和组态可在操作员站或工程师站上实现。

6. ATC 计算站软件

ATC 计算宿主在 ATC 计算站上，是 RMX 的一个实时运行的任务。

ATC 所需的 I/O 点来自两部分，一部分由 ATC 扫描任务直接通过 I/O 总线取得 I/O 通道的 AD 值，进行工程量转换来获得；另一部分取自基本控制站送到本地数据库中的点。

7. 工程师站软件包

工程师站软件工作于 MS-Windows 多任务操作系统之下，通过网络与被组态节点联系，它包含如下的软件：

（1）离线图形生成软件。用 GUI 方式，生成用户所需的所有图形。用户可用磁盘拷贝入操作员站，或通过网络传送到操作员站。

（2）报表生成工具。用文本方式生成报表。

（3）ATC 功能组态工具。用文本方式生成 I/O 表及 ATC 控制流程。

（4）基本控制组态工具。用文本方式生成 I/O 表及基本控制逻辑。

工程师站组态完成后，可在线或离线将组态下装到有关的 DPU 中，DPU 即按新的组态进行控制。同时组态算法会自动存入 DPU 中的电池后备 RAM 中，不会丢失，也无需多次下装。通过工程师站可以看到 DEH-ⅢA 内部的所有实时点及内部状态，从而可方便地进行系统诊断与维护。

（二）DEH-ⅢA 操作说明

DEH-ⅢA 共有三类操作盘：

1. 图像画面上的软操作盘

在 DEH-ⅢA 画面上设计了四块软操作盘，操作员对 DEH 的操作指令一般都在这些软操作盘上输入。

（1）升速控制操作盘。该盘上提供了设定“目标值”、“升速率”、“进行”、“保持”、“阀限”、“启动方式”、“自动同步”等汽轮机升速过程中常用的操作。

（2）负荷控制操作盘。该盘上提供了设定“目标值”、“变负荷率”、“进行”、“保持”、“回路投切”、“阀门控制方式”等操作。

（3）旁路控制与超速试验。在该盘上可根据旁路状态进行旁路投切操作和进行超速试验。

（4）其他控制方式。可设定 ATC 控制、CCS 遥控、TPC 控制、机调压、定压控制等控制方式。

上述四个软操作盘均为弹出式小操作盘。需要操作时，按图像下方相应按钮，小操作盘就会弹出显示在画面左上角。用鼠标左键按住小操作盘标题栏拖到适当位置，即可以一边观察画面上的数据，一边在软操作盘进行操作。

DEH 最常用的操作是升降负荷和转速，因此在大部分模拟图的右上方都设计了“目标值”、“保持”、“进行”三个按钮，运行人员可直接操作这些按钮。当要进行其他操作，例如改变运行方式时，需调出相应的专用操作盘。

2. 触摸式薄膜键盘

DEH-ⅢA 触摸式键盘采用该公司 XDPS 系统的通用键盘。键盘上共分七个区：

（1）用户定义键。共有 40 个用户定义键，上半区定义了一些 DEH 专用操作键，操作员可以操作这些按钮直接输入指令；下半区定义了一些画面快捷键，可通过这些键迅速调出相应的监视画面（模拟图）。用户可通过 deh \ bin \ m.ini 文件自行配置和修改这些键的定义。

（2）标准功能。可按“单点”、“一览”、“趋势”等调用相应功能。

（3）报警。可调出报警测点和进行报警确认。

（4）画面。进行翻画面操作（DEH-ⅢA 内暂时未用）。

（5）控制。操作手操器（DEH-ⅢA 内暂时未用）。

（6）鼠标。可用光标移动键替代鼠标，选择目标。

（7）字母键。操作过程中所需输入的数字、字符均在字母键区输入。

3. 硬手操盘

DEH-ⅢA 配备了一块硬操盘，上面集中了 DEH-ⅢA 的手动操作功能和部分重要的开关操作。

（1）手动操作。当 DEH 发生故障，无法实现自动控制时会切至手动。此时硬操盘手动灯点亮，操作员如需操作阀门位置，必须先将手动/自动钥匙开关切至手动位置，然后按相应的阀门增、减键，并通过三块条形指示表观察实际阀位。按下“阀门增速”后阀门增减速度加快 7 倍。

（2）OPC 试验。可用钥匙开关选择进入“OPC 试验”、“OPC 投入”或“OPC 切除”状态。正常时，OPC 应在“投入”位置，一般不插入钥匙开关，以免无关人员误操作。

（3）挂闸、停机按钮。该两个按钮分别送出两对接点至 ETS 系统，进行汽轮机挂闸和打闸操作。

（三）数据显示

DEH-ⅢA 的数据都在操作员站和工程师站的模拟图中显示。模拟图的数量、格式，根据不同的项目略有不同，用户也可根据需要自己添加或修改。以下为典型图像介绍。

1. 模拟图基本格式

DEH-ⅢA 中的绝大部分模拟图均按统一的格式绘制。在模拟图左上方为报警提示窗口，上方显示了汽轮机和 DEH 当前所处的控制状态，右上角为最常用指令输入区，模拟图右侧是控制系统几个重要参数的实时显示。

2. 模拟图清单

（1）15min 运行参数曲线。显示了汽轮机运行各重要参数的变化趋势，连续记录时间为 15min。包括以下七种曲线：

1）功率实际值；

2）转速实际值；

3）主汽温；

4）再热汽温；

5）主汽压；

6）调节级压力；

7）凝汽器真空。

（2）差胀、轴位移和偏心。包括三部分内容：

1）显示差胀实际值、报警值和跳机值；

2）显示轴位移实际值、报警值和跳机值；

3）显示偏心实际值、报警值和跳机值。

（3）轴振动。按每只轴承座的相对位置，显示轴振动的实时值。

（4）轴承温度。按每只轴承的相对位置排列，显示汽轮机、电动机所有轴承的金属温度。

（5）调节汽室温度。包括：

1）汽室体内、外左壁温；

2）汽室体内、外右壁温；

3）左、右汽室汽温。

①第一级金属温度；

②第一级蒸汽温度；

③保持环温度等。

（6）汽温和壁温。包括：

1）主汽温1、2号；

2）低压排汽温；

3）高压排汽温；

4）中压进、排汽温等。

（7）进水检测。显示高、中压缸上下缸进水温度，并在图左下方显示是否进水。

（8）备用。

（9）发电机参数。结合棒图显示发电机各重要参数：

1）无功功率；

2）氢气压力和纯度；

3）密封油压减氢压；

4）发电机电流。

（10）电动机冷却系统。显示电动机冷却系统各点温度。

（11）重要传感器故障。如判断出任一传感器发生故障，即将相应字符变为红色显示。

（12）ATC启动曲线。显示高压转子应力温差、中压转子应力温差、升速率、变负荷率、转速、功率6个ATC控制中的重要参数。

（13）汽轮机状态。显示了汽轮机的当前状态，DEH的控制状态、回路投切状态等。

（14）阀位指令及反馈。显示汽轮机各阀门（高压主汽阀、高压调节汽门、中压调节汽门、中压主汽阀）的阀位指令与反馈。用双色条形图显示，绿色为指令，其单位为%，黄色为反馈，其单位为mm。

（15）报警测点1。

（16）报警测点2。两幅报警测点模拟图主要显示与ATC有关的报警测点，正常为绿色、红色为处于报警状态。

（17）3h运行参数曲线。与15min运行参数曲线完全相同，只是采集周期作了延长，总记录时间为3h。

（18）备用。

（19）DEH硬件配置图。

（20）DEH系统结构图。

（21）转速控制流程图。画出了DEH基本控制程序内的控制流程，实时显示当前所处的状态和控制参数，绿色为当前工作路径。

（22）负荷控制流程图。

（23）ATC控制流程图。

（24）阀门试验。

（25）升速控制操作盘。

（26）负荷控制操作盘。

（27）旁路控制与超速试验操作盘。

（28）其他控制操作盘。

（四）操作员站简介

DEH-ⅢA 操作员站上安装了一套软件，为操作员提供基于 CRT 的控制操作、图形显示和报警监视。操作员站上可以显示以下几个方面的内容：

1）模拟流程和总貌显示；

2）实时数据显示；

3）控制状态显示；

4）运行参数趋势显示；

5）控制流程实时显示；

6）自动追忆打印。

操作员站 CRT 画面底下的两排按钮是系统的主菜单，它包括系统按钮和用户自定义按钮。系统按钮有“自检”、“其他”、“报警”、“单点”、“模拟图”、“一览”、“趋势图”和“成组”。用户自定义按钮由用户自己定义，连接至各幅模拟图或操作器。

1. 自检

自检给系统运行人员、调试维修人员提供简便和直观的系统硬件概况。操作员可以在自检中进行：

（1）冗余数据高速公路上各网络节点的运行状态监测。

（2）系统中各分散处理单元（DPU）中 I/O 站工作状态监测。

（3）DPU 中 I/O 站下各输入输出卡件上各通道的状态监测。

自检程序的主画面就是一幅系统各节点的状态显示图，冗余数据高速公路的各个节点在图上用一小方块表示，每个节点根据作用性质可分为分散处理单元（DPU）和人机接口单元（MMI）两大类。MMI 根据处理的动能又分成工程师站（ENG）和操作员站（OPU）。

在自检程序执行中，DPU 的状态以不同的颜色表示：主控状态的 DPU 用绿色表示；跟踪状态的 DPU 用蓝色表示；初始状态的 DPU 用黄色表示。人机接口站的颜色正常为粉红色，故障状态的计算机节点以红色表示。

每个节点上有两根细线与网络相连。如果这两个短线为实线，则代表双网工作；若有一根线为实线，而另一根为虚线，则代表该节点为单网工作，即实线网正常，虚线网故障；若两根短线都处于虚线，则代表该机与主干网已脱离，处于非正常状态。

要观察 DPU 节点的 I/O 状态，只需将鼠标器光标移至处于主控状态的 DPU 节点方块中，单击鼠标器左键，就能弹出 DPU 节点 I/O 站的状态监测图，显示该 I/O 站内卡件的检测情况。用鼠标器左键单击标有卡件类型的卡件上，屏幕就会出现卡件通道状态图，显示出相应 I/O 卡件的通道数据情况图。

2. 报警

报警软件供运行人员和测试维护人员观察了解系统中各测点和工作状态和报警情况，主要提供以下几个功能：

（1）报警一览显示和报警历史显示。

(2) 报警测点过滤功能。

(3) 报警测点的分类与查找。

(4) 报警点的点确认和点确认操作。

(5) 报警的即时记录打印和查询请求打印。

(6) 报警测点的相关调用（单点属性和趋势）。

报警程序中，显示方式分为历史方式和一览方式两种。在报警历史方式下，所有的报警项都将被显示在窗口内，一幅屏幕上可能多次出现同一测点，但每一次的报警时间有所不同；而且新的报警或恢复测点总是在最上面。在报警一览方式下，屏幕显示的是实时数据库中当前处于报警的点或刚恢复的点。每一报警测点在屏幕上显示不重复，而且也按时间顺序排列，最近的放在最上面。报警历史和报警一览的方式切换由［方式］菜单下的［报警一览］和［报警历史］两项进行选择切换。

报警程序界面的屏幕显示项共有八项，它们是：

1）报警时间；

2）报警日期；

3）报警类型；

4）所处状态；

5）测点名；

6）测点名描述；

7）报警时数值；

8）所处 DPU 号。

报警程序界面的最下面有一行状态条，显示了当前屏幕的状态情况和一些说明，包括：报警总数（黑色）、0 级报警（深红色）、1 级报警（粉红色）、2 级报警（黄色）、3 级报警（白色）、操作报警（蓝色）和当前报警队列中由报警转为正常的测点总数（绿色）。

在报警测点的显示中，处于报警态的测点显示有两种状态，它们是：

1）报警未确认。该测点处于报警状态，但操作员未作确认处理，该状态下，测点以该级别的报警颜色为字符背景色显示。

2）报警已确认。该测点处于报警状态，但操作员已对该测点作出了确认处理，该状态下，测点以该级别的报警颜色为字符颜色显示。

操作员可以对屏幕上出现的报警测点进行确认操作。确认操作只能在报警一览方式下进行，可分成点确认和页确认两种。

1）报警点确认。操作员通过移动屏幕使选中框处于报警未确认点上，然后，按菜单“确认”下的“报警确认该点”，就完成了报警点确认操作。还可以用键盘的回车键或同时按住鼠标器的左键和右键进行点确认。

2）报警页确认。操作员按下菜单“确认”下的“报警确认该页”，就可同时将该屏上的报警测点进行确认。

在报警程序中，操作员还可通过显示过滤选择适当的条件，使屏幕显示的报警测点符合要求，可根据测点名称或测点描述查找相关测点，并可调用相关的单点和趋势。

3. 模拟图

操作员单击“模拟图”即可弹出模拟图清单，再选择所需画面，双击成按确认即可将画面弹出选择所需监测的画面。

4. 趋势图

趋势供运行人员和调试维护人员观察了解系统中各测点和计算结点的变化情况，为操作人员提供以下功能：

（1）观察测点的实时变化趋势曲线。

（2）观察测点的实时数据的数值变化。

趋势程序中，各测点分布在各个趋势组中，每个趋势组最多可有 8 个测点。而各组中的测点则由用户根据具体情况进行设置。

在趋势图的显示模式设置中，操作人员可选择是否显示各测点的中文描述、屏幕背景色、趋势图背景色和坐标线色。在测点设置中可设定趋势测点的 ID 编号、线色、线宽、上坐标、下坐标、单位和中文描述等。

为使操作者能看清曲线的细节变化，趋势软件还提供了“暂停”命令（使屏幕曲线暂停滚动）和数据窗显示（以文本数值表方式显示测点数据变化趋势）。

5. 单点

在 DEH-ⅢA 中，对于某一具体测点，如果要了解该点的具体属性，如：中文描述、单位、具体站、板、通道号、报警定义等，都可通过单点来完成。单击“单点”后输入该点测点名，屏幕即显示如下内容：

（1）模拟量测点。显示其测点名、单位、ID 号、DPU 号、中文描述、是否采样、是否报警、当前值和当前状态，还可进一步显示其 I/O 属性包括采样周期、转换类型、站号、板号、通道号、量程上、下限及零偏、补偿测点和 AD 值。

（2）开关量测点。显示其测点名、ID 号、DPU 号、中文描述、0 状态描述、1 状态描述、是否采样、是否报警、当前值和当前状态，I/O 属性：包括采样周期、站号、板号、通道号、输入方式和报警方式。

6. 一览

一览是整个 DEH 系统所有测点的列表，为操作人员提供以下几个功能：

1）浏览系统整个实时数据库的测点和中间结点的分布和 ID 对照表。

2）监测各测点的实时数据和实时状态的变化。

3）实时库中各实时数据的选择打印列表。

4）实时测点的相关调用。

一览程序中，模拟量和开关量测点是分别显示的，用户需根据要观察的测点类型来选择。

（1）显示项中各项的内容如下：

1）ID 号：该行测点在实时数据库中的位置序号。

2）DPU：该行测点所属节点号。

3）ID 名称：该测点的编码代号，即唯一的识别号。

4）中文描述：该测点的辅助说明文字。

5）单位：模拟量测点中测点的度量单位。

6）数值：模拟量测点中的当前测量值，在开关量显示中为当前测点的实际状态。

7）状态字：该测点的内部状态字（供调试维护人员参考）。

（2）一览窗口下方状态条的各项内容如下：

1）测点：当前选择项下总的测点数。

2）正常：当前选择项下，处于正常工作的测点数，在屏幕上，所有正常工作的测点都以深蓝色显示。

3）报警未确认：当前选择项下，处于报警状态，但操作员未确认过的测点数。在屏幕上，相应的测点以红底白字显示。

4）报警已确认：当前选择项下，处于报警状态，而且操作员已确认过的测点数。在屏幕上，相应的测点以蓝底红字显示。

5）坏点：当前选择项下，属于测点传感器故障的测点数。在屏幕上，相应的测点以黄色字符显示。

6）扫描切除：当前选择项下，属于禁止扫描的测点数。在屏幕上，对应的测点以灰色字符显示。

在一览软件中，也可使用显示过滤、测点查找和相关调用。

7. 成组

成组软件将监视测点进行编组，给运行人员提供观察系统各个部位测点数据及其状态的快速、简便、直观的手段。

8. 其他

按下“其他”按钮后弹出一菜单，包括：

（1）报警常显。是报警功能的简化，在画面左上角显示，使操作员能在监视画面的同时注意到新的报警。

（2）追忆。调出追忆窗口。

（3）屏幕拷贝。根据选定的范围（在设置屏幕拷贝中设置），将屏幕上的显示送至打印机打印。

（4）设置。又包括以下内容：

1）配置按钮。将各幅模拟图连接到用户自定义按钮上，使操作员可通过单击画面下方自定义按钮直接调用出所要监视的画面。

2）设置屏幕拷贝。设置屏幕拷贝的各项参数。

3）进入系统。操作员正确输入用户名和密码后，即可进入系统进行相应级别（操作员级或工程师级）的操作，进入系统的用户名在屏幕右下角显示。

4）修改密码。操作员级用户可以修改自己的密码，工程师级用户不仅可以修改自己的密码，还可修改其他用户的密码和创建新的用户。

5）退出系统。退出相应级别的操作，屏幕右下角的用户名消失。

二、DEH调速系统的运行方式选择

DEH-ⅢA有四种基本运行方式：

1）操作员自动操作（自动），是主要的运行方式；

2）汽轮机自启动（ATC）；

3）遥控自动操作；

4）手动操作。

（一）操作员自动操作（自动）

操作员自动操作简称为自动，这是电厂运行人员控制汽轮发电机组的主要运行方式。在该方式下，操作员可以进行如下控制：

（1）在汽轮机升速期间，可以确定或修改汽轮发电机组的升速率和转速目标值。

（2）可进行从主汽阀控制到高压调节汽门控制的阀切换。

（3）可进行从中压缸启动到主汽阀控制的阀切换。

（4）当机组到达同步转速时，可投入“自动同步”。

（5）在机组并网运行后，可随时修改机组的负荷目标值及变负荷率。

（6）可根据实际运行情况决定是否投入功率反馈回路和调节级压力回路。

（7）在并网后，可投入转速回路（一次调频）。

（8）可投运遥控操作。

（9）可进行单阀/顺序阀的切换。

（二）汽轮机自启动（ATC）

汽轮机自启动的目的在于保证汽轮发电机组安全正确地启动和加负荷。ATC程序能自动完成下列功能：

1）从冲转到达到同步转速自动进行。

2）根据汽轮机应力及临界转速等设定升速率、确定暖机时间、自动进行阀切换。

3）条件允许时可自动投入自动同步和并网。

4）并网后由热应力及机组的其他状况，确定升负荷率或进行负荷保持，报警等。

在操作盘上设有三个按钮与ATC程序相联系，现分述如下：

（1）ATC控制。按下此按钮可使ATC程序进入运行状态。

在转速控制下（并网前），ATC程序在监控汽轮机和发电机运行状态的同时，决定机组的转速目标值和适应转子应力的升速率。在负荷控制时，由运行人员设定目标值后，ATC程序监控汽轮发电机组的运行状态，自动设定升负荷率，并进行报警。在综合控制时，即遥控源如ADS、CCS与ATC同时投入时，目标值与升负荷率都由遥控源控制。ATC程序监视转子应力，如发现需保持负荷时，ATC将通知基本控制系统来封闭遥控源的增、减命令。

在执行ATC时，如遇紧急情况，可直接按“ATC监视”或“自动”键退出ATC控制，进入操作员自动方式。

（2）ATC限制条件超越键（超越）。当某充分条件限制ATC进行时，可按此键，越过此条件继续进行。

（3）ATC监视。当按下“ATC监视”键，DEH不执行ATC启动，只进行ATC测点的监视和报警。一旦有参数越限，就在CRT上显示或在打印机上打印，供运行人员参考。如要进入ATC启动，必须先进入ATC监视，当条件满足后，按下“ATC控制”键才会有效（键灯亮）。

（三）遥控操作

一般情况下，都在操作员自动方式下投入遥控操作，一旦投入了遥控，DEH的目标值就由遥控源来决定，由DEH根据遥控指令进行负荷控制。但运行人员能在任何时刻再按相应的“遥控”键退出遥控。

1. 自动同步

“自动同步”是一种特殊的遥控操作，在这种方式中，依靠“自动同步增”和“自动同步减”的触点输入来调整目标值和给定值，直至汽轮发电机达到同步转速，为机组并网做准备。采用这种遥控方式，控制系统必须满足下列条件：

(1) DEH处于“自动”或“ATC控制”方式。

(2) DEH处于“高压调门”控制方式。

(3) 主变压器开关断开（未并网）。

(4) 自动同步允许触点闭合。

(5) 汽轮机转速在同步范围内。

此时，运行人员按下“自动同步”键，该键灯亮，表明上述条件符合，控制系统已处于该种控制方式下。DEH根据同期装置发出的增、减触点来改变目标值，运行人员已无法通过键盘改变目标值和升速率。

在该种方式运行期间，如果主变压器开关闭合或“自动同期控制允许”触点断开，控制系统会自动从“自动同步”转到“操作员自动”方式运行。如遇控制系统切换到“手动操作”则自动终止“自动同步”运行方式。

2. 遥控（协调）方式

协调控制是DEH装置最主要的一种遥控方式，如要采用这种方式，必须满足下列条件：

(1) DEH必须运行在“自动”或“ATC控制”方式。

(2) 油开关必须闭合。

(3) 遥控允许触点必须闭合。

上述条件均满足后，运行人员按下“遥控”键，键灯亮，表示控制装置已投入协调控制方式，同时送出“遥控投入”触点至CCS控制装置，表面DEH已可接收CCS来的负荷增、减脉冲。此时，运行人员已无法改变负荷的目标值和变负荷率。一旦目标值达到上限或下限，DEH也会发出“遥控上限闭锁”或“遥控下限闭锁”触点信号，送至CCS装置，表明此时再发脉冲已无效。

一般情况下，当投入CCS控制时，DEH的功率、调节级压力回路均被切除，由CCS完成闭环控制。也可CCS不投功率回路，由DEH完成功率闭环。但不要两个系统均投回路，否则系统容易振荡。

如果机组作为调峰机组，则CCS可在收到DEH送出的“阀位极限限制”触点后，投滑压控制方式。此时高压阀节汽门全开或限制在某一阀位，不参与控制，由锅炉通过改变主蒸汽参数来控制功率。

在协调控制期间，当油开关断开或遥控允许触点断开，则DEH会立即自动恢复到“自动”方式运行。运行人员也可再按“遥控”键退出“遥控”方式，进入“自动”方式运行。

（四）汽轮机手动操作

当基本控制冗余DPU均发生故障，或VCC站控板发生故障后，则DEH会切到手动，硬操盘上“手动”灯点亮。此时运行人员应立即把“自动/手动”钥匙开关切向“手动”位置。

当DEH控制器处于“手动”时，如运行人员要求从“手动”切回到“自动”，先观察图像画面上冗余DPU、VCC站控板、测速板等是否报警，如自检及数据均未发现异常，则把钥匙开关置“自动”位置，DEH在检测到无重大故障后，操作员按下软操盘上的“自动”按钮，则系统升至“自动”方式。上述升级一般都在并网、带负荷后进行。因在升速阶段用手动开环控制转速很难达到准确平稳，建议不要在升速阶段切手动控制，如果遇到故障或紧急情况切至手动，必须等实际转速降到2800r/min以下才可能重新投上自动，以避免发生超速。

手动操作共有六个按钮，分别为“主汽阀增”、“主汽阀减”、“高压调门增”、“高压调门减”、“中压调门增”和“中压调门减”。按住任一键，键灯亮，可在硬操盘条形表或“阀门指令与反馈”画面上观察相应阀门位置的变化。按下“阀门增速”键，键灯亮后，阀门的增减速率快7倍。

三、DEH控制方式选择

DEH控制装置在操作员自动方式时，根据不同的工况可供运行人员选择各种不同的控制方式。如在冷态时可选择主汽阀控制来升速，在热态或极热态时可选择中压缸启动的控制方式等。现详述如下：

（一）主汽阀/高压调门控制切换

当DEH处于自动控制下，图像画面上“自动”、“单阀”、“双机”、“ATC监视”状态均有效，一旦复置了汽轮机自动停机系统（挂闸），控制器已准备就绪。如系统不投旁路，即为高压缸启动，则输入阀限100后中压调节汽门自动开启，直至100%开度，按下“主汽阀控制”，机组开始冲转。

当汽轮发电机组按运行人员的要求升速到2900r/min时，即可进行主汽阀/高压调节汽门控制的阀切换。运行人员按下“高压阀门控制”键后，键灯亮，“主汽阀控制”键灯灭，高压调节汽门会从全开位置很快关下。当实际转速下降大于30r/min时，DEH已切换到高压调节汽门控制，高压主汽阀逐渐开启，直至全开，由高压调节汽门控制转速稳定在2900r/min左右，阀切换完成。

在进入高压调节汽门控制后运行人员可把汽轮机转速升至同步转速3000r/min，并网后即进入负荷控制。

（二）调节级压力回路投入

当机组并网运行，DEH处于全自动时，运行人员可投切此回路。按下“调压回路”键，键灯亮后即表示该回路已投入。如要切除该回路，只需再按一下此键，灯灭后该回路即被切除。

如DEH检测到三路调节级压力通道任一路出现故障，相应通道的故障指示灯亮，但不影响控制器对该回路的投运。当DEH检测到三路调节级压力通道中有两路以上发生故障时，则会自动切除该回路。在通道板故障未消除前，运行人员无法再投入该回路。此外，如阀门位置限制器已起限制作用，或CCS开关量要求调节级压力回路切除，则该回路也会自动切除。

（三）功率回路投入

当机组并网运行，DEH处于全自动时，运行人员可通过按“功率回路”键来投切此回路。

当DEH检测到三路功率中有两路以上发生故障时，则会自动切除该回路。在通道板故障未消除前，运行人员无法再投入该回路。此外，如阀门位置限制器起作用，或CCS开关量要求功率回路切除，则该回路也会自动切除。

功率和调节级压力回路都要投切时，回路的投切建议按以下次序进行：投入时先投调节级压力回路，再投功率回路；切除时先切功率回路，再切调节级压力回路。

（四）转速回路投入

转速回路通常称为一次调频回路。当汽轮发电机组并网运行时，运行人员可按“转速回路”键投入该回路。该回路投入后，如遇两路以上速度通道故障或油开关跳闸，会自动切除。

（五）单/多阀控制

单/多阀控制即节流调节/喷嘴调节，是DEH装置中的一个主要功能。所谓节流调节，即把六个高压调节汽门一同进入同步控制。在这种运行方式下，所有的阀门均处于节流状态，对于汽轮机运行初期，使汽轮机各部件获得均匀加热较为有利。在喷嘴调节运行时，调节汽门按预先设定的顺序逐个开启，仅有一个调节汽门处于节流状态，其余均处于全开或全关状态，这种调节发生可改善汽机的效率。

当DEH画面上“单阀”灯亮时，则说明控制器正处于节流调节方式。此时运行人员可按下“顺序阀”键，进行两种运行方式的切换，“单阀”灯灭，“顺序阀”灯亮后，切换完成。同样，运行人员也可从“顺序阀”向“单阀”切换。在阀切换正在进行的过程中，想再进行相反的切换，计算机将不予响应，只有等切换结束后再进行。

应特别注意的是，虽然从“单阀”控制切到“顺序阀”控制或反之，在功能上都是行得通的，但这会导致汽轮机部件经受不必要的热应力变化，因而建议运行人员要严格遵守“调节汽阀管理规程”和“启动和负荷变化的建议”的操作规程。

（六）主蒸汽压力控制（TPC）

主蒸汽压力控制是指运行人员能通过限制高压调节汽门的开度，使主蒸汽压力大于某一给定值。当控制系统处于自动时，可投运各种软件TPC，包括“操作员TPC”、“固定TPC”、“遥控TPC”。

1. 操作员TPC

按下“操作员TPC”键，键灯亮，控制系统即按操作员设定的主蒸汽压力值进行控制，设定值由操作员通过“设定”按钮设定。

2. 固定TPC

按下此键，键灯亮后控制系统即按程序内固定的主蒸汽压力值（一般为15MPa）投运TPC控制，运行人员无法改变此设定值。

3. 遥控TPC投入

按下此键，键灯亮，表明控制器投入了“遥控TPC”控制，以CCS送入的主蒸汽压力设定值（在“遥控TPC”按钮下方窗口中显示）作为TPC设定。

4. 设定

按下此键，即可对操作员TPC的压力设定值（在“操作员TPC”按钮下方窗口中显示）进行修改。

TPC的投运应满足下列条件：

（1）汽轮发电机组必须并网运行。

（2）高压调节汽门累计升程必须大于20%。

（3）实际主蒸汽压力大于设定值。

（4）主蒸汽压力变送器故障灯必须不亮。

在软件 TPC 投运时，如数字系统检测到实际主蒸汽压力小于 TPC 主蒸汽压力设定值，则控制器会自动闭锁，不准运行人员投运三种 TPC 的任一种。

在汽轮发电机组的运行过程中，一旦发生断路器断开或主蒸汽压力变送器故障。如控制器处于自动控制，计算机会自动把 TPC 控制切除。

（七）中压缸启动

当汽轮机挂闸和中压主汽阀开足后，如汽轮机旁路系统投入，则机组为中压缸启动方式。此时操作员可按“中压缸启动”键。当键灯亮后，控制程序按中压缸启动方式来进行升速（这时高压主汽阀是关死的）当转速升到 2600r/min，按主汽阀控制，进行主汽阀/中压调节汽门控制切换，这时高压调节汽门开足，中压调节汽门基本维持原开度不变。由主汽阀控制升速。当转速升到 2900r/min 时，按调节汽门控制，进行主汽阀和高压调节汽门控制切换，直至并网带初负荷。

在升负荷阶段，中压调节汽门随高压调节汽门开启而开启，当带至一定负荷时，中压调节汽门全部开足。此时，旁路切除，中压缸启动完成。

（八）定压投入

当机组并网运行后，如果主蒸汽压力通道正常，且实际汽压大于定值时，操作员可按“定压投入”键来选择定压投入运行。如处于该种方式运行时，控制程序根据当时的主蒸汽压力值对调节汽门的阀门位置进行非线性修正，控制主蒸汽压不小于设定值。如主蒸汽压力通道故障，则控制器会自动切除该种运行方式。

（九）旁路投入、切除

1. 旁路投入允许

当旁路系统下正常，汽轮机允许投旁路时，旁路控制器输出一旁路投入允许开关量到 DEH 装置。当 DEH 接收到此信号后，操作盘上“旁路投入允许”灯亮。

2. 旁路切除允许

如高低旁路阀门关闭，中压调节汽门全开或透平未挂闸时，这时旁路控制器输出一旁路切除允许开关量到 DEH，则控制盘上“旁路切除允许”灯亮。

3. 旁路请求投入

当操作盘上“旁路投入允许”灯亮后，即可按下“请求投入”键，当该灯亮后且送出一“旁路请求投入”开关量至旁路控制器。待旁路投入后，DEH 的 CRT 上显示旁路投入。

4. 旁路请求切除

如操作盘上旁路切除允许灯亮或旁路投入时运行人员可按下“请求切除”键，送出“旁路请求切除”开关量至旁路控制器。待旁路切除后在 DEH 的 CRT 上显示旁路切除。

四、DEH 部套的试验与调整

在实际的运行过程中，需要在线对 DEH 主要部套进行调整的情况并不多，常见的有以下几种：

（一）DEH 系统中的调节汽门阀位调整

调整时的基本步骤如下：

（1）机械零位调整。将差动变压器拉杆零刻度标志与差动变压器外壳端部对准，固定其外壳，此时阀位为机械零位。

（2）电器零位调整。从端子排上将伺服阀线圈控制线解开，使伺服系统开环，在伺服线圈上加上－1.5V左右电压，使油动机关到底。调整LVDT电位器，使LVDT变送器输出为0.002V。

(3) 增益调整。在伺服线圈上加＋1.5V左右电压使油动机开到最大，测量油动机最大开度L_{max}，计算LVDT变送器应有的最大电压V_0（$V_0=4\times L_{max}/L_h$，L_h为阀门额定开度），调整LVDT增益电位器使其输出电压为V_0，零位与增益要反复调整几次，使其值不变化为止。

(4) 使伺服系统闭锁，由VCC卡直接向伺服线圈送电，强制阀门指令，使其$A=2V$左右，伺服系统停在中间位置，调整OFFSET电位器，使$A-P=0.02\sim0.04V$，这样能保证启动前伺服阀处于负偏置，阀门能有效关闭。

(二) EH油系统中的变量泵压力重新整定

(1) 开启EH油箱旁的高压蓄能器的上进油截止阀，并检查回油阀应在关闭位置。其他高压蓄能器的进油截止阀应先关闭，回油阀打开。

(2) 把系统的调节手柄先拧紧一些，再把泵上的调压阀上的螺钉拧松一些，然后启动该泵，检查所有的管路、接头等无渗漏。最后，调整调压阀上的螺钉，使系统的压力逐步上升至系统额定要求值，运行几分钟后，检查所有的管路、接头、焊口等无漏油、渗油，即可拧紧调压阀调整螺钉外侧的锁紧螺母。

(三) 供油装置的溢流阀整定

(1) 将溢流阀的阀杆拧紧，再将泵的调整螺钉拧松，使压力逐步下降，当压力到0时，再拧紧螺钉使压力逐步上升，当压力上升到工作压力的1.5倍时，此时拧松溢流阀的阀杆，使系统压力回到工作压力的1.2倍左右，再拧紧溢流阀的阀杆；

(2) 将泵的调整螺钉拧松、使压力逐步下降，当压力到0时再拧紧螺钉使压力逐步上升，当压力上升到工作压力的1.2倍左右时再不往上升了，然后逐步将压力降回到工作压力，再拧紧泵的调整螺钉即可。

五、DEH调速系统在运行中进行的定期试验项目

(一) 阀门试验

这里介绍的“阀门试验”仅仅作为操作盘上的功能说明，在做实际试验时，汽轮机运行人员必须根据主机厂提供的专用运行说明书，汽轮机运行工况应在汽轮机制造厂允许进行阀门试验的范围内。阀门试验时，阀门可以从当前位置运动至全开/全关位置。而阀门松动试验时，只在当前位置开/关满量程的15%。

进行阀门试验时，汽轮机运行工况应在制造厂允许进行阀门试验的范围内。进行全行程试验时，必须运行在单阀方式，如果顺序阀时进行试验，调节级叶片可能应力过大。试验时，应注意观察阀门的运行是光滑的和自动的，不应有爬行或间断运动。

1. 阀门试验条件

除满足机组的要求外，DEH装置应处于：

(1) 操作员自动，单阀运行方式。

(2) 功率反馈投入，调节级压力反馈切除。

(3) 做主汽阀全行程试验时，在额定进汽压力下，机组负荷小于65%，进汽压力低试验负荷相应降低，以便试验中负荷处于可调范围，保证负荷基本无扰。建议做试验前，改变功率定值使高调门开度指令在22%左右为好，不超过24%。

（4）松动试验仅需满足（1）的条件。

（5）阀门试验钥匙开关置“试验”位置。

2. 操作盘上有关阀门试验的开关/按钮说明

（1）阀门试验钥匙开关。该开关有两挡，在平时置向“切除”位置。要求做阀门试验时，运行人员需要将开关置向“试验”挡，DEH 在此时才允许进行阀门试验。

（2）“阀门试验”键。该键为试验的投入键，当 DEH 满足进行阀门试验的各项条件后按下此键。键灯亮，表明已进入阀门试验状态。

（3）阀门选择键。共有 12 个，分别对应 12 个阀门。在阀门试验投入后，按下其中一个按钮，即表示选择此阀门做试验。

（4）“关闭”键。按下“关闭”键灯亮，此时可从画面上观察被试验阀门的阀位指令和反馈值同时下降至全关位置。做主汽阀试验时，先关同侧调节汽门。

（5）“复位”键。该键为阀门试验后所有阀门进行复位。一旦按下此键，“复位”灯亮。此时要求所有阀门（包括被试验的阀门）均恢复到试验前阀位，如阀门复位完成，则“复位”键灯灭。

（6）“保持”键。在试验过程中，如发现有异常情况，如负荷突降等，可迅速按下“保持”键，键灯亮，阀门停留在原位不动以便运行人员及时排除故障。故障排除后，可再按下“保持”键，保持灯灭，试验继续进行。

（7）“试验结束”键。当“复位”、“开启”、“保持”灯均不亮时，如要退出试验，则需按此键，“阀门试验”或“松动试验”灯灭，试验退出。

（8）“阀门松动”键。进行阀门松动试验，在很亮的负荷范围内，可以在基本不影响负荷的情况下，对所有可调节阀门进行短行程活动试验。阀门开关为当时全行程的 10%～20%，具体数值由各电厂预先提出，DEH-ⅢA 可按要求设置好。

3. 试验方法

阀门试验的目的主要是对高压主汽阀和中压主汽阀进行试验，所以一般试验是做主汽阀及其同一汽室调节汽门试验，当然也可对单只调节汽门做试验，而不做主汽阀试验。

（1）高压主汽阀试验。

1）按下“阀门试验”键，键灯亮。

2）选择一个主汽阀（如主汽阀 1，即按下“主汽阀 1”按钮）。

3）按下“关闭”键，灯亮。此时，与选中的主汽阀同一侧汽室的高压调节汽门（300MW 机组 TV1 时关高压调节汽门 5、3、1，600MW 机组 TV1 时关 GV3、GV1）相继关下，待同侧调节汽门安全关闭后，则主汽阀在迅速自动关闭。

4）按“复位”键，灯亮。则主汽阀先开启，然后调节汽门相继开启。

5）在关闭或开启过程中，如发现异常情况，可按下“试验保持”键。灯亮后，阀门保持不动。

6）必须在阀门已复位（各个阀门均恢复至试验前开度）、“阀门复位”灯灭后，才能继续做另一个阀门的试验或退出阀门试验。

7）要选做另一主汽阀可在重复 2）～6）的操作。

（2）中压主汽阀试验。与高压主汽阀试验步骤相同，在同侧中压调节汽门全关以后，DEH 会输出一开关量关中主门，按“复位”后，DEH-ⅢA 先取消开关量输出，延时 30s 再恢复中主门指令输出。

（3）单独高中压调节汽门试验。与主汽阀试验步骤相同，但调节汽门试验仅关选中的调节汽门本身。

（4）阀门松动试验。“阀门松动”试验键与“阀门试验”是互锁的，同一时刻只能按亮一个灯。

1）按下“阀门松动”键，灯亮。

2）选择阀门。

3）按“关闭”键，被选阀门的指令相应增加或减少15%。

4）按复位键，所有阀门恢复原开度。

5）按2）～4）步骤做其他阀门的松动试验。

6）按“试验结束”，退出试验。

（5）注意事项。

1）阀门试验应一侧一侧地有序进行。

2）在手动状态不允许进行全行程阀门试验，只能用“阀门增、减”键做松动试验。

3）在试验期间，如遇到控制装置切手动时，应立即终止试验，此时应把手动开关置向手动，并通过手操的“增”、“减”键来保持一定功率。

（二）超速保护试验

超速保护试验是由超速保护钥匙和“103%”、“110%”、“危急遮断”三只按钮组成。

1. 超速保护钥匙开关

该钥匙在硬操盘上分成三挡：

（1）试验。在机组升速到同步转速后，当钥匙开关置向试验挡时，DEH可进行各种超速试验。一般情况下，应拔除超速保护钥匙，放在方便、安全的地方。此时，超速保护处于投入状态。

（2）投入。当钥匙开关置向投入时，说明DEH控制装置已和各种正常的超速保护功能。当转速超过103%时，发出OPC信号关高、中压调节汽门；转速超过110%时，发出AST信号，到ETS停机。

（3）切除。当钥匙开关置向切除时，切除OPC超速保护功能，即OPC板上103%和110%超速信号（开关量输出信号）不输出。这只有在确认OPC不正常时才打到切除位置，以便维修更换OPC板。

2. “103%”试验

当超速保护开关置向试验时，且转速通道正常，110%按钮和危急遮断试验未投；按下该键，灯亮。控制器允许操作员将目标值设到3100r/min以下，当实际转速升到3090r/min时，超速保护动作。控制器即把目标值置为3000r/min，直至实际转速降至目标值为止。

3. “110%”试验

当超速保护开关置向试验时，且转速通道正常，103%按钮和危急遮断试验未投；按下110%键，灯亮。此时控制器允许目标值到3330r/min，实际转速超过3090r/min，直到3300r/min时，超速保护动作，控制器即送出AST信号，将所有阀门指令置为0。

4. “危急遮断”

当超速保护开关置向试验时，且按下“危急遮断”键，灯亮。控制器使转速不断上升。

此时103%和110%均不动作。最高转速目标值允许升到3400r/min。直到危急遮断器动作，主汽阀、调节汽门全部关闭。汽轮机脱扣，转速开始下降。打印机打下使危急遮器动作的转速。应注意的是在做此试验时，需有运行人员留守在汽轮机现场，就地观察现场转速及遮断器运作情况。

六、使用DEH操纵的几种汽轮机启动方法简介

以下的操作步骤仅仅是从DEH系统控制的角度来描述的。在实际运行控制过程中，进行每一步操作时，还必须要满足汽轮机的运行规程的规定。

（一）操作员自动，高压缸冲转方式

在汽轮机满足冲转条件，即汽压、汽温及真空等满足时，汽轮机挂闸。高压缸冲转时，旁路处于切除状态。

在挂闸前，DEH应处于“自动”状态。DEH操作盘上自动、DPU01主控、双机运行、ATC监视、单阀灯亮；旁路切除灯亮；CRT上转速、功率等参数显示正确。DEH处于正常状态。

挂闸时，应当监视CRT上阀门位置图。

在冲转前，先检查再热器压力，如果再热器有蒸汽存在，则中压调节汽门开时，汽轮机会被冲转。如果汽压高，还可能发生超速（挂闸准备冲转前，再热压力应低于0.01MPa）。

挂闸后，中压主汽阀自动开启。

设置阀限：按“阀限”，数字键上打入100，按“确认”，则阀限已设置为100，中压调节汽门马上全部开足。

按“主汽阀控制”，进行冲转。此时，目标值、给定值应为0。待高压调节汽门开足后，设置目标值。

按下“目标值”，用数字键输入目标值，即按所需数字，再按“确认”键，此时，保持灯亮。

按“进行”键，汽轮机即自动冲转。

DEH内部设定升速率为100r/min/min，运行人员应该根据汽轮机冲转状态设定升速率。即按“升速率”打入数字，再按输入。升速率最高为300r/min/min。

如果要低速暖机，运行员可将目标值设到600r/min，高速暖机可设为2040r/min。则到暖机转速时，进行灯灭，汽轮机保持在暖机转速，直到有新的目标值输入，且按下“进行”键为止。

运行员也可直接将目标转速设到2900r/min，按进行键。

升速到2900r/min时，按“高压调门控制”，键灯亮，主汽阀控制灯灭，DEH进行TV/GV的阀切换。实际转速下降约30r/min后，高压调节汽门慢慢关下，主汽阀开启，主汽阀开足后，阀切换完成。

设置目标值为3000r/min，汽轮机在高压调节汽门控制下冲转到3000r/min。

此时，可进行自动同步操作。

按下“自动同步”键，灯亮。此时，可通过同步装置向DEH发同步增或同步减的脉冲，DEH将汽轮机转速控制到同步转速，即可并网。

在并网和同步前，也可能还要进行超速试验和电气试验。

做电气试验时，DEH处无操作。但应注意，做假同期并网试验时，电气系统的并网信号绝对不能送到DEH来；否则，此时的机组实际还未并网，而有并网信号送入DEH，此时DEH由转速控制回路转到功率控制回路，控制系统按照程序将为了带初负荷而增加高压调节汽门的开度，这样就必将引起汽轮机超速，使超速保护动作。

当汽轮机同步后，即可并网、带负荷。

当汽轮发电机组并网，即油开关全上后，DEH自动使机组带上5%左右的初始负荷。

此后，运行人员可按设定的升负荷率，进行升负荷。设定升负荷率即按“升负荷率”，输入数值，再按“输入”键。最高升负荷率（DEH内设定值）为20MW/min。然后再按“目标值”，设定目标负荷，按“进行”键开始升负荷。

功率回路和调节级压力回路可按运行要求进行投入和切除。切除后即为开环运行。回路的投切并不影响实际负荷，即实际负荷不会产生扰动。但投切过程中，目标值会改变，以保持运算回路输出不变，即保持阀位不变。

（二）ATC启动方式

ATC启动条件：

（1）ATC所有测点正确（包括模拟量输入点，开关量输入点，开关量输出点）。

（2）盘车投入。

（3）ATC计算机运行24h以上。

（4）无重要传感器故障（重要传感器故障报警画面上无报警）。

（5）在操作员自动方式投操作员自动，在汽轮机挂闸后，设置阀限100，中压调节汽门全开。

按主汽阀控制。再按ATC控制按钮。ATC控制灯亮，表明DEH处于ATC启动方式。

当GV开足，满足冲转条件后，ATC自动置目标值到600r/min。进行灯亮并自动冲转升速。升速率由应力条件自动控制。

升速到570r/min以上时，进行过热检查，条件满足，则自动置目标值2040r/min。

到2040r/min时，暖机。检查暖机条件，满足后，暖机结束，自动升速到2900r/min。

到2900r/min后，检查第一级内壁温大于主蒸汽饱和温度且无振动报警，则自动进行阀切换。

阀切换结束，自动置目标值为3000r/min。

转速到3000r/min，ATC请求同步。当同期装置“自动同步允许”闭合时，进入同步操作。

并网，带初负荷，当输入负荷目标值，ATC按计算出的变负荷率控制负荷给定值趋近目标。

如果报警画面上有报警，ATC程序可能发生保持，不能继续进行。此时，运行人员应检查此条件是否可超越，如果是可按“ATC超越”键，使ATC程序继续进行；如果是较重要的信号产生报警，不能超越，应检查是不是由传感器不准等原因引起，或是参数确定已超限，此时应排除故障后才能使ATC继续进行。

（三）中压缸启动方式

在旁路投入时，DEH为中压缸启动方式。

在旁路系统正常情况下，“旁路允许投入”灯亮。按“旁路请求投入”键，灯亮。此时，旁路系统进行旁路投入操作。旁路系统投入后，“旁路请求投入”灯灭。

检查主汽压、再热汽压和主汽温、再热汽温及其他冲转条件满足汽轮机运行说明书中各项要求。

挂闸。汽轮机挂闸后，中压主汽阀全开、中压调节汽门、高压主汽阀及高压调节汽门全关。检查疏水阀开、通风阀开及高排止回阀关。

设“阀位限制”为100。即按阀位显示，输入100。

按“中压缸启动”，此时，高压调节汽门逐渐开启直至全开。主汽阀、中压调节汽门保持关闭。

冲转。设置目标值及升速率，按“进行”按钮。此时，汽轮机转速由中压调节汽门控制。

暖机。升到2040r/min，中速暖机。暖机结束，进行阀切换。

IV-TV阀切换。升速到2650r/min，按“主汽阀控制”按钮，汽机进行IV-TV阀切换。

TV-GV阀切换。升速到2900r/min，按“高压调门控制”按钮，汽机进行TV-GV阀切换。

同步，升速到3000r/min后，按“自动同步”按钮，进行同步操作，到同步转速后，等待并网。

并网带负荷。汽轮发电机组并网后，自动带初始负荷，高中压调节汽门联合控制。负荷逐渐增加，到40%负荷时，中压调节汽门全部开足。此时，高低压旁路已全部关闭，可以切除旁路，以后的操作就如同高压缸启动。

七、DEH调速系统中常见缺陷的分析与处理方法

在DEH调速系统中，经常有一些部件在运行过程中损坏而需要立即进行处理。为了保证汽轮机组的稳定和安全运行，这时就必须要对这些损坏部件及时地予以更换。以下即为几种常见的在线进行更换的部件的基本操作方法和主要的注意事项：

1. 高压抗燃油液压控制系统中的卸荷阀更换的步骤及注意事项

对于200、300MW和600MW机组来说，从理论说，卸荷阀均可在线调换。以上海新华控制工程公司的高压抗燃油液压控制系统为例，其各类不同的油动机，共使用三种不同形式的卸荷阀，即DB-20先导溢流阀、电磁换向卸荷阀和DUMP阀。其故障的现象：一般都是伺服阀加上信号后油动机打不开阀门，或阀门开不到应有的开度。此时VCC卡“S”值很大。主要更换步骤如下：

（1）通过DEH把该油动机指令信号为零。

（2）把该油动机的截止阀拧紧（注意：一定要拧紧）。

（3）检查确认油动机及阀门已关到底。

（4）松开安装固定卸荷阀的螺钉，观察余油应该逐渐变小（注意：如果余油一直较大或无变小的趋向，应拧紧安装螺钉，说明截止阀或止回阀有泄漏，应考虑停泵后再检修）。

（5）更换卸荷阀（DB-20和电磁换向卸荷阀）并拧紧安装螺钉（注意：检查底面O形圈是否缺少）。

（6）对于DUMP阀来说，由于是组合式，所以如要更换时需与集成块一起更换。此时可先对DUMP阀的阀口、阀杆和节流孔等三处进行清洗。如果清洗还不能解决问题，则最好是停机后再检修。因为此时检修则变为中调阀单边进汽，并且换集成块等时间较长，对汽轮机运行不利。

（7）打开截止阀，检查有否漏油。如正常，即可通知DEH给油动机指令，油动机应能正常工作。

2. 更换DEH单侧进油油动机上伺服阀的步骤及注意事项

（1）由DEH控制装置操作，使需更换伺服阀的油动机指令信号为0。此时油动机可能关闭，也可能不会关闭。

（2）拔下伺服阀的信号插头。

（3）关闭油动机上的截止阀。

注意：截止阀一定要关紧。

（4）此时应该在弹簧作用下，缓慢地关阀门。

注意：如果在10min之内阀门没有动，可以打开卸荷阀来手动卸荷，或给卸荷的电磁阀通电使其动作。如果阀门还没有动，说明油动机活塞杆、阀门杆和操纵座组成的轴系有问题，可能已经卡死，不是伺服阀的问题。

（5）阀门关到底后，拧松伺服阀的安装螺钉，观察余油应该逐渐变小。

注意：如果余油一直较大或无变小的趋向，应拧紧安装螺钉。这说明截止阀或止回阀有泄漏，应考虑停机停泵后再检修伺服阀、止回阀或截止阀。

（6）换上新的伺服阀并拧紧安装固定螺钉。

注意：检查底面O形圈是否有缺少，弹簧垫圈有无遗失。

（7）缓慢拧松截止阀，插上伺服阀插头并拧紧，通过DEH给伺服阀信号，阀门应能打开并控制自如，即可油动机恢复正常工作。

3. MEH双侧进油的油动机上的伺服阀更换步骤及注意事项

双侧进油油动机（如MEH）如果伺服阀要更换，需停机换阀。其步骤及注意事项如下：

（1）通知MEH，解除给伺服阀信号。

（2）在蓄能器组件上，分别把三个截止阀拧紧，放开高压蓄能器的回油角式截止阀，把蓄能器内高压油全放掉。此时调节阀门不一定在关闭状态。

注意：关截止阀顺序应依次为高压来油、有压回油和无压回油。

（3）拔下伺服阀的信号插头。

（4）拧松伺服阀的安装螺钉，观察余油应该逐渐变小。

注意：如果余油较大或是无变小趋势，应拧紧安装螺钉，说明截止阀或止回阀有泄漏，应考虑停泵后再检修伺服阀、止回阀或截止阀。

（5）然后换上新的伺服阀并拧紧安装固定螺钉。

注意：检查底面O形圈是否缺少，弹簧垫圈是否遗失。

（6）拧上伺服阀插头。

（7）把高压蓄能器回油角式截止阀拧紧，分别按序拧松高压来油、有压回油和无压回油的截止阀。

注意：拧开高压来油截止阀时，要缓慢开。检查伺服阀有否漏油。

（8）通知MEH给伺服阀通电。检查伺服阀工作是否正常。

4. 对油动机上的位移传感器进行调换的注意事项

由于位移传感器一般都有两根，所以发现有一根坏时，可把坏的一根的连接线拆掉，待停机再检修或更换。如果两个都坏了，则必须马上在线更换。对一般油动机，可按如下步骤操作：

（1）通过 DEH 使该油动机的阀位指令为零。

（2）把该油动机的截止阀拧紧，阀门随之关闭。

（3）把位移传感器的连接线拆掉，松开固定传感器的螺钉和拉杆上的螺母换上新的传感器并重新固定，接妥连接线。

注意：固定螺钉一定要拧紧。

（4）连接拉杆，并调整拉杆上的刻度与传感器端面对齐，这就作为其初始零位。

（5）把截止阀打开，给伺服阀一个信号，使阀门全开，调整 DEH 装置中热工 VCC 卡的初始值和最大值。

注意：在此过程中，应根据具体实际情况考虑是否投功率回路。

（6）VCC 卡调整好后，即可闭环，检查阀位有无抖动。如有抖动，则需拔出 VCC 卡，用接长板在 VCC 卡中调振荡器频率。

（7）对主汽阀、中压主汽阀或 300MW 机组的中压调节汽门，因平时这些门均为全开。更换时，应保持阀门（油动机）在全开位置。

（8）将新更换的位移传感器的套筒固定，用手拉动位移传感器，根据原先油动机全开、全关位置，在 VCC 卡中粗调位移传感器的零位和最大值至满足指示要求。调整完毕后，将位移传感器拉杆固定好，即可将位移传感器投入闭环运行了。

5. 在线更换液压控制系统中的主油泵的步骤及注意事项

在线更换的步骤如下：

（1）开启备份油泵，投入正常运行，停止事故油泵运行，运行人员把油泵连锁开关处于“切除”状态。

注意：事故油泵停运后，系统事故现象是否消失。如果不消失的话，说明不是油泵的问题，要寻找其他原因。

（2）去除事故油泵的电源。

（3）关闭事故油泵的吸油管道上的柱塞阀，与油箱隔离。关油箱顶上集成块上事故油泵一路的出口截止阀，与高压系统隔离。

注意：此柱塞阀和截止阀绝对不能关错，否则将造成运行油泵的损坏而停机。同时旁边一台泵正在运行，所以要注意人身安全。

（4）拧松泄油管进油箱处的管接头，防止油箱虹吸倒流，拧松事故油泵的吸油、出油和泄油管接头。

（5）拧松联轴器与油泵轴上的止动螺钉。

（6）松开固定油泵的螺钉，取出事故油泵。

（7）换上新油泵，拧紧固定螺钉和止动螺钉。在泄油口处灌进干净的抗燃油。

（8）连接所有的管接头，打开柱塞阀和集成块上的截止阀。

（9）用手应能盘动联轴器，启动前盘动联轴器 5min 左右，让泵内充满抗燃油。通知运行送电准备启动油泵。

（10）把调整压力调整到规定要求值。

注意：如果发现新泵系统压力已超过额定工作压力时，要迅速把它调低到额定工作压力。

（11）正常后，运行人员把泵连锁开关转至“连锁”状态。

6. 更换高压抗燃油液压控制系统中的高压蓄能器的步骤及注意事项

一般来说，供油装置的液位计上液位高度比正常时要低2cm以上时，就要考虑蓄能器漏气的问题。在排除系统上有外漏的情况下，要确定哪一个蓄能器漏气，就必须用专用测试工具测试。

注意：蓄能器更换前，必须用专用测压工具重新测一次，如确实无压力，则可以拧下充气阀，再次确定囊中已无气压，然后即可更换蓄能器。

更换时的基本步骤如下：

（1）把进入蓄能器进油的截止阀（或球阀）关死，打开旁路截止阀把蓄能器中余压余油放净，然后再把旁路截止阀关死。

（2）松开螺帽，把蓄能器从支架上移到平地上，平卧在地上。

（3）松开装在蓄能器上的不锈钢接头。

（4）拧下螺堵（有些蓄能器已取消），拧松并取下。并紧螺帽A和B，轻轻敲动衬套环并取下。

（5）把菌形阀推进壳体内，取下O形圈、挡圈和支承环，取出胶托和菌形阀，拉出胶囊。

（6）用酒精清洗新胶囊外表面。

注意：禁止使用汽油或所有含氯清洗剂。

（7）把胶囊装入壳体内，注意检查充气阀座上有无O形圈（m），将充气阀座从壳体小口拉出，并用并紧螺帽A固定。

（8）装入菌形阀、胶托和支承环。

注意支承环应装在胶托相应的位置。

（9）把菌形阀拉出，胶托、支承环刚好封死壳体大口。在支承环与衬套环间的接缝内装入O形圈（N）和挡圈，装上衬套环。分别装上并紧螺帽B，在充气阀座上装上充气阀。

（10）装上螺堵（注意紫铜垫片清洁度、平直度）。

（11）充氮气。开始时要缓慢地充，注意菌形阀应缓慢向外移动，检查有否漏点。按规定压力充气。

（12）装上不锈钢接头，把蓄能器安装到支架上，再把螺帽与接头拧紧。

（13）关死旁路截止阀，缓慢打开进油截止阀，当听到有嘶嘶进油声就停止，让高压油慢慢地进入蓄能器。

7. 油动机油缸的更换步骤及注意事项

油缸的更换一般不可在线进行，尤其是大油缸，例如300MW的中压调节汽门和600MW机组的高、中压调节汽门等，其原来装拆就很烦琐，在线更换时阀门的温度很高，使在线更换更困难。一般在200MW机组中，油缸较小，并且一般都是有四个调节汽门，关一个调节汽门对负荷影响较小，相对说在线更换条件好一点。

其更换步骤及注意事项如下：

（1）由DEH将故障油动机伺服阀信号指零。

（2）拔下伺服阀插头，关紧该伺服机构的进油截止阀。

注意：必须关紧。10min后用手感觉一下与伺服机构相连的两根油管与未关闭前应有明显的降温。

（3）根据现场情况做一个托架，托住集成块，以防拆油动机时损伤与油动机集成块相联的油管，再准备一个接油盘。

（4）拆除位移传感器及其连线，拆下油动机箱盖。再装上接油盘，松开伺服阀的固定螺钉，可先取下对角的2个固定螺钉，然后慢慢松开另2个螺钉，直至有油从伺服阀下面流出，停止松动螺栓，观察油流出的情况。

注意：当油流逐渐减少，说明进油截止阀关紧及各止回阀工作状况良好，可继续进行下一步工作，更换油动机。若油流没有减少趋势，说明进油截止阀或止回阀有泄漏，不能在线更换油动机及集成块上的各液压元件，赶紧拧紧伺服阀的固定螺钉，争取停机更换。拧紧时，注意伺服阀底面密封件装好。

（5）卸下油缸活塞杆与操纵座滑块的连接螺母，拆下油缸与集成块的4个连接螺钉。

（6）拆下油缸与操纵座的4个固定螺钉，卸下故障油动机，换上新油动机。

注意：检查油缸两端盖油孔O形圈是否装好，不可漏装。

（7）按拆下的相反步骤复原所有零部件。

（8）插上伺服阀插头，逐步打开进油截止阀。

注意：检查安装面的渗漏情况。

（9）若情况良好，可通过DEH控制让该调节汽门投入工作。

若是下列部件在运行中出现了故障，就必须停机、停供油泵后进行检修，不能在线更换了：

（1）止回阀（安全油止回阀和回油止回阀）；

（2）截止阀；

（3）AST电磁阀、OPC电磁阀；

（4）隔膜阀；

（5）空气引导阀等。

第二节　汽轮机的保安系统

一、OPC电磁阀超速保护

为防止汽轮机在运行中因部分设备工作失常可能导致机组发生重大损伤事故，在机组上装有危急遮断系统。在异常情况下，使汽轮机紧急停机，以保护汽轮机安全。危急遮断系统监视汽机的某些运行参数，当这些参数超过其运行限制值时，该系统就关闭全部蒸汽阀门。

被监视的参数有汽轮机超速、推力轴承磨损、润滑油压过低、冷凝器低真空、抗燃油压力低、轴承振动大等。

（一）AST-OPC电磁阀主件

OPC就是超速保护控制，它装在本机组前轴承座侧边。它对高压调节汽门与中压调节汽门保护控制，在汽轮机运行下列情况之一，OPC保护动作：

（1）汽轮机转速超过103%额定转速，即3090r/min时；

（2）汽轮机负荷大于30%额定负荷，发生发电机主开关跳闸时。

由两只并联布置的超速保护电磁阀（20/OPC-1、2）及两个止回阀和四个并联布置的自动停机危急遮断保护电磁阀（20/AST-1、2、3、4）和一个控制块构成超速保护—自动停机危急遮断电磁阀组件，这个组件布置在高压抗燃油中。它们是由DEH控制器的OPC部分和AST部分所控制。正常运行时两个OPC电磁阀时失电常闭的，封闭了OPC母管的泄油通道，使高压调节汽门执行机构活塞杆的下腔建立起油压，当转速超过103%额定转速时，OPC动作信号输出，这两个电磁阀就被励磁打开，使OPC母管油液经无压回油管路排至EH油箱。这样相应的调节汽门执行机构上的插装阀就快速开启，使各高压调节汽门迅速关闭。

四个串并联布置的AST电磁阀由ETS系统所控制正常运行时，这四个并联布置的AST电磁阀是得电关闭的，封闭了AST母管的泄油通道，使主汽阀执行机构和调节汽门执行机构活塞杆的下腔建立起油压，当机组发生危急情况时，AST信号输出，这四个电磁阀就失电打开，使AST母管油液经无压回油母管排至EH油箱。这样主汽阀执行机构和调节汽门执行机构上的插装阀就快速打开，使各主汽阀快速关闭。

四个AST电磁阀布置成串并联方式，其目的是为了保证汽轮机运行的安全性及可靠性。AST/1和AST/3、AST/2和AST/4每组并联连接，这样在汽轮机危急遮断时每组中只要有一个电磁阀动作，就可以将AST母管中的压力油泄去，进而保证汽轮机的安全。在复位时，两组电磁阀组的电磁阀，只要有一组关闭，就可以使AST母管中建立起油压，使汽轮机具备启机条件。

AST油和OPC油是通过AST电磁阀组件上的两个止回阀隔开的，这两个止回阀被设计成：当OPC电磁阀动作时，AST母管油压不受影响；两个AST电磁阀动作时，OPC母管油压也失去。

（二）薄膜阀

薄膜阀如图3-1所示。

薄膜阀连接着低压透平油系统和高压抗燃油系统，其作用在于当汽轮机发生转速飞升使危急遮断装置动作或危急遮断装置发出停机信号时，通过危急遮断器滑阀使机械超速，手动停机母管泄油，当该油油压降至一定值时，薄膜阀打开，使AST油母管泄油，这样即通过EH油系统关闭高、中压自动关闭和高、中压调节汽门执行机构。强迫汽轮机停机，以保证汽轮机组的安全。

当机组正常运行时，低压透平油系统中的保安油通入薄膜阀的上腔，克服弹簧力，使阀保持在关位置，堵住AST母管的排油通道，使高、中压主汽阀和高、中压调节汽门执行机构投入工作。机械超速机构——危急遮断器或手动遮断滑阀（保安操纵箱中）的单独动作或同时动作，均能使透平油系统中的保安油油压下降或消失，因而使压缩弹簧打开薄膜阀，将AST油通过无压力回油母管排至EH油箱，将所有的阀门关闭。

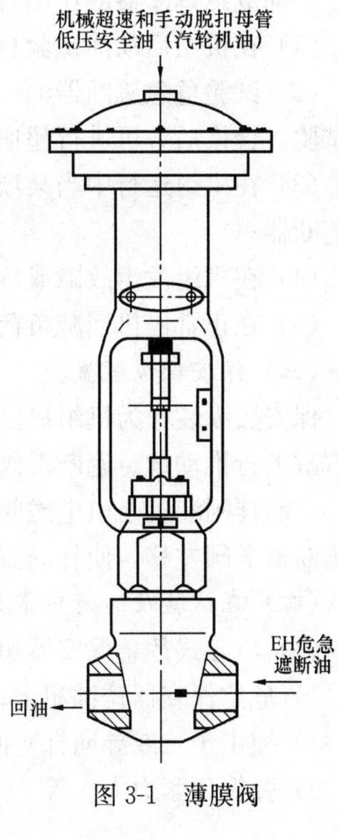

图3-1　薄膜阀

二、危急遮断器等机械超速保护装置

（一）机械超速及手动停机装置

机械超速及手动停机装置包含有危急遮断器、危急遮断器滑阀以及保安操纵装置。其作用是在下列情况下迅速切断汽轮机的进汽，停止汽轮机的运行并发出报警信号：

（1）汽轮机工作转速达到额定转速的110%～112%时危急遮断器动作，关闭高压主汽阀和高、中压调节汽门。

（2）手动跳闸手柄动作时，关闭高、中压主汽阀和高、中压调节汽门。

（二）危急遮断器、滑阀

危急遮断器设有一套飞锤式撞击子，控制危急遮断器滑阀，只要危急遮断器动作就能迅速关闭主汽阀和调节汽门。汽轮机正常运行时，危急遮断器滑阀的杯阀将自动停机油路的压力油封住，将滑阀顶到左止点位置时。当汽轮机工作转速达额定转速的109%～110%时，撞击子的离心力克服了弹簧的约束力，撞击子便飞出打击在危急遮断器滑阀的碰钩上，使危急遮断器滑阀向右移动，于是自动停机油路的保安油与排油相通，致使薄膜阀迅速打开。改变撞击子的弹簧力，可改变撞击子的动作转速。

危急遮断滑阀是危急遮断系统中的控制和试验装置。它安装在前轴承箱内。它包含有一个遮断滑阀、一个试验隔离滑阀、一个手动遮断杠杆和一个试验杠杆。

利用试验隔离滑阀可将该滑阀从压力母管中隔离出来，喷油试验时手动打开喷油试验截止阀压力油经喷嘴进入危急遮断器飞锤下腔，此时飞锤将克服其弹簧的预紧力飞出。

危急遮断器大修后，开机时必须进行超速试验，动作转速应为额定转速的108%～110%，如不符合要求时就要进行调整。如动作转速偏高就要松调整螺母，如动作转速偏低就要紧调整螺母。调整螺母的角度要视动作转速与额定调整定值之间的差值，按照机组生产厂家给定的调整量与转速变化的关系曲线来确定。调整后超速试验应进行两次，实际动作转速与定值之差不得超过0.5%。

手动危急遮断器的作用有以下方面：

（1）在机组启动前试验自动主汽阀、调速汽门；

（2）试验危急遮断器油门动作是否灵活、迅速，在做超速试验前必须先作手打危急遮断器试验，合格后方可进行超速试验；

（3）在机组运行中当某项参数或指标超出规程要求而必须紧急停机时，可以使用手动危急遮断器；

（4）在机组发生故障或危及设备即人身安全时可以使用手动危急遮断器；

（5）在正常停机当减负荷到零，发电机解列后，手打危急遮断器停机。

（三）保安操纵装置

保安操纵装置为机组提供了远方挂闸电磁阀和挂闸汽缸，当它接受到DEH的挂闸信号时汽缸上行推动危急遮断滑阀的连杆时危急遮断滑阀复位。

启动挂闸装置是由电磁阀20/RS及复位气缸组成的。汽轮机启动时，必须使落下的危急遮断器滑阀左移，使杯阀紧贴其左端的研磨面，从而建立起保安油。

（四）在试验及运行中常见的几个问题的产生原因

（1）离心式危急保安器超速试验不正常的主要原因可能有以下几点：

1）危急保安器锈蚀犯卡；

2）撞击子（或导向杆）间隙太大，撞击子（或导向杆）偏斜；

3）弹簧预紧力太大等。

（2）超速保护装置常见的缺陷有以下几方面：

1）危急遮断器动作转速不符合要求。

2）危急遮断器不动作。

3）危急遮断器动作后而传动装置及危急遮断油门不动作。

4）危急遮断器误动作。

5）危急遮断器充油试验不动作。

6）危急遮断器动作后不复位或保护装置挂不上闸等。

（3）危急遮断器产生误动作的主要原因有：

1）前轴承箱振动太大；

2）安装危急保安器的轴晃动度较大；

3）飞锤（飞环）的弹簧压紧螺帽自动松开；

4）遮断器弹簧失去弹性、弹簧损坏或者弹簧锈蚀使弹性降低；

5）杠杆搭扣深度不够或啮合角度不对，挂闸后容易脱落等。

三、自动主汽阀及配汽机构

自动主汽阀的作用是当机组发生事故时，快速切断汽轮机的新蒸汽供给、强迫停机，以保证设备不受到损坏。它由下部的主汽阀和上部的自动操纵座组成。操纵座主要由油动机活塞、操纵滑阀和活动小滑阀以及弹簧组成。主汽阀由阀壳、阀座、主汽阀阀碟、预启阀等部件组成。

通常，在汽轮机上设有左右对称的高压自动主汽阀，且分别与高压调节汽门的进汽室直接焊接相连。它是由阀体机构和操纵座两大部分组成的，阀体机构则包括有阀壳体、阀碟、预启阀、阀杆、滤网和汽封装置等。

新蒸汽是依次经过电动主汽阀、高压自动主汽阀滤网、再经过高压自动主汽阀进入高压调节汽门的。由于自动主汽阀的阀碟较大，加上新蒸汽的压力很高，因而其阀碟在关闭状态时的前后压差很大、开启时需要极大的动力，亦即需要功率强大的油动机与之匹配，这在结构上存在很大的困难。因此一般在自动主汽阀的阀碟内均配置有预启阀，当需要开启主汽阀时先将预启阀打开，在平衡了主汽阀阀碟前后的压差后再开启主汽阀门。

高压自动主汽阀的门盖为自密封结构，其弹性密封环具有两个斜面，当阀壳体内的蒸汽压力越高则弹性密封环压得越紧、密封效果越好、越不易漏汽。

为了防止阀杆漏汽，在阀杆周围套装着汽封齿状的阻汽圈，且在阻汽圈旁还设有两个疏导漏入的高压蒸汽的腔室，其中靠近高压侧的一个导汽室是将漏出的高压蒸汽接收到除氧器、高压加热器等进行回收，另一个导汽室则放在靠近大气侧来吸收低压的漏汽送入轴封加热器等进行回收，这样高温蒸汽就不会漏向操纵座了；再加上阀杆连接器上装设的挡热片的阻挡作用，即可保证汽侧的辐射热量和泄漏出来的蒸汽不会直接冲向或漏入油动机。

操纵座部分主要由错油门（对于DEH电调机组则为其油动机调节阀块）和油动机组成，当汽轮机建立起安全油压、发出“挂闸”信号并继续升高启动阀后的油压时，油动机下部有了足够的力量即可克服弹簧的推力而依次将主汽阀的预启阀、阀碟顶开，直至主汽阀到全开位置；若一旦发生事故造成安全油压消失（或DEH电调机组接收到了“打闸”、停机信号），油动机下部的油就会迅速泄走、依靠弹簧的力量立即将主汽阀关闭（关闭时间为0.1～0.3s），从而达到防止汽轮机超速、保护汽轮机的目的。

自动主汽阀在汽轮机保护装置动作后，应动作迅速、关闭严密，从保护动作到自动主汽阀全关时间应不大于0.5～0.8s，对大功率的机组应不大于0.6s。此外，在调速汽门全开的条件下，自动主汽阀全关后，机组转速应能降到规定的转速值以下。

自动主汽阀在下列情况下自动关闭：

(1) 汽轮机的所有保护系统中的任何一项动作；

(2) 手动危急保安器动作；

(3) 电气油开关跳闸，差动保护动作。

四、旁路系统及设备

汽轮机旁路系统是现代单元机组热力系统的一个重要组成部分，它是机组在启动、停机和负荷变动时的一种调节和保护手段，当锅炉产生的蒸汽量大于汽轮机需要的蒸汽量时，多余部分可以不进汽轮机而经过旁路减温减压后直接引入凝汽器，此外，旁路还承担着将锅炉的主蒸汽经减温减压后引入再热器的任务，以保护再热器的安全。采用了旁路系统能使锅炉和汽轮机在启动、停机和负荷突然变动的过渡工况时，能在一定程度上相互独立，使机组具有一定的运行灵活性。

当机组冷态启动时，在汽轮机冲转、升速或开始带负荷时锅炉产生的蒸汽量要比汽轮机需要的蒸汽量大，此时旁路系统可作为启动排汽用，这样锅炉可以独立地建立与汽轮机相适应的汽温和汽压，保证两者良好的匹配启动，从而缩短了机组的启动时间，也延长了汽轮机的使用寿命，与向空排汽相比，既回收了工质，又清除噪声污染。在机组迅速降负荷时，要求汽轮机迅速关小主汽阀，而同时锅炉由于受其运行特性的限制只能相应地缓慢降负荷，即出现锅炉跟不上要求，此时旁路系统起着减压阀的作用。这种情况下，旁路系统的存在使锅炉能独立于汽轮机而继续运行，降负荷的速度越大，越能显示出其优越性。对于甩负荷的情况，旁路系统能使锅炉保持在允许的蒸汽量下运行，把多余的蒸汽引至凝汽器，让运行人员有时间去判断甩负荷的原因，并决定锅炉的负荷是否继续保持下去，以便汽轮发电机很快重新并网。

对汽轮机组旁路系统及控制装置的具体要求有：

1) 根据机组冷、温、热态、极热态不同启动工况要求，以定—滑—定方式自动或手动控制主蒸汽压力和再热蒸汽压力。

2) 配合汽轮机实现了高中压缸联合启动和中压缸启动方式。

3) 汽轮机故障停机，旁路系统配合锅炉在最低稳定负荷下继续运行，即停机不停炉。

4) 机组负荷变化时，旁路系统具有调节功能，协调锅炉蒸发量和汽轮机耗汽量之间的不平衡，排放汽轮机不需要的蒸汽，以稳定锅炉运行。

5) 自动或手动控制高、低压旁路的出口温度。

6) 高压旁路在汽轮机事故跳闸时和启动工况汽轮机冲转前，向锅炉再热器提供参数合适，流量足够的蒸汽以保护再热器。

7) 旁路控制装置应能和DEH（数字电调）配合工作，也能脱离DEH单独工作。

（一）旁路系统的形式

旁路系统的布置形式有如下几种：

(1) Ⅰ级旁路。即新蒸汽绕过汽轮机高压缸，经降压减温后直接进入再热器的管路，又称高压旁路。

(2) Ⅱ级旁路。即再热器出来的蒸汽绕过汽轮机中低压缸，经降压减温后直接引入凝汽器的管路，又称低压旁路。

(3) Ⅲ级旁路。即新蒸汽绕过整个汽轮机，经降压减温后直接进入凝汽器的管路，又称大旁路式整机旁路。

由上面三种旁路形式可组合成不同的旁路系统。

旁路系统的控制操作机构，有电动、液动、气动或电—液联合操作等不同类型。

液动、气动执行机构的特点：执行机构的力矩大，动作时间快（3～5s），调节器的可靠性高。但需要液动、气动设备，如专用空气压缩机。高精密滤气器、油箱、油泵等，系统复杂，投资费用高，维护工作量大，布置在高温蒸汽管道附近时，还要有防火设施。电动执行机构的力矩小，动作时间慢（40s）；但综合信号方便，能灵活地组合各种调节系统，设备投资少，工作可靠性高，维修较简单。我国再热式机组旁路系统，多采用电动执行机构；引进法国600MW机组的三用阀旁路系统为液动执行机构，有慢速、快速两种动作时间；引进的德国西门子两级串联旁路系统为电动执行机构，配有双电动机，也是两种动作时间。

（二）旁路系统的构成

以国内某电厂采用的高、低压两级串联，高、低压旁路单阀，容量为35%的旁路系统为例来介绍一下。

在旁路系统中，高压蒸汽转换阀（也称高旁减压阀）对主蒸汽进行减压，并在阀腔内喷水降温，使之达到再热器的入口参数，进入再热器，高压喷水调节阀是根据蒸汽温度来控制减温水量，从而起到温度控制的作用，减温水隔离阀是在旁路系统停用时起隔绝给水压力的作用，必要时它也可以参与减温水压力调节。低压旁路各设备，装置的作用和原理与高压旁路基本相同，所不同的是低压旁路蒸汽转换阀的冷却水从阀门口处喷出，低压喷水调节阀前没有隔离阀。高压旁路采用L型，低压旁路采用Z型。

为了保护空冷系统，在凝汽器内设置了三级减温减压喷水装置。高压冷水来自给水泵出口，低压冷却水来自凝结水泵出口。

1. 系统基本参数

旁路系统出力：高压旁路418t/h，低压旁路479.5t/h。

低旁出口：蒸汽压力0.6MPa，蒸汽温度160℃。

2. 减温水参数

高压减温水用给水，高压给水额定工况下工作压力22.2MPa，工作温度177.7℃，高压给水设计压力27.5MPa，设计温度200℃。

低旁减温水用凝结水，凝结水工作压力3.4MPa，工作温度54.4℃，设计压力4.0MPa，设计温度75℃

三级减温减压器减温水用凝结水，调阀前凝结水工作压力3.4MPa，工作温度54.4℃；调节阀后凝结水工作压力0.86MPa，工作温度54.4℃，减温水量50t/h。

（三）高压旁路站的控制

高压旁路站的控制内容有

(1) 压力给定值的程序设定。旁路控制的主蒸汽压力给定值可通过根据锅炉、汽轮机运行方式的要求而编制的程序进行自动设定。压力给定值的程序设定根据机炉运行方式可分为滑压方式和定压方式，另外，压力给定值也可必要时手动设置。

（2）压力调节。实际压力在主蒸汽管道上的适当位置由两变送器测得，经大值选择器送出大值，然后送与压力给定值进行比较，差值送入调节器，调节器输出经逻辑部件和动力部件控制蒸汽转换阀（减压阀）的慢速电动机，减压阀的位置由位置变送器测得，并由操作面板上的位置指示表进行指示，压力调节也可手动进行。手动方式通过操作面板上的按钮进行选择，减压阀位置可由按钮直接进行控制。

（3）温度调节。高压旁路出口减压减温后的蒸汽温度在适当位置由变送器测得，与在操作面板上手动设置的温度给定值进行比较后，差值送入温度调节器，输出值经动力单元对喷水阀的电动机进行控制。电动机正反转可以改变流经喷水阀的冷却水量，因此达到稳定高压旁路出口温度的目的，阀位变送器，控制按钮和阀位指示表的作用均与压力调节的原理相同，当减压阀关闭时，喷水阀也要关闭。

（4）快速动作。为避免机组减负荷或发生事故超压，设有减压阀和喷水阀的快速开启回路，两阀门快速开启的条件是：

1）发电机有功功率信号由微分器进行微分，一旦负梯度超过限值监视器的设定值，高压旁路减压阀和喷水阀将快速开启。

2）压力调节器入口压力的正偏差信号超过限值监视器的设定值时，控制信号亦送至快速开启回路。

3）用户可通过备用接点送入高压旁路快开的接点信号，要求该信号的持续时间大于5s且小于10s。

（四）低压旁路站的控制

与高压旁路略有不同的是低压蒸汽转换阀（低压旁路减压阀）有快开也有快关，喷水阀只有快开。

（1）压力调节。再热器出口压力在适当位置由变送器测得，并与大值选择器的输出进行比较。大值选择器输出是低压旁路压力的给定信号，它主要由汽轮机调节级的压力决定，压力给定曲线应设置得使机组正常运行时，给定值高出低压旁路入口压力实际值。以保持低压旁路处于关闭状态。如果压力实际值与给定值的偏差过大，则通过限值监视器和动力单元启动快速电动机，使减压阀快速开启，同时，喷水阀亦快速打开，低压旁路压力调节的手动和自动方式选择同高压旁路。

（2）喷水调节。喷水调节器的参考值根据减压阀的位置以再热蒸汽的压力和温度决定。该参数由计算回路进行处理后，得出喷水阀位的给定值，对计算回路内部参数进行适当整定，便可得减压与喷水两阀位之间的合理关系。

（3）凝汽器保护。低压旁路装置具有排汽装置保护的功能。当机组在启动或运行中有下列情况之一发生时，低压旁路应能在10s内自动快速关闭。

1）空冷凝汽器真空下降到设定值；

2）排汽装置温度太高，高于设定值；

3）低压旁路出口压力或温度高于设定值；

4）低压旁路减温水的压力低于设定值；

5）锅炉MFT动作。

（4）蒸汽流量进行限制。为避免再热器出口压力过高，因而使过量蒸汽通过低压旁路减压阀，有必要在此情况下对该阀的最大允许开度加以限制。一旦再热汽压力超过可调的预定值后，低压旁路减压阀的最大允许开度将根据该压力均匀减小。

（五）旁路控制的主要功能

（1）保护功能。当发电机瞬间甩负荷超过30%，汽轮机跳闸，主蒸汽压超过某一定值，投自动且偏差大于设定值和手动快开情况时，高旁减压阀和喷水阀将快速开启；当再热汽压力高于某一定值和投自动偏差大于某一设定值时低压旁路减压阀和喷水阀将快速开启，当凝汽器真空过低，水位过高和低压旁路出口温度超限时低压旁路减压阀将快速关闭。

（2）主要连锁功能。包括高压旁路喷水隔离阀与高压旁路减压阀同步打开或关闭；三级喷水阀与低压旁路减压阀同步打开或关闭，高压旁路减压阀与高旁喷水阀连锁，低压旁路减压阀与低旁喷水阀连锁，当高压旁路减压阀快开时，高压旁路喷水阀和隔离阀应同时快开，并自动闭锁喷水阀常用回路，当高压旁路减压阀关闭后，应自动关闭喷水阀与隔离阀，当低压旁路减压阀快开时，其喷水阀应稍超前于蒸汽开启，当低压旁路减压阀关闭时，低压旁路喷水阀不需随动。

（3）旁路控制与DEH的接口功能，为了旁路与DEH的协调控制，旁路与DEH可通过接口互递信号。旁路控制装置向DEH输送的信号有：高压旁路全关、低压旁路全关、高压旁路自动状态和低压旁路自动状态。旁路控制装置向DEH接收的信号有：冷态启动、温态启动、热态启动、极热态启动、中压缸启动和阀切换。

（六）电动执行机构

该机组高、低压旁路系统的蒸汽转换阀和喷水调节阀配备的均是电动执行器，每个执行器有两种速度：快速用于保护动作，全程时间约为4s，慢速用于正常调节，全行程约为35s，蒸汽转换阀的快速和慢速分别用两台电动机驱动，并可同时通电，因而全行程时间比仅快速电动机动作时间更短，喷水调节阀的快速和慢速使用的是一台变换极对数的三相异步双速电动机，对应双速的两绕组不能同时通电。

双电动机与双速电动执行机构由电动改为手动时，需将手柄拔至手动位置，而手动改为电动操作时，只需启动电动机，切换机构便自动复位，实现电动控制，该两种装置都可通过中间传动机构和信号控制机构来实现转矩控制阀门开和关，行程控制阀门开和关以及阀门开度定位和指示等功能，一般阀门全开的位置不要求很准确，用行程开关切除电动机，阀门关闭时，要求关严，用力矩开关切除电动机。

（七）旁路装置应具有的联动保护手段

（1）旁路喷水调节阀打不开，旁路阀应关闭。

（2）高压旁路喷水阀不能超前旁路阀开启，而应稍滞后开启。

（3）当高压旁路阀关闭时，其喷水调节阀则应同时或超前关闭。

（4）当高压旁路出口温度超过保护值时，应关闭高压旁路。

（5）低压旁路打开时，其喷水阀应稍超前开启。

（6）当低压旁路阀快速关闭时，高压旁路不需随动，但可手动（遥控）快速关闭。

（7）当高压旁路阀关闭时，低压旁路阀联动关闭。

（8）锅炉MFT动作时关高、低压旁路。

（八）自控系统应可靠地保证旁路阀门动作

（1）高压旁路阀的开度在90%以下时：

1）主蒸汽压力上升时，阀门则应随之逐渐开启。

2）主蒸汽压力下降时，阀门则应随之逐渐关闭。

（2）高压旁路阀的开度在90%以上时：

1）主蒸汽压力上升时，阀门则应几乎不动。

2）主蒸汽压力下降时，阀门则随之向关闭方向动作，直到压力达到设定值为止。

（3）主蒸汽流量在旁路装置设计容量以下时，新蒸汽压力下降，旁路阀则应几乎不动。

（4）主蒸汽流量在旁路装置设计容量以上时，新蒸汽压力下降，旁路阀则应随之向关闭方向动作。

（5）当主蒸汽压力稳定较长时间，阀门将向关闭方向动作，直到关完为止。

（九）高、低压旁路系统一些常见故障的原因

高、低压旁路系统常见故障有以下几方面。

（1）油系统供油压力偏低，其主要原因有：

1）泵出口安全阀调整不当或工作失常；

2）油系统外部管路或个别装置有严重漏油；

3）油箱内部油管路泄漏。

（2）阀门执行机构拒动或动作太慢，其主要原因有：

1）入口滤油器滤芯脏污堵塞，影响正常供油；

2）伺服阀滤芯脏污，堵塞；

3）伺服阀电磁阀失常拒动；

4）伺服阀小滑阀上两侧和中间的油孔堵塞，不畅通。

（3）安全控制系统动作太慢。安全控制系统作为快开或快关装置使用时，如动作太慢，应考虑以下几个方面的原因：

1）止回阀卡涩造成油路不畅；

2）油系统较脏，使油路受堵；

3）蓄能器内氮气压力偏低，供油压力下降，速度减慢，闭锁装置失灵。

由上可见，阀门驱动装置动作慢、拒动的根本原因是油系统脏污，因此保证整个油系统的清洁是十分重要的。

（4）闭锁装置失灵的主要原因可能电磁阀失灵或弹簧工作失常。

第三节 汽轮机组运行中的试验

在汽轮机运行时，常要对一些保护装置和重要监视设备进行定期试验，以便及时发现这些设备可能存在的问题，并及时进行处理，保证这些设备在运行中经常处于准确可靠的状态。

机组带负荷运行时的定期试验，应按定期维护试验制度的有关规定进行、该制度应对试验项目、周期、发令人、试验人、监护人，试验条件和注意事项等作出详细而明确的规定，值班人员要认真贯彻执行，并确保试验操作的安全。

定期试验周期一般分班、天、星期、月、季几种。每班进行试验的项目如各种报警信号的试验，油箱油位计活动试验等。每天进行的试验如《电力工业管理法规》规定的主汽阀门杆活动试验，《电力工业管理法规》还规定，经常带固定负荷的机组应每天（周）对负荷做

较大范围的变动，有两个主汽阀的机组，则需每周作关闭试验一次。每月进行一次的定期试验如真空系统严密性试验，以及强制关闭抽汽止回阀的试验等。国产机组的抽汽止回阀不能强制关闭，部分电厂这项试验尚未开展，有些电厂则因电磁阀故障较多而只试抽汽止回阀的电磁阀，周期则一月、一周不等。每季（或连续运行 200h）进行一次的试验有危急遮断器的充油动作试验，危急遮断器超速试验及调速汽门严密性试验等则在大小修后进行，以下对其中的几项试验操作做简单说明。其中，危急遮断器超速试验必须在机组解列后进行。

一、危急遮断器的喷油活动试验

600MW 机组的小修周期为一年，超速试验的机会较少；另外，从汽轮机的材料强度角度和操作危险性等角度考虑，汽轮机的超速试验不宜多做。为了防止危急遮断器因长期不动而卡涩，避免过多地进行机组超速试验，600MW 机组的危急遮断器都有充油装置。按电业管理法规规定，机组运行 2000h 后，应进行危急遮断器喷油试验。当透平油充满飞锤式危急遮断器油室或飞环式危急遮断器油塘时，由于油受离心力的作用，产生一个与飞锤或飞环本身离心力方向相同的力，使危急遮断器提前动作。当不再继续充油时，油室或油塘中的油会通过油孔泄掉，制造厂应保证危急遮断器充油后动作转速小于 3000r/min，否则将无法在机组正常运行时进行充油试验，充油试验后的复位转速就是该危急遮断器超速试验后的复位转速，应略高于 3000r/min，否则，机组带负荷喷油试验后在正常转速下将无法复位。

试验前，应先将保护油系统切换到待试验的一只危急遮断器与保护系统脱离的位置，以保证在该危急遮断器动作后，机组停机保护不动作。试验的一只危急遮断器动作后，切断试验用油并停留一段时间，待油室或油塘中的存油从泄油孔泄光后，才能将该危急遮断器的保护油路复置。两只危急遮断器轮流做完试验，确证动作正常，恢复保护油系统至原来状态后，试验才能结束。

目前，还有不少机组没有带负荷时进行危急遮断器的喷油试验，主要是担心若试验过程中设备或操作发生问题，将引起机组误跳。机组带负荷时进行试验，一定要执行标准操作卡，防止发生误操作。

规定试验是在机组大、小修后及连续运行 2000h 以上停机后启动时定速后进行。规定试验要满足以下条件：

（1）汽轮机转速不小于 2985r/min；

（2）胀差不大于 3mm；

（3）杠杆飞锤在正常位置；

（4）汽轮机挂闸；

（5）超速与喷油试验钥匙开关在正常位置；

（6）发电机未并网。

试验方法：

（1）汽轮机控制置于自动方式，并维持转速在 3000r/min；

（2）在 DEH 画面上调出喷油试验画面，调出 1 号（2 号）飞锤试验选择控制块，置于试验位，硬操作盘上 1 号（2 号）飞锤试验按钮灯亮，选中 1 号（2 号）飞锤。

（3）在硬操作盘上，将喷油试验钥匙开关切至试验位置，则 1 号（2 号）飞锤喷油试验开始，在喷油试验画面上看显示，如显示 1 号（2 号）飞锤试验成功，则说明正常；如显示 1 号（2 号）飞锤试验失败，则同时显示失败原因；如杠杆左移故障或 1 号（2 号）喷油电磁阀故障，当故障排除后重新进行试验。

试验结束后，硬操作盘上1号（2号）飞锤试验指示灯熄灭，将喷油试验钥匙开关切至正常位。

做此试验时要由车间专业人员或发电部经理主持，机长监护组织好人员，分工明确，并要有热工人员和机炉人员密切配合监视飞锤动作情况，并做好记录。

二、高、中压自动主汽阀、调节汽门活动试验

高、中压自动主汽阀、调节汽门活动试验有两种：一种是全行程活动试验，另一种是10%～20%行程活动试验。

（一）全行程活动试验

进行全行程活动试验时，汽轮机进汽量大幅度变化，对锅炉影响很大，应注意维持主蒸汽压力，使负荷稳定。高中压主汽阀活动试验不得同时进行，左右两侧主汽阀也不得同时进行。否则将造成逆功率动作，安全门也将动作。高、中压主汽阀全行程活动试验时，控制系统在自动方式且处于单阀方式。试验时，应注意监视主蒸汽压力和温度，再热器压力及温度，轴向位移及汽轮机振动，发电机功率的变化，并就地监视门杆是否有卡涩现象。实际操作中，常采用一侧的高压主汽阀和高压调节汽门同时试验的方法，中压主汽阀和调节汽门也采用这种方法。

1. 高压自动主汽阀及调门全行程活动试验

试验前，确认两侧高压主汽阀应全开。

试验方法：

（1）在DEH画面上调出阀门活动试验画面，将硬操盘上阀门活动试验钥匙开关切至试验位置；

（2）调出1号（2号）高压主汽阀控制块，置于试验位，硬操盘上左（右）侧高压主汽阀试验按钮灯亮，试验开始，1号、3号（2号、4号）高压调节汽门开启逐渐关闭，10min后全关，然后1号（2号）高压主汽阀，开始关闭，全部关闭持续1min后，重新打开，再逐渐开启1号、3号（2号、4号）高压调节汽门至原来位置，试验完成。

2. 中压主汽阀及调节汽门全行程活动试验

试验前，先检查中压主汽阀及调节汽门开足。

试验方法：

（1）调出阀门活动试验画面，将硬操盘上阀门活动试验钥匙开关切至试验位置；

（2）调出1号（2号）中压主汽阀及调节汽门控制块，将其置于试验位，硬操盘上1号中压（2号）主汽阀试验灯高，试验开始，1号（2号）中压调节汽门开始关闭，当1号（2号）中压调节汽门全关后，1号（2号）中压主汽阀关闭，1号（2号）中压主汽阀全关，持续10s然后打开，中压调节汽门开始打开，并恢复，试验完成。

试验中要注意调节汽门首先关闭；然后主汽阀立即关闭，同时就地检查调节汽门，主汽阀动作正常到位，信号及开度指示正确，注意负荷，主蒸汽压力，汽包水位稳定，推力瓦温度及机组振动正常。

机组带负荷运行时，高中压主汽阀和调节汽门活动试验的主要目的是防止主汽阀或调节汽门门杆卡涩，同时通过试验也可发现主汽阀或调节汽门门杆是否有脱落现象。电力工业管理法规规定，每周进行一次自动主汽阀、中压联合汽门全关闭试验。但至目前为止，全关闭试验在大部分机组上尚未正常进行。该项试验危险性更大，在进行试验时要确保操作的正确性，并做好试验失败的事故预想，在上述试验过程中要中止试验，只需调出其控制块，将其退出试验。

（二）10%～20%行程的活动试验

目前，绝大多数的电厂只采用10%～20%行程活动试验，方法同上，只是让热工采取一些限制措施，以确保其关至10%～20%位置后即开启。

三、真空系统严密性试验

真空系统严密性试验用来检验汽轮机真空系统的严密程度。真空系统严密性试验一般不测量单位时间内漏入凝汽器的空气量，而是通过试验计算出凝汽器抽气门关闭后平均每分钟的真空降低值。

汽轮机平均每分钟的真空降低值，不但和汽轮机真空系统漏空气量有关，而且与当时凝汽器的热负荷有关，与其他运行工况变动也有很大关系，如循环水量的变化等。因此，真空严密性试验应在主机运行状态稳定时进行，负荷应大于80%额定负荷，特别要强调的是，机组负荷不同，不但凝汽器热负荷不同，而且会使汽轮机真空系统的范围和真空值发生变化，从而影响漏入真空系统的空气量。试验过程中，若真空下降过快，接近联动备用泵值时，应提前结束试验，并立即将系统恢复，并分析查找真空系统泄漏点。

进行试验时，应先检查备用泵处于良好备用状态；然后关闭运行真空泵入口门，全关30s后开始记录真空值，每0.5min记录读数一次。5min后开启真空泵入口门，并将系统恢复至试验前状态。另外还应记录试验时间、试验时负荷、排汽温度以及当时大气压值，以便查找漏点时分析参考。

一般取后3min真空下降平均值，下降率不大于0.4kPa/min为合格，不大于0.27kPa/min为良好，下降率不大于0.13kPa/min为优，如果下降率大于0.67kPa/min时，则应停机查找原因，消除故障后再启动。

该试验一般每周或每月进行一次，发现真空系统严密性不合格时，应及时查出泄漏点并及时消除。

四、低油压试验

做此试验需联系热控人员到场来配合、监护。

首先关闭油压继电器来油门，然后缓慢开启油压继电器放油门，当油压降至润滑油压低Ⅰ值0.044MPa时，油压继电器发信号并联启交流润滑油泵；接着关闭放油门，开启来油门恢复，用同样放油的方法进行润滑油压低Ⅱ值0.039MPa联直流油泵的试验。低油压试验也可以采用热工短接的方式来进行，但一般不用。

五、备用空冷风机定期启动切换试验

对于空冷机组来说，空冷风机对正常运行十分重要，故应定期对空冷风机进行少量切换，并且要对备用风机定期启动，以保证其可靠性。

六、空、氢侧密封油泵联动试验

此试验每月一次，并要有热工人员配合，采用短接压力低信号来联泵的方法来做，但为了避免直流泵带负荷联启时，对直流系统的冲击，最好先关了直流泵的出口门再做。

七、高排止回阀，抽汽逆止门活动试验

《电力工业管理法规》规定，为防止高排止回阀、抽气止回阀卡涩而导致汽轮机严重超速而规定每月试验一次，进行高排止回阀活动试验只进行一半行程试验。进行试验时，应充分考虑强制关闭后对系统的影响，并要预先做好安全措施。例如：关闭某台高压加热器进汽止回阀，不但要考虑该高压加热器本身的承受能力，还要考虑对于给水系统是大旁路的机组，汽侧压力低的高压加热器汽侧停用时，汽侧压力高的高压加热器汽侧是不允许继续进行的。除此之外，还要考虑对锅炉的影响，因此，抽汽止回阀活动试验前，要先解高压加热器，再进行试验。

注意：做此试验要逐个进行。

八、ETS通道的试验

通常600MW机组的脱扣保护采用双通道ETS系统，为防止ETS电磁阀发生振动，运行中可以进行动作试验而不会跳机。

ETS通道试验包括手打、凝汽器真空低、润滑油压低、电超速、轴向位移大二值、发电机故障、MFT，DEH24V电源消失，还有EH油压低，试验时应一一进行通道1和通道2的试验。试验操作应严格按照规定步骤进行，并有专人监护，防止发生误操作引起机组脱扣。

九、危急保安器的超速试验

汽轮机的危急保安器是防止汽轮机严重超速的保护设备，应保证其动作准确可靠。电业管理法规规定危急保安器在解体或调整后，运行2000h后，甩负荷试验前，以及停机一个月后再启动时，需进行超速试验，校验其动作值（其中运行2000h后的试验，允许用充油试验代替）。考虑到转子温度在低温脆性转变温度以下承受过大的离心力时，有可能造成转子脆性断裂，规定机组应带25%～30%的负荷，暖机3～4h，待转子中心孔温度均匀升高到低温脆性转变温度以上后，方可进行超速试验。

危急遮断器的超速试验一定要在调速系统稳定、无卡涩、无晃动且机组振动正常的情况下进行，并做好充分的准备工作。人员分工要明确，要有两只以上的转速表监视转速，转速表最好有记忆功能，机头和集控室要设专人负荷监视机组的转速，振动，运行情况，发生异常紧急处理，还要具备以下条件：

（1）额定转速下，手打脱扣合格，确认主汽阀、调节汽门、抽汽止回阀及高排止回阀动作正常，关闭严密，转速下降正常。

（2）有关本体重要保护应投入。

（3）要有热工人员配合监视保护动作情况，并做好记录。

（4）试验由总工或发电部经理主持，专工监护，提升转速由有经验人员进行操作，并要组织好人员并有明确分工。

（5）整个试验过程，润滑油温应维持在允许值的高限。

（6）提升转速时的蒸汽参数要有上限值规定，以防意外发生。此外下列情况下禁止做此试验：

1）机组大修之前；

2）机组经长期运行后停机，其健康状况不明时；

3）手动脱扣试验不合格；

4）蒸汽参数为额定参数或接近额定参数时；

5）主汽阀、调节汽门严密性试验不合格；

6）控制，保安系统，主汽阀、调节汽门存在问题或有卡涩现象时。

600MW机组一般都装有两只危急保安器，它们的动作转速一般是有差异的，故在试验中应将预计动作转速较低的一只危急保安器以保安油系统中解列出来，使这只危急保安器动作时主汽阀并不关，可继续升速，直到另一只危急保安器动作。这样，汽轮机一次升速可校验两只危急保安器。

试验方法：

（1）机组并网带负荷60MW暖机运行3h以上，然后按正常减负荷到0（或者是在并网前缸温达到250℃及以上时）。

（2）解列，维持额定转速。

（3）在DEH画面上调出超速试验画面并验证条件满足；转速超过2985r/min；胀差低于3mm；汽机挂闸；标杆和飞锤在正常位置，汽机挂闸。

（4）调出1号（2号）飞锤试验控制块，将其置于试验位，1号（2号）飞锤试验指示变为红色，硬操盘上1号（2号）飞锤试验按钮灯亮。

（5）将超速试验钥匙开关切至机械位置，退出103%超速保护，同时110%电超速定值将自动上调到3360r/min，作为后备。

（6）调出加速率设定块，输入加速率，一般为180r/min。

（7）调出目标值设定块，输入目标值3360r/min。

（8）调出进行保持控制块，将其置于进行位，汽轮机开始升速。

（9）在转速试验画面上，观察试验过程，若试验成功，将显示成功，如失败将显示1号（2号）飞锤试验失败。

（10）试验结束后，将超速试验钥匙开关置正常位，如果开始时1号（2号）飞锤均不选试验位，可以做1号（2号）飞锤联合机械超速试验。如果试验不合格，应停机交检修人员调整后重新试验。

此试验一般应在同一情况下进行两次，两次动作转速之差不应超过0.6%，并力求减少超速试验次数，并且试验时不宜在高转速停留，防止转速失控，如升速至3360r/min仍未动作，应手动脱扣。

采用DEH控制的机组，OPC超速保护和电超速保护也应在危急遮断器校验时安排进行实校，动作值不合格应停机调整后，进行重新校验，直至合格，机组才能并网运行。

十、110%电超速试转

基本同机械超速试验，只是超速试验钥匙开关要切至电超速位置，且要去掉TSI超速保护线。

十一、TSI电超速试验

基本同110%电超速，只是要恢复TSI超速保护线，超速试验开关要打至MECHNICAL位。

第四章 汽轮机的启停方式与维护

第一节 汽轮机的启动

一、启动方式分类

单元发电机组的启动是指锅炉点火、升温、升压，蒸汽参数达到要求，汽轮机进行暖管、冲车、暖机、定速，发电机并网带基本负荷，锅炉撤油枪逐渐加至满负荷的过程。其实质是火焰、烟气及蒸汽向锅炉和汽轮机金属部件传热的复杂交换过程，属于不稳定的导热过程，其不稳定的启动工况带来了设备的热应力的变化。由此看来，研究单元制发电机组的启动方式，是寻求发电机组合理的加热过程也就是在启动过程中保证发电机组各部分温差热应力、热变形以及转子与汽缸之间胀差和转动部分的振动均维持在较高水平，以减少热应力、热变形及热膨胀。在保证安全的基础上，尽量缩短启动时间，减少损失提高其经济性。

当然，各种发电机组特点也不尽相同，即使同类型发电机组也有不同的特性，因此必须根据每台发电机组的特性制定启动方案，编制启动流程图，以防止启动过程中的失误给设备造成损坏或者给设备带来隐患，降低发电机组的使用寿命。

发电机组的停运过程是启动的逆过程，是指从带负荷运行状态到减去全部负荷，直至发电机与电网解列，汽轮机打闸，锅炉灭火，汽轮发电机组惰走停转及盘车，锅炉降压和机炉冷却等全过程。在这个过程中，首先要考虑的是金属的热应力、在锅炉的停运过程中，除了要稳定燃烧，以防止灭火外，还要防止受热面过热或突然冷却引起爆管。注意汽轮机汽缸内外壁温差，控制胀差。实践证明，汽缸发现裂纹或损坏，大多是汽缸内壁的拉应力引起的，因此汽缸的快速冷却比快速加热更为危险，所以在停机过程中一定要严格控制降温、降压的速率，以保证发电机组的安全。

单元发电机组均为大容量、高参数发电机组，是炉、机、电纵向联系的一条完整的生产系统，因此机、炉、电互相联系，互相制约，各环节的操作必须协调一致，互相配合，才能顺利完成发电机组的启停过程。

（一）发电机组启动组织

要组织好大容量单元发电机组的启停操作，需要应用现代化管理科学中的“网络计划技术”，它就是应用网络形式表达一项启动（或停机）任务中各项操作顺序的先后和相互关系，找出总任务中关键操作和关键路线并在执行过程中进行有效的控制与监督，保证最合理地使用人力、物力和能源，顺利地完成任务。

首先制订出启动的网络图，然后做好启动前的准备工作，所有检修工作完成，发电机组启动前的静态试验合格，设备系统全面检查没有问题，热工仪表正确投运，专用工具及原材料、燃料等备妥。

值长要根据上级要求的并网时刻，按网络图计算出炉上水、点火、冲转、定速等的时刻，通知机组长，机组长可按网络图计算出各项操作的最早可能开始的时刻和最迟必须开始的时刻。若根据具体情况，可按主次、缓急分别进行。启动过程中，应根据工作进展情况局部调整网络图，调动人力解决卡脖子的问题。

（二）发电机组启动前条件

单元发电机组启动前做好充分的准备工作是安全启动和缩短启动时间的重要保证。

首先检查发电机组的检修工作全部结束，所有的工作票应严格按有关要求终结完毕，各处临时栅栏、标志牌及各种管道上的临时堵板应拆除，所有的楼梯、栏杆、平台应完整，有关通道及设备周围应无妨碍工作和通行的杂物，厂房内外的所有照明应良好，事故照明系统正常。机炉房所有需要保温的管道要保温完整，风、烟、水系统应正常，所有设备的控制电源、操作电源、仪表电源均应正常投入。集控室内各种指示记录仪表应投入，各种操作开关按钮应完整正常，各种油系统应符合要求，消防设施应齐全，厂内外通信系统应正常，各辅助设备的联动试验、保护试验和各电动截门试验应已全部合格，各项保护均应投入运行，发电机组启动用专用工具、仪器、仪表及各种记录应准备齐全。

另外，锅炉、汽轮机、发电机—变压器组系统应具备以下条件：

（1）锅炉燃烧室及冷灰斗内无结焦、积灰及其他杂物。

（2）炉墙、风道、地道、空气预热器和冷灰斗等处人孔、检查孔应完整，而且关闭严密。

（3）空气压缩机、空冷系统、机组的公用冷却水系统、燃油泵检查准备就绪。

（4）汽轮机本体各处保温完整，各种测量元件无损坏，调速系统静态试验合格。

（5）油箱、油管、冷油器、油泵均应处于完好状态、冷油器油温在35～40℃之间。

（6）氢冷发电机组发电机已充氢。

（7）确认各种挂牌地线、短路线或标示牌等其他安全设施已拆除。

（8）发电机、励磁变压器、滑环碳刷机构应完好，并符合标准；发电机大轴接地碳刷投入。

（9）发电机、变压器各部分绝缘测定符合标准，变压器冷却系统正常。

（10）发电机—变压器组恢复备用，大型发电机组的继电保护定值整定合格，自动装置投入。

（11）直流系统及蓄电池投入。

（12）所有电气设备经测定绝缘并确认无误后送电。

除了以上条件外，还要对外围各处准备好，如燃料上煤、化学制水、除灰系统的投运等。有些工作还需与检修，热工及计算机人员共同配合，所以为了加速发电机组的启动必须加强各个专业之间的联系。

（三）各种启停方式的选择

1. 启动方式的选取

额定参数启动适应于母管配汽的汽轮机，而单元制大功率中间再热发电机组广泛采用滑参数压力法、高中压缸或中压缸进汽的启动方式。事实上，启动方式的选择，不仅与汽轮机的结构有关，而且与成熟的运行经验也有关系。因此说，对于各种类型的机组宜采用高中压缸联合、滑参数压力法启动中的哪种方式，应根据机组的特点和运行人员的经验来选择。

2. 停机方式的选取

汽轮机的停机方式可根据停机后启动的需要，采用额定参数停机或滑参数停机。如以检修为目的，希望发电机组尽快地冷却下来，则可在减负荷的同时按滑参数停机曲线降低蒸汽参数，使汽轮机处于较低的温度。若根据系统负荷的需要以及设备或系统出现的一些小缺陷，需要短时间停机处理，待缺陷处理完立即恢复发电机组的情况要求，机炉金属温度保持较高水平，以便重新启动时而采用额定参数进行停机。

3. 旁路系统对启停方式安全性的影响

旁路系统的设置能够在发电机组启停或甩负荷时保证再热器不超温，可以使再热器布置在烟温较高区域，综合利用烟气的热量加热再热蒸汽，制造再热器的金属材料也不需太昂贵，因此提高了经济性。在发电机组热态启动中，能够满足主蒸汽和再热蒸汽管道暖管的需要，并起到调节蒸汽温度的作用，避免了发电机组负温差启动，延长了汽轮机的寿命。旁路系统的设置缩短了发电机组启动的时间，能够回收工质和热量，减少排汽噪声。另外，在冲转前建立一个汽水循环系统，可使蒸汽品质达到要求，以避免汽轮机受到不合格蒸汽的侵蚀、在负荷瞬变时，旁路系统还可以处理过渡工况剩余的蒸汽量；在发电机组甩负荷时，可维持锅炉运行，以便在故障排除后向汽轮机供汽恢复向电网供电；在电网故障时，可维持汽轮发电机带厂用电运行，这样不仅提高了发电机组的可用率，而且也提高了电网的稳定性。综上所述，旁路系统不但可以改善发电机组的安全性能，而且还能够保证发电机组启停的灵活性、稳定性和经济性。

二、冷态启动

汽轮机的启动方式较多，归纳起来有以下 4 种分类方法。

1. 按新蒸汽参数分类

(1) 额定参数启动。额定参数启动时，在整个启动过程中，从冲转至并网带负荷的全过程，汽轮机至主汽阀前的蒸汽参数（如压力、温度）始终维持额定参数、这种启动方式的额定参数——压力、温度相当高，它与汽缸转子等金属部件的温差很大，而高温、高压发电机组后动中又不允许有过大的温升速度，为了设备的安全，在这种条件下只能将进汽量控制得很小，会使节流损失增加，同时汽轮机必须延长升速和暖机的时间，致使经济性降低。汽轮机调节级后温度变化剧烈，零部件受到很大的热冲击，热应力也大，各部件受热不均易产生热弯曲（冲转的部分进汽量小），另外，锅炉还需将蒸汽参数达到额定值后，汽轮机才能冲转。在整个启动过程中将损失大量的燃料，降低发电厂的效益，所以额定参数启动仅适用于母管配汽的汽轮机而不适用于单元制的大容量发电机组。

(2) 滑参数启动。滑参数启动是指汽轮机主汽阀前的蒸汽参数（如压力、温度）伴随汽轮机的转速和负荷的升高而升高，直至启动结束，蒸汽参数达到额定值的启动过程。

滑参数启动克服了额定参数启动时由于蒸汽参数高，对汽轮机部件产生热冲击，进汽流量小，暖机和启动时间长，以及冲转前为了提高蒸汽参数而锅炉燃料和汽水浪费大等缺点，因此在单元大容量发电机组启动中得以广泛应用。

滑参数启动有真空法和压力法两种。

1) 滑参数真空法。是启动前全开电动主汽阀、自动主汽阀和调节汽门，真空区一直到锅炉汽包。锅炉点火后炉水在真空状态下汽化，在不到 0.1MPa 的汽压下就可以冲动汽轮机。随着锅炉燃烧的增强，一方面提高汽温、汽压，另一方面汽轮机升速、定速、并网。但真空法滑参数启动存在一定的缺点，如疏水困难，蒸汽过热度低，依靠锅炉热负荷控制汽轮机转速不太容易，容易引起水冲击，安全性较差。对于中间再热式发电机组，由于高压汽缸排汽温度相应较低，再加上再热器一段布置在烟气低温区，使再热器出口汽温很难提高，可导致中、低压汽缸内蒸汽湿度增大；真空法滑参数启动时真空系统庞大，启动过程中抽真空也较困难，因此目前真空法滑参数启动应用较少。真空法启动是利用低参数来暖管、暖机、升速和带负荷。由于汽温是从低到高逐渐上升，所以允许通汽流量较大，即有利于暖管和暖机，也可使过热器、再热器充分冷却，促进锅炉水循环及减少汽包壁的温差又使锅炉产生的蒸汽得以充分利用。所以，这种方法比较经济，对锅炉又比较安全。

2）滑参数压力法。汽轮机真空只抽到高压主汽阀，启动冲转参数选用适当压力和温度的过热蒸汽（过热度不小于 50℃），从冲转到汽轮机达额定转速的全过程，蒸汽参数基本维持不变。它是通过控制汽轮机进汽量来达到控制汽轮机转速的目的。相比于真空法，压力法便于控制转子转速，可避免中、低压转子叶片的水蚀。由于压力法启动参数足够高，故整个启动过程中操作简单控制方便，但也存在一定的问题，如冲转时蒸汽温度与金属温度的匹配不理想，有一定程度的热冲击，降低了汽轮机的寿命，定速后缸温水平不高，需要在低负荷下长时间暖机。

2. 按冲转时进汽方式分类

（1）高、中压缸启动。高、中压缸启动时，蒸汽同时进入高压缸和中压缸冲动转子，这种启动方法对高、中压缸合缸的发电机组，可使分缸处加热均匀，降低热应力，缩短启动时间。

（2）中压缸启动。在汽轮机启动冲转过程中，高压缸不进汽，只向中压缸进汽冲动汽轮机转子，待机组达到一定转速或带到一定负荷后，再切换为高中压缸共同进汽的方式，直至机组带满负荷运行。这种启动方式称为中压缸启动。

中压缸启动方式与高中压缸联合启动方式相比，高压缸采用倒暖方式，中压缸全周进汽，使得汽缸加热比较均匀，温升较为合理。在机组启动初期，减少了高压缸热应力和胀差对机组启动速度的影响和限制。由于高压缸在启动初期不进汽做功，在同样的工况下，进入中压缸的蒸汽量大，使得暖机更加充分、迅速，从而缩短了机组启动持续时间。

机组冷态工况采用中压缸启动方式时，当锅炉再热蒸汽参数升到一定数值后（一般比高压内缸温度高出 50℃左右）即可开启高压缸排汽止回阀，对高压缸进行倒暖。通常，当高压缸金属壁温达到 150～190℃即可停止倒暖。此时可以开启高压缸通往凝汽器管道上的真空阀，使高压缸处于真空暖热状态。在进行倒暖的同时，主蒸汽、再热蒸汽参数仍按规定速度升温、升压。待主蒸汽和再热蒸汽参数达到冲转要求时，即可进行中压缸进汽冲转操作。

当达到切换转速或切换负荷后，关闭高压缸通往凝汽器的抽真空阀门。微开高压调节汽门，并打开高压缸排汽止回阀，让少量蒸汽流入高压缸，此时应注意高压缸缸体温度的变化，然后逐渐开大高压调节汽门直至全开。在恢复高、中压缸同时进汽方式操作期间，高压旁路阀随之缓慢关闭。当切换完成后继续增加负荷时，高压调节汽门保持开度不变，负荷由蒸汽压力的逐步上升而升高。整个切换过程时间不应过长，切换时应特别注意高压缸温度变化，避免产生过大的热冲击。调整高低压旁路时也应保持主蒸汽和再热蒸汽参数的稳定。

在机组进行热态启动时，采用中压缸冲转方式通常不需要进行高压缸倒暖操作，只需将高压缸处于真空隔离状态即可。在热态工况下，保持恰当的启动再热蒸汽参数，在高压缸处于真空状态下，使中压缸进汽冲转转子。当负荷达到切换负荷时，即可进行进汽方式的切换，切换过程结束，仍按高中压缸进汽启动操作程序进行。

3. 按控制进汽流量的阀门分类

（1）调节汽门启动。启动时电动主闸门和自动主汽阀处于全开位置，进入汽轮机的蒸汽流量由调节汽门控制。

（2）用自动主汽阀或电动闸门的旁路门启动。启动前调节汽门全开，用自动主汽阀或电动主闸门的旁路门控制蒸汽流量。

4. 按启动前汽轮机金属温度（内缸或转子表面温度）分类

（1）冷态启动。启动前，当汽轮机高压缸调节级汽室的金属温度低于维持汽轮机空转时蒸汽温度，其金属温度在150～200℃以下时，称为冷态启动。

（2）温态启动。金属温度为200～370℃时的启动，称为温态启动。

（3）热态启动。金属温度在370～450℃时的启动，称为热态启动。

（4）极热态启动。金属温度为450℃以上时的启动，称为极热态启动。

以上的启动标准是根据电力部颁《电力工业技术管理法规》中规定的温度范围选取的。

三、单元机组冷态滑参数启动介绍

1. 启动前的准备工作

单元机组启动前的准备工作基本上是炉、机、电分别进行的，有相当一部分与采用母管制系统的机组启动前的准备工作大体相同。如启动前对所有设备和系统都要进行详细检查，有关阀门、挡板应在规定的开或关状态，电动门、调整门和主要辅机都要经过认真局部试运行，确保运行性能良好、进行锅炉水压试验，锅炉上水、连锁试验，汽轮机润滑油提升油温，油泵联动试验，大轴挠度测量；发电机—变压器组绝缘测定，断路器传动试验以及发电机变压器组恢复备用等。但由于单元机组是一个整体，启动前的准备工作中，炉、机、电是互相联系的。因此，单元机组启动前的准备工作具有某些特点：

（1）大容量单元机组锅炉出口有的不设立阀门或不能加装临时堵板，锅炉水压试验时，水压一直打到汽轮机主汽阀前，要求该门一定关严。水压试验结束后，锅炉放水至低水位，而主蒸汽管道放水要在锅炉点火之前完成，以防可能引起主蒸汽管道的水冲击。

（2）对中间再热机组来说，汽轮机调速系统的静态试验必须在锅炉点火前进行，否则当锅炉点火后，蒸汽旁路系统投入，主汽和再热汽系统已充汽，有些机组尽管汽轮机电动主闸门在关闭状态，但中压缸进汽管没有自动主汽阀，如中压调节汽门一旦开启，就有可能由于中压缸进汽而冲动汽轮机。对有些没有电动主闸门的机组，则存在高、中压缸同时进汽的危险。

（3）单元机组均设置一系列保证安全的保护装置，在滑参数启动中除低温保护（滑参数启动中汽温低）和低真空保护（启动过程中真空系统往往不稳定）等因启动过程的特殊条件不能投入外，其他各种保护在冲转前应全部投入。

（4）高参数大容量汽轮机转子的临界转速偏低，当转速为最低临界转速的2倍以上时，易发生油膜共振。油温调节不当并偏低时，也容易使稳定裕度不大的机组发生油膜共振，因此，要求油温不低于40℃。为了增加其稳定性，可维持油温为45℃。

（5）发电机—变压器组（包括发电机出口隔离开关）恢复备用一定要在汽轮机冲转前完成。汽轮机一经冲转，整个发电机—变压器回路即认为“带电”。这一点对热态启动尤为重要。因为热态启动过程所需时间很短，电气的准备工作一定要提前完成，才不至于影响整个启动过程。

(6) 值长或机组长应提前组织好外围各专业的准备工作，如燃料系统上煤或供油（汽），化学水处理系统制水，发电机充氢等，有些启动前的准备工作还需与检修、热工及计算机人员等共同配合做好。

(7) 锅炉上水所需时间，要视水温、气候条件而定。高参数大容量锅炉的汽包壁较厚，为防止过大的汽包内应力，应适当控制上水速度。一般锅炉的上水为104℃的除氧水，上水时间一般需3～4h，冬季上水时间应比夏季长一些。

2. 锅炉点火

锅炉点火是单元机组启动操作的正式开始，单元机组启动主要操作都在集控室内进行。

点火前应对炉膛及烟道进行吹扫，以清除可能残存的可燃物，防止点火时发生炉内爆燃。吹扫时炉内通风的容积流量应大于25%额定风量，吹扫通风时间不少于5min，对于煤粉炉一次风管应吹扫3～5min；炉膛吹扫时，可维持炉膛较高负压，一般为－120～－100Pa。当吹扫条件满足后方可点火。锅炉点火前，应先启动回转式空气预热器，然后顺序启动引风机和送风机各一台，以满足炉膛、烟道及空气预热器的吹扫要求，并可防止点火后空气预热器受热不均而产生变形。炉点火前都必须进行轻油系统的泄漏试验，以防止油快关门关闭时油泄漏进入炉膛引起燃烧爆炸。随油枪的投运，炉温逐渐升高，为防止锅炉尾部受热面烧损，要求锅炉在纯烧油工况下烟气中碳的浓度不大于50%，并认真检查，不允许有油枪漏油、滴油，水冷壁挂油，排渣系统带油等现象。对于煤粉炉，为使煤粉能稳定着火燃烧，要求炉内具有一定的热负荷（有相应的轻油量），一般要求锅炉具有20%以上的额定热负荷，并要求热空气温度在150℃以上，才允许投运煤粉燃烧器。油枪最初投入时最好不少于2只，目的是使炉内热负荷均匀。如果点火失败（开始点火）或发生熄火，应立即切断燃料，并按点火前的要求对炉膛进行重新吹扫后再点火，否则往往会发生炉内爆燃。

3. 锅炉升温升压

锅炉点火后，各部分温度逐渐升高，炉水温度也相应升高。炉水汽化后，汽压也逐渐升高。锅炉从点火至汽压升至额定压力的过程称为升压过程。由于水和蒸汽在饱和状态下温度和压力存在一定对应关系，所以升压过程也就是升温过程。通常以控制升压速度来控制升温速度。升温过快，将引起较大的热应力，为此高压和超高压锅炉在升压过程中，汽包内水的平均温升速度限制在1.5～2℃/min。锅炉启动时的升温升压速度主要用调整燃烧率来控制。

在锅炉升压过程中，要重视对汽包和水冷壁的保护。在升压初期，汽包内压力较低，各种温差往往较大，汽包金属主要承受由温差引起的热应力，故升温速率应控制小些。另外，在低压阶段升高单位压力的相应饱和温度上升值大，因此升压初期的升压速度应特别缓慢，并应采取措施，加强汽包内水的流动，从而减少汽包上下壁温差。一般采用加强下联箱放水，以尽早建立水循环和控制汽包热应力。当水循环处于正常后，为不使汽包内外壁、上下壁温差过大，仍应限制升温升压速度，当压力升至额定值的最后阶段，汽包金属的机械应力也接近于设计预定值，这时如果再有较大的热应力是危险的，故升压速度仍应受到限制。一般规定汽包上下壁温差不得超过50℃。为此在大型锅炉汽包上一般装设上下壁温测点若干对，以便在启动时监视温差。若发现上下壁温差过大，就应降低升压速度。锅炉升压过程中为使水冷壁受热均匀，除应使燃烧器的运行方式合理外，还要加强下联箱放水，使受热较弱的水冷壁管受热加快。考虑到启动初期锅炉蒸汽流量少，各受热面金属温度与烟温接近，因而还应考虑对过热器、再热器和省煤器进行保护。

4. 暖管

冷态启动前，主蒸汽管道、再热蒸汽管道、自动主汽阀到调速汽门的导汽管、自动主汽阀及调速汽门等的温度均相当于室温。锅炉点火后利用所产生的低温蒸汽对上述设备和管道进行预热和疏水，这就是暖管。暖管的目的，是防止未经预热的管道突然通入大量的高温蒸汽，使管道及其附件产生破坏性的热应力及管道水冲击。法兰螺栓加热装置、轴封供汽系统、各辅助设备的供汽管道也应同时进行暖管。锅炉点火、升压和暖管同时进行时，锅炉汽包至汽轮机之间主蒸汽管道上的所有阀门在全开位置，旁路门在全关位置。再热机组通过汽轮机旁路系统对再热蒸汽管道进行暖管，同时，可通入蒸汽，在盘车工况下对高、中压缸进行暖缸。

暖管时要注意及时疏水，防止发生水冲击和管道振动，同时还可帮助提高汽温，加快暖管速度。主蒸汽管道和再热器冷热段疏水一般经疏水扩容器排至凝汽器，加上旁路系统的排汽，使凝汽器已带上热负荷，所以应保证循环水泵（或空冷风机）、凝结水泵及抽气器（或水环真空泵）的可靠运行，使排汽室温度调整在 60～70℃为宜，不允许超过 120℃。

大容量机组的配汽机构阀门体积庞大，形状结构复杂，暖管时应注意暖阀速度，以防热应力过大而产生裂缝。暖管温升速度一般不超过 3～5℃/min。

5. 冲转、升速和暖机

(1) 冲转应具备以下条件。

1) 汽轮机转子由盘车装置连续盘车，转子热弯曲值不超过规定极限值（一般为 0.04mm）。

2) 调速系统、保安系统及润滑系统的油压、油温正常。

3) 锅炉出口新蒸汽温度比饱和温度高出 20～40℃以上，并与汽轮机的温度状态相适应，自动主汽阀前的蒸汽参数已符合要求。一般国产 600MW 机组的冲转参数为 4.2MPa、315℃左右。

4) 凝汽器真空不得低于 65～85kPa（真空的允许低限取决于当地的大气压力）。

5) 必要的保护和连锁已经投入。

6) 发电机—变压器组已恢复备用（包括发电机出口隔离开关已在合闸位置）。

(2) 冲转方式。国产单元机组一般采用高压缸进汽的冲转方式（也有部分进口机组采用中压缸进汽的冲转方式）。

(3) 升速和暖机。汽轮机在冷态启动时，为防止汽轮机各金属部件受热不均匀产生过大的热应力和热膨胀，一方面要合理控制冲转参数，避免蒸汽与汽缸、转子形成大的温差（国外有些机组规定汽轮机冲转前蒸汽与转子的温差不得超过 180℃）；另一方面，在冲转升速至额定转速前，需要有一定时间的暖机过程。暖机的目的是防止金属材料脆性破坏和避免过大的热应力。

暖机转速越高则蒸汽对金属的放热系数越大，加热越剧烈，但其离心应力过高会带来危险性。暖机转速太低，其放热系数小，加热慢，延长启动时间且增加启动损失。所以按不同类型的机组，可选择不同的转速和暖机时间。国产大容量高参数机组均采用中速暖机，即在

1000～1400r/min、真空 80～86kPa 下，暖机 30～60min，有时还需要在 2000～2400r/min 下进行高速暖机。

在整个升速暖机过程中，遇到转子临界转速要迅速以均匀升速率通过，但不要升速太快，以免失去控制，造成设备损坏。由于大容量汽轮发电机组均由高、中、低压转子组成，轴系长，临界转速比较分散，通常在中速或高速暖机时，以 100～150r/min（或 150～250r/min；或 250～300r/min）的速度升至额定转速。升速的每个阶段，对各轴承振动值应严格监测，并与以往启动时的振动值加以比较，如有异常应查明原因并处理，有问题时严禁硬闯临界转速。在转子一阶临界转速以下轴承振动值达 0.04mm，过临界转速时轴承振动值达 0.1mm，应立即打闸停机，待查明原因并进行处理后才允许重新启动。

国产机组由于法兰凸缘长而厚，法兰温差大，因而汽缸的热应力是升速暖机过程中应监视的重点。进口机组由于采用双层汽缸，法兰凸缘短而薄，法兰温差小，因而升速暖机过程中主要考虑的是转子的温度应力。

汽轮机暖机过程中，应检查汽缸、转子膨胀和上、下缸温差，并做好记录，发现异常应查明原因，及时解决；当转速升至 2800r/min 以上时，要注意主油泵是否投入工作；定速后，根据金属温度、温差、胀差和振动情况决定是进行额定转速暖机还是进行并网操作。

6. 并网与接带负荷

达到额定转速后，经检查确认设备正常，完成规定试验项目，即可进行发电机的并网操作。并网操作采用准同期法，要严格防止非同期并列。发电机与系统并网时的要求有：

（1）主断路器合闸时没有冲击电流；

（2）并网后能保持稳定的同步运行。

满足上述要求，准同期并网必须满足三个条件，即发电机与系统的电压相等，电压相位一致，频率相等。如电压不等，其后果是并列后发电机与系统间有无功性质的冲击电流。如电压相位不一致，则可能产生很大的冲击电流，使发电机烧毁或使发电机端部因受到巨大电动力作用而损坏。如频率不等，则会产生拍振电压和拍振电流，将在发电机轴上产生力矩，从而发生机械振动，甚至使发电机并入系统时不能同步。准同期法并网的优点是发电机没有冲击电流，对电力系统没有什么影响。

准同期法分自动准同期、半自动准同期和手动准同期三种。调频率（汽轮机转速）、调电压及合主断路器全由运行人员手动操作的称手动准同期；三项操作全由自动装置来完成的，称自动准同期，三项操作中有一项或两项为自动的，即为半自动准同期。

大型机组一般都采用自动准同期的方法并网。自动准同期装置能够根据系统的频率调机组的转速，使机组的转速达到比系统高出一个预先整定的数值；然后，当待并发电机电压与系统的电压差值在±10%以内时，装置就在一个预先整定好的超前时间发出脉冲，合上主断路器，完成并列。

汽轮发电机并网后，用开大调速汽门接带 5%～12%的额定负荷进行低负荷暖机。此时，发电机可立即接带部分无功负荷以改善系统电压水平。对于表面冷却的发电机在并列后即可按定子额定电流的 50%接带无功负荷。但对于内冷式发电机，冷态启动时立即给转子加很大励磁电流，由于转子绕组与铁芯发热时间常数差别较大（转子绕组的发热时间常数大约为 3～5min，铁芯为 40min），将在两者之间形成较稳态运行时大得多的温差，这样多次启停引起的多次热应力循环将加速转子绝缘损坏。因此，有关发电机运行的规程规定，内冷式发电机并网后，电流的增长速度不应超过正常有功负荷的增长速度，但电力系统发生事故，要求输出无功功率时例外。

机组并网后低负荷暖机的负荷值和暖机时间根据蒸汽和金属温度的匹配情况决定，如失配越大，负荷值越小，暖机时间越长。在初负荷暖机阶段，除必须严格控制蒸汽温升率和金属温差外，尚需监视胀差变化，如发现胀差过大，应延长暖机时间，还可以通过调整真空和增大法兰加热进汽量的方法进行调整；同时也必须严格监视振动情况，发现振动增大，也要延长暖机时间。

有的机组用自动主汽门启动，当负荷增加到10%额定负荷左右时进行“阀切换”，由自动主汽门控制切换到调速汽门控制。

为防止汽轮机转子发生脆性断裂事故，一般规定启动后，负荷为25%额定负荷运行3h后，待转子内孔温度达150℃以上时，再解列进行超速试验。

随着机组负荷的增加，按规程要求，要进行凝结水回收，倒轴封汽源，启第二台给水泵运行，锅炉各台磨煤机启动和投入，关凝结水再循环门，投入高压、低压加热器，电气倒厂用电等操作。当负荷增至80%额定负荷后，汽缸金属的温度水平接近额定参数下额定工况的金属温度水平，锅炉滑参数增加负荷的过程即告结束。此后，随着锅炉蒸汽参数的提高，要逐渐调节调速汽门，但负荷保持不变，待蒸汽参数达额定值后，再逐渐开大调速汽门把负荷增加到额定值。

四、单元机组热态滑参数启动介绍

当机组停运时间不久，机组部件金属温度还处于较高温度水平时，再次进行机组的启动操作称为热态启动。热态启动与冷态启动操作的区别在于机组冲转前金属部件温度的始点不同。

冷态与热态划分的原则主要是考虑汽轮机转子材料的性能。试验研究表明，转子金属材料的冲击韧性随温度的降低而显著下降，呈现出冷脆性。这时即使在较低的应力作用下，转子也有可能发生脆性断裂破坏。因为热态启动时的金属温度也超过转子材料的脆性转变温度，因此它可以避免产生转子的脆性损坏事故。

（一）单元机组热态启动的特点和方法

1. 单元机组热态启动的特点

汽轮机热态启动按其新蒸汽参数情况，分为额定参数启动和滑参数启动两种方式。热态额定参数启动与热态滑参数启动同样要求汽轮机转子的弯曲情况必须在允许的范围之内，大轴晃度值应与冷态启动时测得的大轴晃度相同。上下汽缸的温差也必须在允许的范围之内，一般规定该温差应小于50℃。因为启动升速快，启动时润滑油温应保证高于40℃。

热态滑参数启动特点是启动前机组金属温度水平高，汽轮机进汽的冲转参数高，启动时间短。

2. 单元机组热态启动的方法

热态启动前，盘车装置保持连续运行，先向轴端汽封供汽，后抽真空，再通知锅炉点火，这是与冷态启动操作方法的主要区别之一。因为热态启动时，汽轮机金属的温度较高，抽真空前应该投入高压轴封的高温汽源，以保证转子不被过度冷却和相对膨胀值不致减少过多。如果这时使用低温汽源，除了会使转子相对收缩较大外，还会因为低温蒸汽沿轴封漏入汽缸，使上下汽缸温差增大。正常处于热态的汽轮机，应根据金属温度的不同，投入不同参数的轴封汽。汽缸金属温度在150～300℃以内时，轴封用低温汽源供汽。如果汽缸金属温度水平高于300℃，轴封供汽应投入高温汽源。

热态启动时，锅炉开始供出的蒸汽温度往往过低，故先将机炉之间隔绝起来，点火后锅炉产生的蒸汽可经旁路系统送入凝汽器或对空排汽，直到蒸汽的参数满足要求时才能冲转。在这个过程中，锅炉出口汽温应在安全的前提下较快升高，而压力则相对上升得慢一些。

热态启动时，应根据汽轮机汽缸，转子的金属温度来决定冲转的参数、升速率、带负荷速度以及暖机的时间。利用机组本身的启动曲线来确定上述控制指标。对没有启动曲线的机组，应当由与汽缸金属温度对应的冷态滑参数启动工况曲线上的相应点来确定。在新蒸汽压力和温度达到工况点要求时，使用调速汽阀冲动转子。在起始负荷之前的升速和升负荷过程应该尽可能地快，减少在这一工况点之前的一切不必要的停留时间。一般在满足低速全面检查要求基础上需稍作停留，然后快速地以200～300r/min的速度把转数提升到额定转数及时并列。迅速并列后即以5％～10％/min的额定负荷加到起始负荷点，这样做可避免汽轮机金属的冷却。达到起始负荷以后，按照冷态滑参数启动曲线开始新蒸汽参数的滑升，以后的工作与冷态滑参数启动时相同。到起始负荷后，汽轮机的进汽量已符合汽轮机启动中金属温度变化的要求，所以进汽暖机后，升速和升负荷可以完全按冷态启动汽轮机的要求进行。

热态滑参数启动在起始负荷之后，蒸汽才开始对汽轮机金属进行加热。加热后，汽缸和转子的膨胀差值可能逐步由负值变为正值。法兰与螺栓加热装置的使用，应根据当时汽缸温度水平灵活掌握。因为同样是热态启动，其温度差别是比较大的。机组在汽缸温度为150℃时启动，与汽缸温度为300℃或400℃时的启动，其启动参数与启动时间均有所区别。胀差的变化也不一样，当汽缸温度为150～300℃时，要防止胀差正值过大。当汽缸金属温度水平在300℃以内时，为防止胀差正值过大，需投入法兰螺栓加热装置，以便适当地提高汽缸温度，控制胀差的正值增长。当汽缸金属温度高于300℃时，就不需要投入法兰螺栓加热装置。

为了减少汽轮机部件的疲劳损耗，在热态启动时，蒸汽温度要与汽缸金属温度相匹配。一般规定新蒸汽温度应高于调节级金属温度50℃以上。这样可以保证新蒸汽经启动汽阀节流，导汽管散热。蒸汽经调节级喷嘴膨胀后，温度仍不低于调节级金属温度。因为机组启动过程是一个加热过程，不允许汽缸金属温度在热态启动时受到冷却，这样可以缩短启动时间，并可避免转子产生相对收缩。如在热态启动过程中，新蒸汽温度太低，会使金属产生过大的热应力，并使转子突然受冷却而产生急剧收缩，造成通流部分轴向动静间隙消失，从而使设备严重受损。停机时间很短后启动的机组，这时汽轮机部件的温度还很高，要求正温差启动有很大困难。为了满足电网需要，不得采用负温差启动。所以在热态启动初始阶段，汽轮机暂时受到冷却。这种冷却在较大程度上发生在转子上，结果造成轴封段的转子收缩，胀差负值增大。因此，为保证机组的安全，在启动中要密切监视机组的膨胀、相对膨胀差、振动等情况。同时尽量不采用负温差启动，应尽可能提高进汽温度，加快升速及带负荷的速度。对于汽缸温度较高的热态启动，轴封供汽使用高温汽，对调整高中压负胀差有明显的效果。

热态启动在升速过程中，要特别注意汽轮机的振动情况。在中速以下，轴承发生异常振动，振动超过允许值时，并伴随着前轴承箱横向晃动，则说明转子已有明显弯曲。任何盲目升速或降速的办法，都将使事故扩大，甚至造成动静部分磨损、大轴永久弯曲等事故。

（二）热态启动应注意的问题

1. 转子热弯曲

转子的弯曲一般用与之相对应的转子轴颈晃度作指标。有的机组装有电磁感应式的大轴挠度指示表，给监视转子的弯曲带来方便。启动前转子的挠度超过规定值时，应先消除转子的热弯曲，一般方法是延长连续盘车的时间。如果大轴晃度有增大趋势，并有金属摩擦声，应采取手动盘车 180°的方法调直。其方法是：首先手动盘车 360°，测量大轴的晃动值，记下晃动值最大的方位，然后将转子停放在晃动表指示为最小的位置。即转子温度较高的一侧处于下汽缸，而温度较低的一侧处于上汽缸。在上下汽缸温差和空气对流的影响下，原来转子两侧径向温差逐渐缩小，使转子暂时性的弯曲得以消除。当晃度表的指示变化到最大晃动度数值的一半时，马上投入连续盘车，检查晃动度是否已达到所要求的数值。如果晃动度仍大于规定数值，则可重复上述操作，再次消除热弯曲，直到符合启动要求为止。如果转子和静子部件严重卡涩，机组暂时动不起来，则不要强行盘车，待冷却后再作检查。

冲转前连续盘车不少于 4h，以消除转子临时产生的热弯曲。在连续盘车时间内，应尽量避免盘车中断。如果中断，每中断 1min 则应延长 10min 的盘车时间，且最长不能中断 10min。当高压缸内壁温度在 350℃以上，盘车停止不得超过 3min，并且每停止 1min，就要盘车 10min。在整个盘车期间不可停止供油。经过盘车确认大轴挠度达到要求后方可冲转，否则应继续盘车。盘车投入后，从窜轴指示表的摆动情况可初步了解轴弯曲情况。还要在盘车状态仔细听声，检查在轴封处有无金属摩擦声，同时也可以从盘车电动机电流摆动情况，分析判断动静部分有无摩擦现象。如有摩擦，则不应启动机组。如动静部分摩擦严重时，则应停止连续盘车。

2. 上、下缸温差在允许范围

上下汽缸温差是汽轮机热态启动时常见的问题，也是必须正确处理的问题。高压汽轮机金属的温度在从高温状态逐渐冷却的过程中，由于下汽缸比上汽缸冷却得快，上下汽缸将出现较大的温差，使汽缸产生“猫拱背”变形，这将使调节级段下部动静部分的径向间隙减小甚至消失。另外，高压汽轮机的轴封段比较长，汽缸变形引起轴封处汽缸从缸内向缸外向下倾斜，使辐向间隙减小或消失。所以热态启动时上下汽缸温差应作出明确规定，为了防止汽缸有过大的变形，一般规定调节级处上下汽缸温差不得超过 50℃。汽轮机从高温状态中快速减负荷停止以后，下汽缸冷却的速度快于上汽缸。在转子的径向也容易产生温差。转子径向温差使转子上凸弯曲，弯曲最大部位在调节级的范围内，并且转子弯曲最大的时刻也几乎是上下汽缸温差最大和汽缸拱背变形最大的时刻。

转子弯曲加上汽缸变形，造成转子旋转时机组动静部分径向可能发生摩擦。这将产生很大的热量，使轴的两侧温度差很快增大。温差增大使转子的弯曲又增大，而弯曲的增大又加剧摩擦。转子的弯曲使转子的重心与旋转中心偏离，转动着的转子受到很大离心力作用，随转速的升高造成越来越大的振动。这样，摩擦、弯曲、振动的恶性循环，必然导致汽轮机大轴永久性的弯曲，使设备损坏。

3. 轴封供汽及抽真空

启动过程中，轴封是受热冲击最严重的部件之一。对盘动中的转子提前供给轴封蒸汽，不致使转子因受热不均而挠曲。同时先向轴封供汽后抽真空，真空可迅速建立，这样向轴封供汽的时间也不会太长。

在热态启动时，汽封处的转子温度很高，一般只比调节级处汽缸温度低 30～50℃。如果轴封供汽温度与金属温度得不到良好匹配，或大量的低温蒸汽通过汽封段吸入汽缸时，它不仅将在转子上引起较大的热应力，而且将使汽封段转子收缩，引起前几级轴向间隙减小，严重时会造成动静部分摩擦。因此，在轴封供汽前应充分暖管疏水，高温高压机组还要备有高温汽源，使轴封供汽温度尽量与金属温度相匹配，并应该要求蒸汽有一定的过热度。有些机组的高低压轴封供汽均由主蒸汽提供，同时也备有辅助低温汽源，启动时可根据汽缸温度选择汽源。具有高低温两个轴封汽源的机组，在汽源切换时必须谨慎，切换太快不仅会引起相对膨胀的显著变化，而且可能产生轴封处不均匀的热变形，从而产生摩擦、振动。

在热态启动时，凝汽器的真空应适当地保持高一些。因为主蒸汽各部蒸汽管道的疏水都是通过扩容器排至凝汽器的。真空维持高一些，可以使疏水更迅速排出，有利于提高蒸汽温度。特别是当锅炉内余压较高时，凝汽器真空不应过低。这样，在旁路投入后，不致使凝汽器真空下降过多，可防止排大气安全门动作。然而真空过高也有它不利的一面，当主汽阀、调速汽阀严密性较差时，可能因漏汽使汽缸受到冷却，这点也必须注意。

4. 炉水循环泵

在泵壳体上装有热电偶，以测定泵壳与炉水的温差，在炉水循环泵启动时要确保泵壳与炉水的温差不得超过规定值，以免泵壳产生过大的热应力。在炉水循环泵热态启动时特别要注意此问题。该温度差最大允许温差为 55.5℃，也就是说，这两点温度差小于 55.5℃，才允许启动炉水循环泵；如果温度差大于 55.5℃，必须要对炉水循环泵进行暖泵，减少泵壳与泵前汇集联箱之间的温差，以减少泵壳的热应力。

五、配有强制循环泵锅炉的单元机组启动特点

配强制循环泵锅炉的单元机组与配自然循环汽包炉的单元机组的启动程序基本相同。但由于其配备了炉水循环泵，启动时，与自然循环锅炉相比有以下特点。

1. 升压过程中汽包工作安全

由于强制循环锅炉汽包内部有弧形衬板，汽水混合物由汽包顶部引入，沿弧形衬板与汽包壁自上而下流动，进入汽水分离装置，因而汽包上、下半部之间几乎没有温差。点火前，炉水循环泵就已启动，建立了水循环，点火一开始，汽包受热就比较均匀，有利于升压速度的提高。

2. 水冷壁和省煤器不需采取其他保护措施

由于强制循环锅炉使用强制循环泵进行强制循环，实现了水冷壁管流量按热负荷分布规律来分配，因此水冷壁管内流量与启动燃烧工况没有直接关系。从点火到带满负荷，水循环完全可靠，启动初期循环倍率较大，管内有足够水量循环，炉水温度均匀，所以锅炉在点火启动过程中无需特殊措施，也能保护水冷壁的安全。

强制循环锅炉在带 25%～30%额定负荷之前，依靠强制循环泵通过省煤器再循环门对省煤器进行强制循环，由于循环水量大、保护可靠，此时不需对省煤器采取其他的保护措施了。

对强制循环锅炉，强制循环泵的启动及安全运行是锅炉安全运行的重要保证。强制循环泵启动中应注意的几个问题如下。

（1）上水前，用凝结水对泵的电动机的充水和清洗；

（2）启动前，必须对泵充水排除空气；

(3) 启动及运行时要监视强制循环泵的差压变化；

(4) 启动时要注意汽包水位的变化；

(5) 强制循环泵投运后，要确保二次冷却水（冷却器内冷却水）的流量。

3. 启动步骤或过程概括

冷却水系统投运→油循环→投入密封油系统→置换氢气→投入发电机定子冷却水系统→启动盘车→凝结水箱补水，启凝结水泵→低压清洗及凝结水循环→水质合格，除氧器水位正常，启动给水泵→高压清洗、给水循环→除氧器加热→锅炉上水排空→启再循环泵建立水循环→启动风烟系统→空冷系统抽真空→炉点火升温升压→暖管、送汽封→冲转、暖机、定速→并网→逐步接带负荷。

4. 冷态滑参数启动曲线

单元机组冷态滑参数启动过程中，汽轮机的加热和膨胀过程较复杂，也易出问题，锅炉的升温升压以及加负荷速度主要取决于汽轮机。为保证汽轮机启动顺利进行，防止由于加热不均使金属部件产生过大的热应力、热变形，以及由此引起的动静摩擦，在启动过程中应对蒸汽的温升速度、金属的温升速度、上下缸温差、汽缸内外壁温差、法兰和螺栓的温差、胀差等加以控制，尤其是必须严格控制蒸汽的温升速度。汽轮机的暖管、暖机、升速及升负荷对温升速度的要求限制了锅炉的升压速度。为了达到安全经济及快速启动的目的，一般根据具体设备及系统的条件，制定出启动曲线作为启动的依据。

第二节　汽轮机的停运

一、汽轮机停运的分类

汽轮机的停机方式可分为事故停机和正常停机两类。

1. 事故停机

事故停机是指电网发生故障或单元制发电机组的运行设备发生严重缺陷和损坏，使发电机组迅速从电网中解列出来。甩掉所带全部负荷，然后根据事故情况决定是维持空转、准备重新接带负荷还是停机。它分为紧急停机和故障停机两种。

(1) 紧急停机。紧急停机是指所发生的异常情况已经严重威胁汽轮机设备及系统的安全运行，紧急停机后而立即确认发电机已自动解列，否则应手动解列发电机，同时，注意交流润滑油泵（或直流润滑油泵）的联启，转速下降至2500r/min时应破坏凝汽器真空，以使转子尽快停止转动。

(2) 故障停机。故障停机是指汽轮发电机组所发生的异常情况，还不会造成汽轮发电机组设备及系统的严重后果的停机。汽轮机带负荷运行中如出现一般故障停机的异常情况时，应尽量采取措施予以挽回，无法挽回时应尽可能采取减负荷停机。

(3) 机组的非正常停机。在机组运行过程中发生了严重故障直接威胁人身或设备安全时，需要采取紧急措施停止机组运行，此种停机方式称为非正常停机。根据停机过程降负荷方式又称为故障停机和紧急停机的方式。

故障停机方式是指设备或系统缺陷需要停机进行处理，只需短时间停机缺陷处理后即可恢复运行。在这种情况下要求停机后保持机组金属具有较高温度水平时可采用额定参数停机。在停机减负荷过程中，蒸汽参数基本上保持为额定值。在机组发生严重问题，直接威胁人身或设备安全时，为了消除对人身或设备的危险，需立即将机组设备紧急停止时称为紧急停机方式。紧急停止方式可分为两种方法，一为破坏真空停机方法；二为不破坏真空停机方法。破坏真空停机方法可以使机组转子尽快地停止转动以避免机组转动所带来的设备继续损坏。

（4）故障停机过程以及注意事项。故障停机基本上有较充裕的时间进行降负荷操作。在这种情况下通常应按正常的操作要求以较快的速度减负荷，大多数机组可以在30～60min内均匀地减负荷，使机组安全地停止而不会产生过大的热应力。为保证机组安全，减负荷速度有一定要求，这个要求主要取决于汽轮机金属允许的温降速度（停机过程中金属温降速度一般要求不得超过1℃/min）。

为了把汽缸和转子的热应力、热变形及胀差控制在规定范围内，每减去一定负荷后，就要停留一段时间，使汽缸和转子的温度均匀下降，并使各部件金属温差得到缓和。在一般情况下，只要正确执行制造厂和运行规程的要求，按规定速度降负荷，汽轮机金属的温降速度和温差允许值就是能够保证的。

根据具体情况需要亦可采用复合变压减负荷方式，以利消除机组故障后能够较快地并网接带负荷。即在开始减负荷时，主蒸汽只降压不降温，保持调速汽阀开度不变，待汽轮机降到某一负荷后，保持主蒸汽压力、温度不变，通过关小调速汽阀使负荷减到零。如因锅炉燃烧调整等条件的限制，也可保持主蒸汽压力、温度不变，以较快的速度减负荷到零，随即解列、停机。

在减负荷的各个阶段应进行必要的系统切换，依次停止有关辅助设备。如除氧器降温降压和高压加热器、低压加热器疏水，给水泵的切换。此外，调整凝汽器水位、打开再循环水阀门，切换轴封（由邻机或母管供给）等。

故障停机过程应注意以下问题：

1）减负荷过程的胀差变化。对于大容量汽轮机，由于汽缸与转子的质面比相差比较悬殊，因此在减负荷过程中，往往负胀差较大。特别是减负荷使高压缸前轴封漏出蒸汽量减少，使轴封处温度降低，可能造成该段转子冷却收缩，负差胀值增大而导致高压缸前几段的轴向间隙减小，甚至发生轴向摩擦。前轴封备有高温汽源的机组，必要时可投入高温汽源。此外，停机后也要注意监视差胀的变化，因为转子和汽缸的长度决定于其体积平均温度。要达到稳定的体积平均温度，在停机后还需要一定的时间。

2）避免大的温降率。在停机减负荷过程中，温降率过大将引起转子表面在拉伸应力下屈服，导致较大的寿命损耗。汽缸内壁也产生拉应力，汽缸壁的裂纹及损坏，大多数由这种拉应力引起，所以要予以控制。从转子和汽缸的安全以及使用寿命出发，汽轮机在停机过程中，金属温度每分钟下降的速度和温差应比启动时控制得更加严格。

3）蒸汽压力切忌大起大落。减负荷过程中，蒸汽压力禁忌大起大落，引起汽温的剧烈波动，使汽轮机部件热变形不均匀，造成动静磨损事故。同时，也可能导致疏水量的骤增聚积，有的汽轮机因此发生严重的水冲击事故。

4）锅炉降压冷却。故障方式停运，汽包内饱和蒸汽压力和温度有较大幅度的变动，而且由于汽和水的热导率不同以及汽包结构因素的影响，汽包壁不同部位将存在温度差异，产生热应力。这种热应力与因工作压力引起的机械应力、自重和不圆度引起的弯曲应力以及焊接残余应力等叠加，使汽包处在十分复杂的应力状态。通过实践证明汽包壁最大温差是发生在停炉以后，停炉时的降压速度对汽包上下壁温差及随后的热态启动影响很大。

2. 紧急停机条件及操作过程

（1）机组紧急停机条件。

1）锅炉主燃料跳闸（MFT）发生报警燃烧管理系统（BMS）拒动时。

2）机组汽水管路严重泄漏影响机组安全或威胁人身设备时。

3）锅炉受热面（过热器、再热器、省煤器、水冷壁）严重泄漏，无法维持运行时。

4）锅炉尾部烟道发生二次燃烧，排烟温度不正常升高时。

5）机组突然发生强烈振动，机组振动保护未动作时。

6）内部有清晰的金属撞击声和摩擦声音时。

7）汽轮发电机任一轴承断油冒烟或轴承金属温度和回油温度同时升高超过极限时。

8）汽轮机超速，超过危急保安器动作数值而危急保安器未动作时。

9）汽轮机轴封磨损严重，并冒火花时。

10）轴向位移突然增大超过极限，推力瓦块温度有明显升高时。

11）发生火灾事故并且严重威胁机组安全时。

12）主油箱油位突然急剧下降到最低油位以下经补救无效时。

13）润滑油压下降至极限值以下且无法恢复时。

14）汽轮机发生水冲击或主蒸汽温度突降至450℃以下时。

15）发电机内部冷却水漏水严重危及设备运行时。

16）发电机、励磁机内部冒烟、冒火或发电机内部氢气爆炸时。

紧急停机是机组事故状态下的一种停止方式，由于是发生在非常情况下，往往发生时间比较突然，但是一般在事故发生前均会有一些较为明显的征兆，如能及时发现并分析处理便可及时将机组顺利地停止下来，使损失减少到最小限度。

（2）紧急停机过程的操作重点。

1）按紧急事故按钮或可动脱扣器，高中压自动主汽阀、调节汽阀各抽汽道口门、高压排汽止回阀自动关闭，发电机出口开关跳闸，汽轮发电机转速下降。

2）停止锅炉全部燃料（制粉系统、燃油）供应。

3）停止锅炉送风机、引风机，适当开启锅炉排汽门、疏水阀。

4）启动汽轮机交流润滑油泵。

5）调整轴封压力、给水及凝结水系统，必要时进行切换。

6）机组静止，真空到零，防止轴封供汽，投入盘车装置。

7）完成正常停机其他各项操作。

3. 正常停机

根据电网生产计划安排，有准备停机，称为正常停机。它分为额定参数停机和滑参数停机两类。

若设备和系统有一些小缺陷处理，但只需短时间停机，待缺陷处理后就可立即恢复运行。这种情况在停机后要求机、炉金属温度保持较高水平，以便重新启动时节省时间，所以在停机过程中蒸汽参数保持额定值，以较快速度减负荷。大多数汽轮机都可以在30min内均匀地减负荷至安全停机，不产生过大应力。

（1）额定参数正常停机。当要求停机后保持机组金属具有较高温度水平时可采用额定参数停机。在停机过程中，新蒸汽的压力和温度基本保持为额定值。

首先应做好停机前的准备工作。对设备系统进行全面检查，活动各管道系统的阀门，对部分设备进行必要的试验。如：润滑油泵的启停、盘车电动机空转、自动主汽门和电动主闸门的活动等试验。

额定参数停机的步骤为：先将机组的负荷降低，降负荷的速度应能满足机组金属温降速度不超过 1～1.5℃/min，目的是使汽缸和转子的热应力、热变形及胀差控制在规定范围。每减去一定负荷后要停留一段时间。待负荷降到接近零时，拉开发电机断路器使之与电网解列，注意转数变化，防止超速。启动辅助油泵，将自动主汽门关小一半，然后打闸断汽，最后关闭电动主闸门将机炉隔离。

(2) 滑参数停机。滑参数停机是指在调速汽门逐渐全开的情况下，汽轮机负荷随锅炉蒸汽参数的降低而下降，机炉的金属温度也相应下降，直至负荷到零为止。发电机解列后，还可继续降低蒸汽参数来降低汽轮机汽缸的温度水平。这样可降低金属的温度，缩短冷却时间，可以使检修人员尽快揭缸，缩短了检修工期。

滑参数停机时蒸汽流量较大，又是全周进汽，对汽缸冷却均匀，对汽轮机热变形和热应力较小、同时还可减少停机过程的热量和汽水损失、并且充分利用锅炉余热发电。滑参数停机对叶片、喷嘴还有清洗作用。

二、汽轮机滑参数停运

单元机组的停运是指机组从带负荷运行状态，到减去全部负荷、锅炉熄火、发电机解列、汽轮发电机惰走、投入盘车装置、锅炉降压、冷却辅机停运等全部过程。

单元机组的停运方式取决于停运的目的，根据不同的情况，单元机组停运过程可分为正常停机和故障停机两大类。正常停机是根据电网计划安排有准备的停运。正常停机根据不同的停机目的，在运行操作方法上也有不同，停机后所保持的汽缸金属温度水平也不同。一般电气设备和辅助设备有一些小的缺陷需要处理时，只需短时间停机，缺陷处理后就及时启动。在这种情况下，停机要求汽缸金属温度保持在较高的水平，因此采用额定参数停机。额定参数停机即是在减负荷过程中，使新蒸汽参数通常维持在额定值不变，只通过关小调节阀减少进汽的方法减负荷。这样即使是负荷减得较快，也不致产生较大的热应力。大多数汽轮机可在很短的时间内均匀地将负荷减到零。机组计划大修停机，一般希望停机后汽轮机金属降低到较低的温度水平，以有利于缩短检修工期，这时采用滑参数停机。滑参数停机就是在停机过程中，使汽轮机进汽调节阀保持全开，调整锅炉燃烧，使新蒸汽压力和温度逐渐降低，将机组负荷逐渐减到零。滑参数停机过程中，调节阀保持全开，通流部分通过的是大流量、低参数的蒸汽，各金属部件可以得到较均匀地冷却，逐渐降到较低的温度水平，热应力和热变形相应地保持在比较小的状态内。如果电力网突然发生故障或运行设备发生严重影响机组运行的缺陷，使机组必须迅速解列，甩掉所带的全部负荷，则称为故障停机。故障停机又可分为紧急故障停机和一般故障停机。当发生的故障对设备、系统构成严重威胁时，必须立即打闸解列并破坏真空进行紧急故障停机。一般故障停机可按规程规定将机组停下来，不必破坏真空。在事故情况下，单元机组的停用操作应进行得十分迅速，这就必须依赖可靠的热工自动控制和运行人员的准确判断及熟练操作。

1. 停机前的准备工作

停机前准备工作的好坏，是机组能否顺利停下来的关键。要根据设备的特点和运行方式等具体情况，做好停机前的一切准备工作，预想停机过程中可能发生的问题，制定具体的应急措施，并做好以下停机准备工作：

(1) 为了保证停机过程中和盘车时轴承的润滑及轴颈的冷却，需要做好高压电动油泵及交、直流润滑油泵试验。试验后使之处于联动备用状态，以确保转子惰走和盘车过程中轴承润滑和轴颈冷却用油的供应。油泵不正常必须事先检修好，否则不允许停止汽轮机。

(2) 做好盘车电动机的空转试验，对于设有顶轴油泵的汽轮机，需做好顶轴油泵、盘车装置试验，保证停机转子静止时立即投入连续盘车运行，然后可以将交、直流润滑油泵和盘车装置的联动开关投入联动位置。

(3) 自动主汽阀和电动主闸阀的活动等试验，相关的方向活动自动主汽阀（最小 5～10mm 左右）。自动主汽阀动作应当灵活，无卡涩现象。

(4) 停炉应做好油燃烧器投入前的控制准备工作，以备在减负荷过程中用以助燃，防止炉膛燃烧不稳定和灭火。

(5) 对于长时间停机的机组，在停运前应停止向原煤仓上煤。一般要求将原煤仓的煤用完，以防止自燃。

(6) 锅炉在停止前应对受热面进行全面吹扫，以保持受热面在停炉后处于清洁状态。

(7) 在没有邻机供抽汽的情况下，要将启动锅炉投入运行，向厂用蒸汽联箱供汽作为辅助蒸汽汽源。并切换汽轮机的轴封供汽联箱和除氧器用汽。

2. 减负荷过程

滑参数减负荷过程必须遵守机组滑参数停机曲线进行降压、降温、减负荷，其速度应参照机组负荷变化的建议曲线进行。

(1) 减负荷的操作步骤

停机前如果机组是在额定工况下运行，应先把负荷减到 80%～85%额定负荷，并把蒸汽参数降到与负荷相对应的数值，此时随着蒸汽参数的降低，逐渐全开调节阀，使汽轮机在这种工况下稳定一段时间，当金属温度降低并且各部件的金属温差减小后再开始滑停。

滑参数通常分阶段进行。一般是在稳定负荷情况下，通过调整锅炉燃烧并使用喷水减温的办法来降低新蒸汽温度，使调节级的蒸汽温度低于该处金属温度 30～50℃。为了不使汽缸热应力超越允许限度，金属温度下降速度不要超过 1.5℃/min。待金属温度降低减缓且新蒸汽过热度接近 50℃时，即可开始降低新蒸汽压力，此时负荷也伴随下降。降到下一挡负荷停留若干时间，使汽轮机金属温差减小后，再次降温、降压。每当新蒸汽温度和汽缸或法兰金属温度的差值超过 35℃限额时，就应重复上述做法，逐渐降温、降压、降负荷。

滑参数停机过程中，当降到较低负荷后，有两种停机方法：第一种方法是汽轮机打闸停机，同时锅炉熄火，发电机解列，采用这种停机方式，汽缸金属温度一般都在 250℃以上，停机后还必须投入盘车装置；第二种方法是锅炉维持最低负荷燃烧后即熄火，因此时汽轮机调节汽阀全开，仍可利用锅炉余热发电 4～6min，待负荷到零时发电机解列，这时汽轮机利用锅炉余汽继续空转，以便冷却汽轮机金属。随着余汽量的减少，转速逐渐降低，快到临界转速时，降低凝汽器真空，可用减小凝汽器真空的办法制动，使机组迅速通过临界转速。这种方法可使汽缸温度降到 150℃以上，停机后即可开缸检修。从充分利用能量和缩短检修工期来说，后一种方法无疑较为优越。锅炉释放余热是相当缓慢的。如滑停时间很短，汽轮机主汽阀关闭过早，停机后将使锅炉汽压回升过多。回升值越大，表明锅炉余热的利用越不充分。如汽压回升值超过规定时，势必要排汽而影响热经济性。

在低负荷阶段调速汽阀和自动主汽阀漏汽应切换为排凝汽器运行，停止排向其他热力系统，以防止外界压力低时汽水倒灌，也防止汽轮机停止后有汽水由轴封汽系统进入汽缸。轴封供汽如果是由汽轮机的调节系统控制，这时则需改为手动旁路阀进行控制，以便汽轮机惰走阶段仍能维持正常供汽。轴封漏汽系统如果与其他热力系统相连的话，也应切换为排向凝汽器运行。对于采用自动主汽阀、调速汽阀门杆漏汽供给轴封用汽的机组，在任何情况下，必须注意自动调整阀门前后蒸汽压力的变化，否则可能引起轴封供汽中断。

减负荷后发电机静子和转子电流相应减小，线圈和铁芯温度降低，应及时减少通入氢气冷却器的冷却水量。氢冷发电机组的发电机轴端密封油压，可能因发电机温度降低改变了轴密封结构的间隙而发生波动，也需及时调整。

(2) 停机过程应注意的问题

1) 停机过程中的不同阶段，蒸汽参数的下降速度是不同的。对于不同压力参数的高压机组，通常新蒸汽相应平均的降压速度约为 0.02～0.03MPa/min，平均降温速度为 1.2～1.5℃/min。应当指出，停机开始阶段汽压较高，降压速度可较大，后阶段的汽压较低，降压速度应较小。在汽压下降的同时，汽温也会下降。但是对冷却汽轮机来说，往往还希望汽温下降得更快些，使汽轮机前的汽温比汽轮机部件的温度低，但也应有足够的过热度（约 50℃），以免汽轮机后部的蒸汽湿度过大。在降温过程中，必须保证主蒸汽温度不低于 50℃ 的过热度。但主蒸汽压力低于 3.0MPa 以后，过热度不易保证，要特别注意防止发生水击。

滑参数停机曲线还应给出其压力下对应的饱和温度曲线，以便于运行人员掌握。滑参数停机时，转子的冷却快于汽缸，由于厚重的法兰不能及时冷却，限制了汽缸的收缩，所以在停机减负荷过程中，当新蒸汽温度低于法兰内壁金属温度时，为了防止胀差负值增长过快，应投入法兰螺栓加热装置（实际起冷却法兰外壁作用），以冷却汽缸法兰，但必须将法兰内外壁温差控制在允许范围内。滑参数停机的关键在于准确地控制新蒸汽参数的滑降速度。在滑参数停机的低负荷阶段，往往由于锅炉控制不当，新蒸汽温度滑降速度过大，致使汽轮机相对膨胀负值过大，造成不能继续滑降参数。因此在滑停过程的低负荷阶段应细心调整，使新蒸汽温度不应有大幅度的变化。在减负荷过程，锅炉应相应减少给水量和引、送风量，并根据负荷逐步停用相应的燃烧器。对于直吹式制粉系统，则应减少各层、组制粉系统的给煤量，然后停用各层、组制粉系统。停用制粉系统和燃烧器时，应做好磨煤机和一次风管的清扫工作。对停用的燃烧器应通以少量的冷却风以保证燃烧器不被烧坏。

2) 在减负荷过程中，汽缸加热装置和法兰加热装置（滑停时实际为冷却装置）应紧密配合地投入。一般当内、外缸温差接近时，即可投入汽缸加热装置。根据夹层缸内的汽压情况，也可提前投入。当新蒸汽温度低于法兰内壁金属温度，或法兰内、外壁温差小于 20～30℃时，即可投入法兰加热装置，以冷却汽缸法兰。这时可以只使用本机组滑降参数的新蒸汽，也可以同时使用低温汽源，使加热联箱蒸汽温度保持低于法兰金属温度 80～100℃。原则上法兰加热装置可以一直使用到打闸停机。如果没有及时投入法兰加热装置或负荷降过快，则汽缸与转子将会出现负胀差。在法兰或汽缸的冷却跟不上时，可暂停锅炉降温降压，以免出现负胀差或胀差急剧减小的情况。

3) 在机组减负荷过程中必须注意监视机组各部状态的变化，如振动、胀差、轴向位移、轴承温度以及机炉各通流部分、承压部件的蒸汽和金属温度、温差。及时进行辅助系统与设备的切换，以保证机组各部参数的正常。机组加热器在滑参数停机过程中，最好是随机滑停。在负荷下降过程中，应注意加热器疏水水位及装置的自动切换。非调整抽汽较长时间的使用有利于汽缸的冷却，也有利于加热器的冷却。随着机组负荷的降低，应相应地减少给水量，以保持锅炉汽包正常的水位，并应随时注意给水自动调节器的工作情况，如不好用即应改换手动调节给水，必要时应切换给水管路或调节方式。机组负荷降至一定负荷后，为了保证燃烧稳定不至发生突然熄火或爆燃事故，应投入油枪来稳定燃烧。当负荷减至较低负荷时，应注意调整除氧器、凝汽器水位，切换除氧器汽源，开启凝结水再循环以保证凝结水泵的正常工作。根据排汽缸温度上升情况，投入排汽缸冷却水，保持排汽缸温度正常。

3. 发电机解列与转子惰走

当机组减至最低负荷后，无功负荷到零解列发电机。发电机解列后，即可脱扣汽轮机。发电机自电网解列并去掉励磁后，从自动主汽阀和调速汽阀关闭、汽轮机停止供汽后，由于惯性作用，转子仍然继续转动一段时间才能静止下来。从主汽阀和调节阀关闭时起，到转子完全静止的这一段时间，称为转子惰走时间。表示转子惰走时间与转速下降关系的曲线称为转子惰走曲线。惰走曲线的形状是与汽轮发电机转子的惯性力矩、摩擦鼓风损失和机械损失有关。

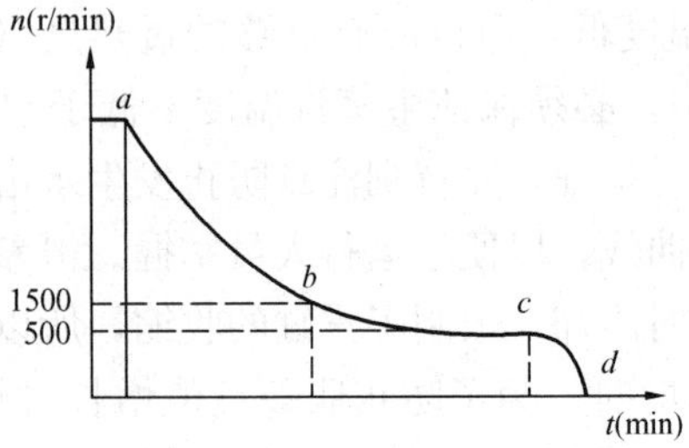

图 4-1 汽轮机的惰走曲线

新机组投入运行一段时间，待各部件工作正常后即可在停机时测绘汽轮机转子转速降低与时间的关系曲线，此曲线称为该机组的标准惰走曲线，如图 4-1 所示。绘制这条曲线要在汽轮机停机过程中并控制凝汽器真空以一定速度降低的情况下进行，或者在凝汽器真空为一定的情况下进行。为了进一步掌握标准惰走曲线的意义，现在对它进行分析。从转子惰走曲线图 4-1 中可以看出，惰走曲线可分为三个阶段：第一段下降较快，第二段较平坦，最后急剧下降。第一阶段（*ab*）转速下降较快。这是因为打闸后，汽轮机转速从额定转速开始下降，汽轮发电机的转子在惯性转动中因为转速高，鼓风摩擦损失的能量很大，这部分能量的损耗约与转子转速的三次方成正比。就是说转速降低一半时鼓风摩擦损失减少约 88%。因此从 3000r/min 到 1500r/min 的阶段，只要很短的时间。第二阶段（*bc*）在较低转速范围内，即在 500r/min 以下，转子的能量损失主要消耗在克服调速器、主油泵、轴承、传动齿轮等的摩擦阻力上。与在较高转速下鼓风摩擦相比，这比机械损失要少得多，并随转子转速的降低更为减小。所以这时转子转速的降低极为缓慢，转子惰走的大部分时间被这个阶段所占据。第三阶段（*cd*）是转子即将静止阶段。在此阶段，由于油膜的破坏，轴承处的摩擦阻力迅速增大，转子的转速也迅速下降，而达到静止状态。

每次停机都应记录转子惰走的时间，并尽量检查转子的惰走情况。通过把惰走时间和惰走情况与该机组的标准惰走曲线对比，可以间接判断汽轮机的某些故障。如果转子惰走的时间急剧减少，可能是轴承已经磨损或机组动静部分发生了摩擦。如果惰走时间显著增加，则说明可能是汽轮机的新蒸汽管道阀门不严，或抽汽管道阀门不严，致使有压力的蒸汽自抽汽管漏入了汽缸。惰走曲线与真空变化有密切关系，若真空下降太快，汽缸内摩擦鼓风损失将大幅度地增加，惰走时间将大大缩短，反之当真空下降较慢，转子惰走时间相应延长。因此每次停机转子惰走时，需控制真空的变化，以便在真空相同条件下对惰走曲线进行比较。通常当转速下降到大约为额定转速的一半时，开始逐渐降低真空，但转子在整个惰走时间内，真空不能降到零。

转子惰走时，轴封供汽不可过早停止，以防止大量空气从轴封处漏入汽缸内发生局部冷却，轴封供汽停止的时间应该掌握得适当。如真空未到零就停止轴封供汽，冷空气将自轴端进入汽缸，转子轴封段将受到冷却，严重时会造成轴封摩擦。当转子静止时真空到零后停止轴封供汽，汽缸内部压力与外部大气压力相等，这样就不会产生冷空气自轴端进入汽缸的危险。如转子静止后，仍不切断轴封供气，则会有部分轴封汽进入汽缸而无法排出，有造成静止部件腐蚀的可能性，也会造成上下汽缸的温差增大和转子受热不均匀，从而发生热弯曲。轴封进汽量过大还可能引起汽缸内部压力升高，冲开排汽缸排大气安全门。因此，最好的办法是控制转速到零，同时真空也降到零时，停止轴封供汽。

第三节　汽轮机停运后的保护

一、停运后的若干工作

1. 投入盘车

使用连续盘车装置的高压机组，停机后要保持连续盘车，一直到汽缸金属温度水平达150℃以下时，才可以停止连续盘车。有些厂在停止连续盘车后，还保持一段时间的间断盘车，即过0.5h或1h把转子转180°，直到汽缸金属温度到150℃以下为止。连续盘车可以使转子不产生热弯曲和减小上下缸的温差，从而在上下汽缸温差不过大时，可以保证机组随时都能启动。盘车期间，应定期记录汽缸金属温度，特别是上下缸的温度、大轴弯曲指示以及各个汽缸的相对胀差值。使用连续盘车装置的机组，如因某种原因，停机之后盘车装置不能立即投入，则应记录转子静止时的位置。当可以连续盘车时，先将转子盘动180℃，消除热弯曲，然后再投入连续盘车。无论采用哪种盘车方式，在启动盘车之前都应当启动润滑油泵，以使盘车不致因发生干摩擦而损坏轴瓦。有些机组装有高压油顶轴装置，在这种条件下投盘车装置前，应先启动顶轴油泵，确认大轴已被顶起后盘车装置才可投入运行。这样可以减小盘车电动机的启动力矩，能够使轴瓦建立正常油膜，也可以避免轴瓦的磨损。

2. 锅炉的其他操作

锅炉停止燃烧、停止对外供汽时，即应同时开启过热器出口疏水阀或对空排汽门冷却过热器3～5min。此时可继续保持给水，在停止给水前，应把汽包水位升到较高允许值。停止进水后，应开启省煤器再循环门，保护省煤器。锅炉停止供汽后，还应继续加强对锅炉汽压、水位的监视。由于蓄热作用可能会使汽压升高。在锅炉停止燃烧进入降压冷却阶段要控制好降压、冷却速度，以防止冷却过快产生过大的热应力，尤其是注意不使汽包壁温差过大。停炉冷却过程中，锅炉汽包温度工况的特点是壁温和其内的水长时间地保持在饱和温度。由于汽包向周围介质散热很少，所以停炉过程汽包的冷却主要靠水的循环。由于蒸汽对汽包壁凝结放热量大于水对汽包壁的放热量，所以对蒸汽接触的汽包上半部长时间地保存着较多的热量，冷却较慢，因而造成了汽包上下壁温度的不均匀性。与锅炉启动时一样，上部温度高于下部温度。在正常情况下这一温差一般在50℃以下，若冷却过快则温差会超过允许值，从而引起汽包产生过大热应力。冷空气之间的对流热交换是其冷却的主要因素，当机械通风（引送风机）停止以后的4～8h内必须严密关闭烟道挡板和所有的人孔门、检查门、看火门和除灰门等，防止冷空气涌入炉内使锅炉急剧冷却。频繁的补、放水对锅炉的冷却有着重大的影响。由于进入汽包的水温较低，使汽压的下降和锅炉的冷却加快，所以在停炉冷却的初期不可随意增加放水、补水的次数，尤其不可大量的放水和进水以免锅炉受到急剧的冷却。通常停炉 8～10h 后可进行放水和进水，此后如有必要加快锅炉的冷却可启动引风机进行通风冷却。若需把炉水放净时，应待汽压降至零后炉水温度降至 70～80℃以下，方可开启所有空气阀和放水门将炉水全部排出。

3. 辅助设备的操作

当凝汽器内无任何水源进入后，才可以停止凝结水泵的运行。当排汽温度下降且低于 50℃时方可停止循环泵或空冷逆流风机运行。润滑油泵运行期间冷油器也需运行，使润滑油温度不高于 40℃，到一定阶段后可以减少冷油器冷却水量，当冷油器出口油温低于 35℃以下时可以停止冷油器冷却水。

氢冷发电机停机后仍为充氢状态，所以轴端密封油系统仍需保持运行。只有机组抢修或需退出备用时方可退氢、停用密封油系统运行。

二、汽轮机保养

（一）汽缸干燥系统

当汽轮机停机后需要一周以上的较长期停运，必须投入汽缸的干燥系统，将汽轮机内部的相对湿度控制到 50％以下。

汽缸干燥系统主要由空气压缩机来的风源经过的压缩空气管、阀门、压缩空气联箱、分离器及其干燥热风管等组成。

由于发电机组的装机容量、结构和布置的不同，其干燥系统、干燥热风参数也不同，但其干燥系统的投用必须是汽缸温度降到较低水平。例如捷制 500MW 发电机组，当汽缸温度降到 150℃后才可投入干燥系统，其干燥热风参数为：压力 1.1MPa，温度为 50℃，风量为 $2070m^3/h$。

1. 干燥前准备工作

（1）凝结水系统已停止运行，且将凝结水系统和回热系统的水排净；同时放尽凝汽器、除氧器、排汽装置的存水。

（2）开启汽轮机所有抽汽管道、主汽管道、再热汽管道、轴封供、回汽管道、法兰加热系统、厂用减温减压站、汽轮机本体等疏水门。待各路疏水放净后，关闭其疏水门。

（3）检查关闭所有回到凝汽器、机本体扩容器的系统阀门，且确证各回热加热器的进汽电动门、抽汽止回门、高压缸排汽止回门关闭。

（4）隔绝一切可能进入汽轮机内部的汽水系统，关闭防腐门、低压缸及扩容器的喷水电动门，关闭高、低压轴封供汽门。

（5）将低压缸安全门加底垫，防止因低压缸内呈正压而损坏。

（6）在高压缸出口管道疏水管上、中压缸抽汽管路的疏水管上加装压力和相对湿度测点。

（7）启动一台轴鼓风机。

2. 干燥过程注意事项

（1）从干燥处理开始 24h 内应定期测量相对湿度，并做好记录。若发现任何测量部位相对温度不降低，必须检查干燥装置内部是否有积水，否则应放掉积水。

(2) 当相对湿度不再下降且已达到规程规定值(一般为30%左右)时，可以降低被干燥装置的内部压力，否则应继续进行干燥。

(二) 过热器和再热器的保养

若保养期在一个月以内，则当主、再热蒸汽管温度降到100℃时，将氮气充入主、再热蒸汽管和过、再热器管内；若保养期在一个月以上，则当主汽管温度降到100℃时；通过减温器对过热器及主汽管充水，当汽包、过热器和主蒸汽管均充满水后，再充入氮气，保持系统压力30～60kPa，再热器的满水保养方法与过热器相同，只是低温再热器管应加堵板或进行止回门的固定。

锅炉在保养期间，应定期取各系统中水样分析水质，保持氮气压力30～60kPa，并每天检查系统中阀门状态正确。

(三) 充氮置换法

1. 充氮置换的原理和要求

该方法是利用化学性质较稳定的氮气充满锅炉，并维持一定压力，防止外界空气进入炉内，从而达到防腐的目的。对于气温会降至0℃以下的地区，此方法较为适用。采用这种方法时，锅炉各部分的水必须完全放空，而且保证空气湿度维持最低。

2. 充氮置换操作要领及注意事项

(1) 停炉前对再热器进行1h的烘干。

(2) 停炉后，应开启各强制循环泵的出口门，当锅炉压力降至0.1MPa时，开启锅炉充氮门，并维持氮气压力为0.3MPa左右。

(3) 开启锅炉排污门或放水门进行锅炉放水，放水门的开度应加以控制，并注意保持锅炉中氮气压力不降到零。

(4) 当炉水放尽后，即关闭排污门或放水门，防止氮气逃逸。

(5) 调节充氮门，维持炉内氮气压力在30～60kPa。

(6) 当再热汽温度降至100℃时，可向再热器充入氮气，并维持其氮气压力在30～60kPa。

以上方法也可在热炉放水过程中进行。

在锅炉充氮时，应定期对氮压及氮气浓度进行检查，否则应进行充氮。

(四) 烘干防腐保养法

这种方法是在锅炉停运后，当其压力降至一定值时，采用带压放水。利用锅炉余热，烘干锅炉，保持锅炉汽水系统金属表面的干燥，以避免腐蚀。此法适用于大修或中修停炉后的保养，常见的有以下两种保养方法。

1. 热炉放水保养法

(1) 停炉前，对再热器进行烘干处理。

(2) 停炉后，应开启强制循环泵的出口门，当锅炉压力降低到0.2MPa时，开启锅炉排污门和放水门进行锅炉放水，同时开启各空气门、疏水门，利用锅炉余热，干燥各受热面。

(3) 炉水放尽后，关闭锅炉排污门、放水门、疏水门，待各空气门无蒸汽冒出后，关闭空气门，并注意防止其他系统来的疏水进入锅炉。

(4) 锅炉放水时，应关闭风烟系统各风门挡板。

2. 热炉充氮放水排汽干燥保养法

(1) 汽轮机打闸后，保持锅炉运行1h，进行再热器烘干处理。

(2) 停炉后，各强制循环泵的出口门均应开启，当锅炉压力降至 0.2MPa 时开启排污门和放水门进行放水，同时开启充氮门进行充氮。

(3) 炉水放尽后，关闭锅炉排污门及放水门，同时停止充氮。

(4) 开启各空气门及疏水门进行排汽，待空气门中无蒸汽冒出时，关闭空气门及疏水门。

(5) 各空气门全部排汽结束并关闭后，锅炉重新恢复充氮。

锅炉保养期间，应保持各风门、挡板和门孔严密关闭；炉膛底部水封保持正常，尽可能保持炉内干燥。

(五) 锅炉炉膛、风烟道及辅机的保养

1. 锅炉炉膛保养

锅炉炉膛不论是长期或短期保养，其内部应保持干燥状态，特别是在长期保养的场合下，应除去烟道、受热面等的积灰，必要时还应设置盘状加热器，进行干燥保养。

2. 风烟道保养

一个月以上的长期保养，应对风烟道内表面积灰进行清扫，且关闭所有风门、挡板；一个月以内的风烟道保养，则不必处理积灰等。

3. 锅炉辅机保养

锅炉辅机的保养原则是保护冷却水畅通，各辅机在随时投运的状态下保存。此外，应按防止轴承部件锈蚀所规定的周期，对辅机进行定期运转或用手盘动，以防轴承部件锈蚀，并在其他部分涂上防锈油。

三、发电机—变压器组保养

发电机—变压器组停运后的保养，应根据其环境及冷却系统的不同而有所差别。下面就针对大容量发电机组的保养共同点做一简单介绍。

对于定子绕组用水冷却的发电机组，在冬季停运期间，应保持机房内温度不得低于＋5℃。若机房气温不能保证＋5℃以上，则应考虑以下几点。

(1) 启动一台定子冷却水泵，用通水循环的方法防冻。

(2) 若冷却水系统故障或长时间停运，则应将水排放干净，并用压缩空气冲洗干净。

首先对于发电机滑环与碳刷，因停运后，滑环与碳刷的机械磨损比流过正常电流时大，应根据停运时间长短应拔松或拔出碳刷；其次由于滑环、碳刷正负极性的磨损程度不同，则应根据厂家规定的时间调换极性。变压器作为室外设备，在停运时无需特别维护，但可根据环境情况应考虑各部件的防潮问题。若环境温度过低时则应投入冷却风扇，对某些气温过低有影响的设备（如变送器等），则应可靠地投入加热系统。

最后须指出的是：发电机—变压器组应根据自身特点制定各自的维护措施，以保证设备在停运期间的安全。

第四节　汽轮机的运行特性分析

一、单元机组的负荷调节和变压运行

(一) 负荷调节

由于电力系统的频率和负荷经常变化，单元机组要适应频率的调节及经济调度的要求，需经常进行负荷调节。单元机组的负荷调节通常有以下几种情况。

(1) 当电网频率变化，汽轮机调速系统动作时，汽轮机调速汽门开大或关小，使汽轮机进汽量改变，从而引起主蒸汽压力变化。这时锅炉侧要相应地进行主蒸汽压力调节、燃烧调节，以维持能量的平衡；进行水位调节，调整给水量以维持工质的平衡以及汽温调节以维持蒸汽温度的稳定。

(2) 按照电网调度指令调整负荷应由锅炉和汽轮机协调进行。锅炉侧改变燃料进行燃烧调节，改变给水量进行水位调节；汽轮机侧调整调速汽门开度，改变进汽量从而改变机组输出功率。主蒸汽压力的稳定则需要锅炉和汽轮机的协调动作。按照指令调整负荷时，要注意负荷调整的速度，以保持汽压、汽温的稳定及机组的安全。如果负荷需要增加较大，应首先检查机组辅机（如引风机、送风机）、制粉系统、给水泵的状态并做必要的调整，使其能适应负荷的要求。

(3) 电网事故或单元机组内发生事故而引起的强制减负荷。例如当给水泵跳闸、给水流量减少时，必须减少机组负荷，以保证机组的安全。故障时的强制减负荷，由于减负荷的幅度较大，锅炉侧要迅速减少燃烧量，降低蒸发量，汽轮机调速汽门也迅速关小，以控制汽轮机转速或主蒸汽压力。强制减负荷时要注意燃烧工况（及时投油助燃）和机组参数的稳定及机组的安全（防止发生水冲击）。

负荷调节是单元机组运行中的一项重要工作。负荷调节时，由于燃烧量、蒸发量的改变，锅炉、汽轮机的工况发生了变化，汽压、汽温、水位等均要进行调节，汽轮机、发电机也应加强监视。另外，由于机组负荷与燃料量、给水量、过热器喷水量及调速汽门开度等均存在着对应关系，负荷调节结束后，还应检查这些参数，以掌握机组的状态，及时发现隐患。

（二）单元机组的变压运行

随着电力系统的发展，原来承担基本负荷的大容量单元机组，近年来逐渐承担调峰的任务。机组调峰基本上有三种方式：①在额定参数下，根据电网的需要调整负荷，亦称定压运行；②频繁地停机和开机，即后夜电网低谷负荷时停机，早上高峰负荷时再开机，又称两班制运行；③变压运行。采用第一种方式调整负荷，在低负荷时，主蒸汽的节流损失很大，机组的热效率下降，尤其对大容量机组很不经济。当前大容量单元机组调峰主要采用第三种方式。

1. 变压运行的优点

单元机组变压运行指保持汽轮机调速汽门全开或部分全开，通过锅炉调整主蒸汽压力达到调整汽轮机输出功率，满足电力系统负荷需要的一种机组运行方式。变压运行时，主蒸汽温度保持不变，主蒸汽压力随负荷的变化而变化，故变压运行又称为滑压运行。

变压运行主要有下列优点：

(1) 机组负荷变动的情况下，可以减小高温部件的温度变化范围，从而降低汽缸和转子的热应力、热变形，提高部件的使用寿命。汽轮机变压运行时，主蒸汽压力随负荷变化而相应变化，但主蒸汽温度保持不变；当负荷变化较大时，调速级的温度变化比定压运行时要小得多。这使得汽缸、转子等金属部件的热应力和热变形也小，不仅增加了机组的可靠性，也增加了机组的负荷变化率，以适应电力系统负荷变化的需要。

(2) 低负荷时能保持较高的热效率。变压运行与定压运行相比，在低负荷时有较高的热效率。变压运行时主蒸汽压力随负荷的减小而下降，而主蒸汽温度不变，使进入汽轮机的容积流量也基本不变，汽流在叶片里的流动偏离设计工况小，在负荷变化相同时，变压运行比定压运行热效率下降得也小。变压运行时调速汽门全开或基本全开，使得低负荷时节流损失很小。又因变压运行时蒸汽压力减小，使得对末级长叶片的侵蚀也得到缓和。

（3）给水泵功耗减小。机组变压运行时应采用变速给水泵。当汽轮机的负荷降低时，给水流量和压力随之减少，变速给水泵消耗功率也随之减小，负荷越低，功率消耗越小。

（4）有利于机组变工况运行和快速启停操作。在工况变动时，滑压调节的汽轮机高压缸各级蒸汽温度实际上近乎保持不变。而对于喷嘴调节温度变化较大，再考虑到调节级为部分进汽，调节级后沿周向温度分布是不均匀的，当工况变化时，汽轮机的温度工况比滑压调节要差得多。滑压调节还由于没有调节级，可直接在汽缸上铸出全周进汽的进汽室，可使高温进汽部分在结构和形状上得到简化。滑压运行时，由于锅炉的汽温和汽轮机各级温度变化均较小，因此有利于机组的快速启停和变工况。汽轮机变工况主要受到温度变化的限制。理论与实践表明，如温度变化的数值小，则允许的升（降）温速度也可较大；反之，温度变化的数值大，则允许的升（降）温速度就较小。因此，如汽轮机的设计及材料已定，要想增加机组允许的升（降）温速度以改善机组的变工况性能，就应减小温度变化数值。滑压运行就能达到这个目的。这一优点，对于大功率机组更为突出。

2. 滑压运行对负荷的适应性分析

（1）滑压运行机组对电网调频的适应性较差。因为当机组功率增大时，锅炉必然增加燃烧以提高汽压。但此时锅炉的储热能力不但不能利用，还因压力的提高而储蓄了一部分热量，这样就增加了迟延时间。因此，滑压运行的机组对负荷的反应速度比定压运行差，故滑压运行机组一般不宜参与调频。

（2）滑压运行可以减轻汽轮机通流部分结垢。通常负荷变动时，锅炉汽包内的水垢受水力冲击而被粉碎并随蒸汽带出，造成汽轮机通流部分结垢。滑压运行低负荷时蒸汽压力低，受水力冲击而被击碎的水垢减少，因而可减轻汽轮机通流部分结垢。另外，滑压运行时蒸汽压力随负荷的降低而降低，蒸汽溶解盐分的能力减少，使蒸汽中总含盐量减少，也减轻了在汽轮机通流部分的结垢。

3. 滑压运行对锅炉的影响

（1）滑压运行对各受热面吸热量分配的影响。采用滑压运行时，负荷降低，主蒸汽压力也降低，亦即锅炉各受热面内工质的压力降低。压力降低对不同类型锅炉的影响是不一样的。滑压运行时，省煤器工质所需热量减少，水冷壁工质所需热量增加，过热器工质所需热量也减少（朗肯循环的定压加热过程）。所以，滑压运行中负荷变化幅度越大，锅炉各受热面所需热量变化幅度也越大。这种变负荷下热量的分配关系与定压运行显然不同。定压运行时，加热、蒸发和过热所需热量在不同负荷下变化很小，并且这很小的变化仅仅是由于锅炉在不同负荷下阻力不同所引起的热面区段变化。

（2）滑压运行对工质流动的影响。滑压运行时，负荷降低，工质压力降低，比体积增大。而比体积的增大将使自然循环锅炉的流动压头增加，水循环可靠性提高。对于强制循环锅炉，压力下降有两方面影响：压力下降，工质比体积增大，管内阻力增大，这对水动力稳定性和减少管间流量偏差是有利的；然而，在低压时，汽水比体积差增大，容易出现水动力不稳定。因此，对于强制循环锅炉，应由水动力稳定性来决定滑压运行时的最低极限负荷，同时也决定了最低工作压力。上述情况都是对亚临界压力锅炉而言的。

4. 滑压运行其他若干问题

在滑压运行时，主蒸汽、再热蒸汽温度均能维持额定值，使汽轮机各级金属温度几乎不变，无附加热应力。低负荷时排汽缸温度、排汽温度、本体膨胀、胀差和振动等都变化不大。但仍需注意以下几个问题：

（1）负荷很低时低压转子流量小，汽轮机叶片根部将产生较大的负反动度，造成蒸汽回流、效率降低和叶片根部出汽边水刷，甚至还有可能引起不稳定的旋涡，使叶片承受不稳定的激振力的颤振。

（2）锅炉低负荷时，有可能产生主汽温与再热汽温的偏差增大，对于高、中压缸合缸的机组，高、中压缸两个进汽口相邻处的温度梯度过大将产生较大的热应力。

（3）低负荷时排汽温度将升高，如升高值过大采用喷水减温，要注意可能因雾化不佳、喷水位置不当而造成低压缸叶片受侵蚀。

（4）低负荷时给水加热器疏水压差很小，容易发生疏水不畅和汽蚀，因此要备有正确的检测手段和相应的保护措施。

采用变压运行时，蒸汽温度和汽轮机各部位的温度基本稳定，负荷变化快慢对汽轮机影响不大，限制负荷变化速率的主要因素是蒸汽压力变化速率和汽包上下壁温差，即变压运行时负荷变化快慢的关键在锅炉。变压运行时，主蒸汽压力随负荷变化，汽包内的饱和水蒸气温度随之相应变化，其变化速率一般规定为 1.5℃/min，汽包上下壁温差不超过 40℃为标准。

（5）变压运行机组的最低负荷一般取决于锅炉，而锅炉负荷下限主要取决于燃烧稳定性和水动力工况安全性两个因素。大部分锅炉纯燃煤最低稳定负荷约为 40%～60%额定出力。

5. 变压运行的分类和选择

（1）纯变压运行。在整个负荷变化范围内，汽轮机所有调速汽门全开，利用锅炉改变主蒸汽压力来适应机组功率变化的运行方式，称为纯变压运行。纯变压运行存在很大的时滞，不适用于电网频率的调整，这是纯变压运行的一个主要缺点。此外，由于纯变压运行时汽门是全开的，为了防止结垢，卡涩需定期手动活动阀门；有时也会造成汽门过开，增大了阀门的动作行程，致使机组甩负荷时有超速的危险。

（2）节流变压运行。正常情况下，调速汽门不全开，对主蒸汽保持一定的节流（5%～15%），负荷降低时进入变压运行，负荷突然上升时可以立即全开调速汽门，利用锅炉已有的稍高的蒸汽压力，达到快速增加机组负荷的运行方式，称为节流变压运行。节流变压运行弥补了纯变压运行负荷调整慢的缺点，但由于调速汽门经常节流而产生了节流损失，降低了机组的经济性。

（3）复合变压运行。复合变压运行是指变压运行和定压运行相结合的一种运行方式。复合变压运行有以下三种方式。

1）低负荷时变压运行，高负荷时定压运行。这种运行方式既具有低负荷时变压运行的优点，又保证了单元机组在高负荷时的调频能力。

2）高负荷时变压运行，低负荷时定压运行。这种方式使机组低负荷时仍保持一定的主蒸汽压力，从而可保证较高的循环效率和机组的安全运行。

3）高负荷和极低负荷时定压运行，在其他负荷时变压运行。这是目前采用比较广泛的一种复合变压运行方式（即定—滑—定），兼有前两种复合变压运行方式的特点，既保持在高负荷区域有较高的效率，又防止了在低负荷区域热效率过多的降低，同时又有良好的负荷适应性。

变压运行是一种新技术，随着我国电力系统容量的增大、大容量单元机组的日益增多和自动化程度的提高，变压运行技术将会获得更广泛的应用。

二、单元机组的经济运行

（一）单元机组的经济指标

1. 单元机组的主要经济指标

单元机组的经济运行状况，主要取决于其燃料和电量的消耗情况，因此，单元机组的主要经济指标是发电标准煤耗率和厂用电率。

发电标准煤耗率计算公式为

$$b_s = \frac{B \times 10^6}{W} \times \frac{Q_{net}^r}{29\,308} \tag{6-1}$$

式中 b_s——标准煤耗率，g/kWh；

B——锅炉燃料消耗量，t；

W——机组发电量，kWh；

Q_{net}^r——锅炉燃料的应用基低位发热量，kJ/kg；

29 308——标准煤的发热量，kJ/kg。

厂用电率计算公式为

$$\lambda_p = \frac{P_p}{P} \times 100\% \tag{6-2}$$

式中 P_p——单元机组的自用电功率，kW，

P——单元机组发电功率，kW。

标准煤耗率及厂用电率的大小主要取决于机组的设计、制造及选用的燃料。运行人员的调整、运行方式的选择对这两项指标也有很大影响。单元机组的经济运行就是要保证实现标准煤耗率和厂用电率的设计值，并尽可能地降低，以获得最大的经济效益。

根据理论可知，标准煤耗率为

$$b_s = \frac{0.123}{\eta}$$

$$\eta = \eta_b \eta_{pi} \eta_t \eta_{ri} \eta_m \tag{6-3}$$

式中 b_s——标准煤耗率，kg/kWh；

η——单元机组热效率，%；

η_b——锅炉效率，%；

η_{pi}——管道效率，%；

η_t——循环效率，%；

η_{ri}——汽轮机相对效率，%；

η_m——汽轮发电机的机电效率，%。

降低煤耗应从提高单元机组热效率，即从提高能量转换各环节的效率入手，根据各环节的特点采取措施，以提高整个机组的经济性。

2. 单元机组的技术经济小指标

在运行实践中，常把单元机组的标准煤耗率和厂用电率等主要经济指标分解成各项技术经济小指标。控制这些小指标，也就具体地控制了各环节的效率和厂用电率，从而保证了机组的经济性。

（1）锅炉效率。锅炉效率是表征锅炉运行经济性的主要指标。影响锅炉效率的主要因素有以下几方面：

1）排烟热损失。排烟热损失是锅炉热损失中最大的一项，一般占锅炉热损失的4%～8%。影响排烟热损失的主要因素是排烟温度和排烟量。排烟温度越高，排烟量越大，则排烟热损失越大。

在锅炉运行中，受热面积灰、结渣等会使传热减弱，促使排烟温度升高。因此，在运行中应注意及时吹灰打渣，保持吹灰装置运行正常，使受热面保持清洁；另外，由于排烟温度太低会引起锅炉尾部的酸性腐蚀，因而也不允许排烟温度降得太低，特别是在燃用硫分较高的燃料时，排烟温度应保持高一些。

为减少排烟容积，在减少炉膛及烟道漏风的前提下，要保持锅炉有较合理的过量空气系数。过量空气系数过大会增大排烟容积，过小会引起其他损失增大。

2）化学不完全燃烧热损失。化学不完全燃烧热损失是指可燃气体随烟气排出炉外所造成的热损失。影响这项损失的主要因素是燃料性质、过量空气系数、炉膛温度以及炉内燃料与空气的混合情况等。当风量不足、氧气及燃料混合不好时，就会有一部分燃料未完全燃烧而生成一氧化碳（CO）从烟道排出。如烟气中含1%的CO，就会增加5%左右的锅炉热损失。

3）机械不完全燃烧热损失。机械不完全燃烧热损失是指飞灰及排渣含碳造成的热损失，该项损失仅次于排烟热损失。影响机械不完全燃烧热损失的主要因素是燃料性质和运行人员的操作水平。如煤中含灰分、水分高，煤粉细度不合理以及运行中锅炉一、二次风不匹配等均会使机械不完全燃烧热损失增加。

4）散热损失。影响散热损失的因素有锅炉容量、负荷、炉相对表面积、环境温度、炉保温情况。加强保温是减少散热损失的有效措施。

5）灰渣物理热损失。灰渣物理热损失是指炉渣排出炉外时带出的热量。影响灰渣物理热损失的因素有燃料灰分、炉渣占总灰量的比例及炉渣温度。一般固态排渣煤粉炉的该项损失很小。

（2）主蒸汽压力。主蒸汽压力是单元机组在运行中必须监视和调节的主要参数之一。汽压的不正常波动对机组安全、经济运行影响很大。同时，大型机组一般均采用定压—滑压—定压运行方式，除在负荷高峰期采用定压运行外，大部分时间采用滑压运行，因此，必须控制主蒸汽压力在机组滑压运行曲线允许范围。主蒸汽压力降低，蒸汽在汽轮机内做功的焓降减小，从而使汽耗增大，主蒸汽压力太高，旁路甚至安全门动作，机组运行的经济性降低。所以，在火力发电厂单元机组运行中，必须控制主蒸汽参数压红线（额定值）运行。

（3）主蒸汽温度。主蒸汽温度的波动同样对机组安全、经济运行有着很大的影响。汽温升高可提高机组运行经济性，但汽温过高会使工作在高温区域的金属材料强度下降，缩短过热器和机组使用寿命，严重超温时，可能引起过热器爆管。汽温过低，汽轮机末几级叶片的蒸汽湿度增加，对叶片的冲蚀作用加剧，同时，使机组汽耗、热耗增加，经济性降低。

（4）凝汽器真空度。凝汽器的真空度对煤耗影响很大，真空度每下降1%，煤耗约增加1%～1.5%，出力约降低1%。

在单元机组运行中，影响真空的因素很多，如真空系统的严密性、空冷的调节、进入凝汽器的蒸汽量、环境温度等。因此，运行值班人员应根据机组负荷、季节等的变化情况，对凝汽器真空变化及时作出判断，以保证凝汽器的安全、经济运行。

（5）适当的排汽背压。控制排汽背压的措施有：

1）调节空冷风机的台数；

2）调节空冷风机的频率；

3）防止凝汽器汽侧漏入空气；

4）定期对空冷凝汽器进行清洗；

5）保证逆流风机的良好运行。

（6）凝结水过冷度。凝结水过冷度通常应低于1.5℃。凝结水出现过冷却，不仅使凝结水中含氧量增加，而且易于引起设备腐蚀。

减小凝结水过冷度的措施有以下三点。

1）消除真空系统的不严密性，定期进行真空严密性试验，及时消除泄漏；加强对凝结水泵的监视，防止空气自凝结水泵轴封漏入；加强对低压汽封的监视及调整，防止空气漏入；对真空系统密封水加强监视，防止因密封水中断，漏入空气。

2）保持排汽装置适当的背压。

3）冬季要调节空冷风机的数量或频率，做好防冻措施。

（7）给水温度。机组运行中，应保持给水温度在设计值运行。给水温度对机组的经济性影响很大，给水温度每降低10℃，煤耗约增加0.5%。提高给水温度的措施有以下四点：

1）提高加热器的检修质量，尤其要保证高压加热器投入率；

2）消除加热器旁路门和隔板的泄漏，防止给水短路；

3）保证加热器疏水门的正确动作，维持加热器在低水位下运行；

4）消除低压加热器的不严密性，防止空气漏入。

（8）厂用辅机用电单耗。辅机运行方式合理与否对机组的厂用电量、供电煤耗影响很大。各辅机启停应在满足机组启停、工况变化的前提下进行经济调度，以满足设计要求，提高机组运行的经济性。

（二）提高单元机组经济性的主要措施

1. 维持额定的蒸汽参数

根据热力工程理论，提高蒸汽参数可提高循环效率。但由于受金属材料的限制，机组的蒸汽参数已在设计时确定，运行中的主要任务是维持规定的蒸汽参数，即压红线运行，防止由于蒸汽参数的降低而使机组的经济性降低。

2. 保持最佳真空

提高凝汽器真空可以增加可用焓降，减小凝汽损失，提高循环效率，因此运行时应使凝汽器保持最佳真空（提高真空系统的严密性。其效果相当于提高了真空）。

3. 充分利用回热加热设备，提高给水温度

利用回热加热设备，可减少冷源损失，提高给水温度，从而减少了煤耗，所以正常运行中要尽可能使高、低压加热器全部投入运行。运行中要注意加热器水位的调节、空气的抽出

和加热器保护装置的维护，保证加热器的正常运行。

4. 合理的送风量

锅炉的送风量与锅炉的效率有直接关系。送风量过大，将增大锅炉排烟容积，使排烟损失增大，还增加引风机耗电率；送风量过小，将影响燃烧，使化学不完全燃烧热损失和机械不完全燃烧热损失增大。运行中除要保持合理的送风量外，还需维持最佳过量空气系数。最佳过量空气系数一般由锅炉热效率试验确定，运行中一般用氧量表来监视，最佳氧量值一般在4%～5%左右。通过送风量的调节可维持最佳氧量值。

5. 合理的煤粉细度

煤粉较细，可减少机械不完全燃烧热损失，还可适当减少送风量，使排烟热损失降低：但为了得到较细的煤粉，要增加磨煤消耗的能量和设备的磨损。煤粉较粗时，情况刚好相反。所以运行时要选择合理的煤粉细度，使各项损失之和最小，这时的细度值一般称为经济细度。经济细度与锅炉负荷有一定的关系。锅炉负荷低时，由于炉膛温度低，燃料燃烧速度慢，煤粉应细一些；锅炉负荷高时，煤粉可粗一些。

6. 注意燃烧调整

通过燃烧调整，可减少不完全燃烧热损失，提高锅炉效率，降低煤耗。在保证汽温正常的条件下，尽可能使用下排燃烧器，或加大下排燃烧器的负荷，减小上排燃烧器的负荷，以降低火焰中心，延长燃料在炉内的停留时间，达到完全燃烧。

运行中应注意随时观察炉内燃烧情况，必要时应加以调整。通过调整各燃烧器的一、二次风量配比，保持燃烧火焰中心适当。另外，应注意对飞灰可燃物含量的监测，发现飞灰可燃物超标应及时采取措施。

当煤粉燃烧器中有油喷嘴时，应当尽量避免在同一燃烧器内进行长时间的煤油混烧。因为同一燃烧器内煤油混烧时，油滴很容易黏附在碳粒表面，影响碳粒的完全燃烧，增大机械不完全燃烧热损失，同时也易引起结渣和烟道再燃烧。

7. 降低厂用电率

发电厂在生产过程中要消耗一部分厂用电，用以驱动辅机和照明。随着蒸汽初参数的提高，厂用电率也增大。对单元机组来说，因发电量大，厂用电量的绝对数字也相当大，节省厂用电量成为单元机组经济运行的重要内容。

对燃煤电厂来说，给水泵、空冷风机、引风机、送风机和制粉系统及脱硫系统所消耗的电量占厂用电的比例很大。如中压电厂给水泵耗电占厂用电的14%左右；高压电厂给水泵耗电则占厂用电的40%左右；超临界电厂如果全部使用电动给水泵，其耗电量可占厂用电的50%。所以降低这些电力负荷的用电量对降低厂用电率效果最明显。

降低给水泵的耗电量可以采取的措施有：采用液压联轴器，通过变化转速来调节给水量以减少节流损失；改善管路形状等也可减少阻力；在保证负荷需要的前提下，尽量使运行的给水泵满载，以减少给水泵运行的台数。

降低引、送风机电耗的措施主要是采取合理的运行方式。如双速风机在低负荷时采用低速运行；两台以上风机并列运行时，可采用经试验方法确定的各种负荷下的最经济的运行方式（包括运行台数和负荷分配），使总的耗电量最少；及时消除烟道和炉膛各处的漏风，及时吹灰以减少烟道的阻力。另外，合理使用再循环风、暖风器以及加强对除尘器的维护以防堵灰也可减少电耗。制粉系统电耗在厂用电中也占有相当比重，应该注意通过实践找出合理的磨煤机出力、通风量、通风温度、磨煤机出口温度和煤粉细度等，使制粉系统电耗降低。此外，减少球磨机电耗的措施还有维持合理的钢球装载量，及时补充钢球。

8. 减少工质和热量损失

运行中应尽可能回收各项疏水，消除漏水漏汽，以减少凝结水和热量损失，降低补给水率。注意对汽轮机轴封的维护、调整，避免轴封漏汽量增加。加强对设备保温层的检查维护，减少散热损失。

9. 提高自动装置投入率

由于自动装置调节动作较快，易使各级设备和运行参数维持在最佳值，故自动装置的投入可提高锅炉效率0.2%～1.5%，降低蒸汽参数的波动，从而提高循环效率，使实际热耗可降低2%；并可以降低辅机电耗率。

三、单元机组的运行管理

（一）定期工作

单元机组的定期工作是保障机组正常运行及事故情况下能安全停运的一项重要工作，各级运行管理干部及运行值班人员都必须重视这项工作。

定期工作主要包括定期切换运行、定期试验、定期加油及定期放水和排污等项目。都是以保证设备安全运行，提高机组运行可靠性为前提。

1. 定期切换运行

切换前应制定相应的技术措施，并做好防止设备跳闸的事故预想，对确证不具备切换条件的禁止进行切换。另外，在切换前运行人员必须提前对备用设备、系统进行认真检查，确保备用设备、系统可靠备用。切换工作结束后，应将切换时间、设备状况、切换负责人以及发现的问题记录清楚。

2. 定期试验工作

定期试验工作进行前首先应确定是否具备试验条件，不能盲目地进行试验，重要的试验工作应有发电部的有关人员参加，必要时还应制订并采取防止设备跳闸的措施。试验后应将试验时间、结果及负责人记录清楚，对试验结果不理想或不合格者还应提出相应的改进意见。

3. 定期加油工作

定期加油工作主要包括油位检查、油质检查和补加油。油位要求应大于油窗总刻度的2/3，对油位低于油窗总刻度2/3的设备应补加油。补油时应注意润滑油的型号，防止因型号不匹配，引发事故。加油工作应依照加油表进行，工作结束后，应将时间、加油前油位、加油后油位、油质、专责人记录清楚，并存档。各专业应根据加油记录，对各部耗油情况进行分析，对补油频繁或油质改变的应采取相应的措施。

4. 其他定期工作

主要是指定期放水和排污以及其他工作，应针对具体情况规定。

5. 日常工作

严格按岗位标准和管理标准执行“两票三制”（即工作票、操作票），交接班制度，巡回检查制度，定期试验制度，及缺陷管理制度。

（二）运行管理

运行管理是发电企业生产技术管理的重要组成部分，发电企业的各项工作最终要通过运行生产表现出来，所以，运行管理抓好以下几方面的工作。

（1）坚持“安全第一，预防为主”的方针，制定安全目标，提高安全运行水平。

（2）建立安全责任制和安全管理网，定期开展活动，并按年、季、月编制运行反事故措施计划和安全技术措施计划，并落实到各单元的每个岗位。

（3）搞好季节性预防事故措施及特殊运行方式下的事故预想活动。一季度重点搞好春节前的安全大检查活动及防火检查工作；二季度重点做好春检工作，查思想、查事故隐患、查习惯性违章，并做好防暑过夏的准备工作，对现场控制柜的空调、风机及冷却器进行重点检查，防止因温度高造成设备停运；三季度一般在北方地区都有设备计划检修，要充分做好大修设备停用的安全措施，并保证运行机组的安全运行；四季度搞好冬季迎峰大检查活动，特别是北方地区要全面做好防寒防冻工作，堵塞漏洞，防患于未然。

（4）在运行单元之间、值之间开展反事故竞赛，重点是杜绝五种恶性事故，即人身死亡事故、全厂停电事故、主要设备损坏事故、火灾事故和严重误操作事故。事故发生后，要坚持“三不放过”的原则，根据事故情况订出反事故措施计划，防止频发性事故的发生。

（5）加强技术经济指标管理，搞好计划统计工作，根据机组试验得出的最佳技术指标和平均先进水平编制生产计划，按月向运行值、单元机组下达生产计划及各项技术经济指标。

（6）加强燃料管理，对来油、煤的数量及质量进行严格的监督检查。

（7）全面开展运行小指标竞赛，按值、单元、岗位进行指标分解和考核。

（8）加强运行分析，建立运行分析制度。按分析内容分为岗位分析、定期分析、专题分析。按具体分析性质分为以下几种。

1）日常分析，指运行人员及各级管理人员的每小时岗位分析和日分析、月分析。

2）趋势分析，指专业人员根据积累的有关数据，监视设备工况渐变过程的分析。

3）专题分析，指对设备上存在的问题作出专门的研究分析。

4）预测分析，根据国内外资料及兄弟厂的经验教训，结合本厂实际情况提出针对性的预测分析。

5）运行方式分析，指对全厂公用系统及单元机组运行方式的经济性、安全性进行的分析，重点是一般运行方式的合理性，特殊运行方式的安全性及相应措施的可行性。

6）设备大、小修前后的分析。对设备修前、修后的各项经济技术指标进行对比分析，观察和鉴定检修与改进的效果，开展效益跟踪。

7）单元机组启停工况分析，指对单元机组在启停过程中的燃料消耗、参数控制等，在各值之间、单元机组之间进行分析比较。

8）事故、障碍和异常分析。

9）机组出力分析，重点分析影响高峰出力的原因及应采取的对策，提高机组的调峰水平。

10）加强运行方式的管理。系统运行方式应符合安全经济合理的原则，对热力、电气各个公用系统的正常和特殊运行方式均应有明确的规定，节日调度、重大的试验要有措施，保证机组安全经济运行。

11）加强经济调度和热力试验工作。机、炉热力试验要以提高机组的经济性为主，通过试验制定经济负荷分配方案，进行经济调度，保证机组在最佳工况下运行。

12）搞好运行管理基础工作。制定各项运行管理制度，搞好运行的各项原始记录工作及其他台账管理工作，使其规范化、制度化，科学化。

13）坚持以人为本的思想，搞好运行人员的培训工作，结合单元机组特点及自动控制水平，培养集控运行的全能值班员。

（三）电气系统倒闸操作

1. 倒闸操作的目的及注意事项

电气设备可分为四种不同运用状态，即运行、热备用（指只有断路器断开，一经合闸设备即带电）、冷备用（指断路器和刀闸都断开，系统无检修、安全措施已拆除）、检修。为了将这些电气设备由一种运用状态转换到另一种运用状态，就需要进行一系列的操作，即倒闸操作。倒闸操作除转变电气设备的运用状态外，还包括变更一次系统的运行接线方式，以及保护、二次接线、自动装置投切、切换试验等，它是电气值班工作中最重要也是最为常见的任务之一，其目的是使设备适应运行方式、设备检修、故障处理的需要。保证操作安全无差错，生产现场不仅要健全各项安全工作制度，狠抓落实，而且还要充分发挥运行岗位上人员的积极能动作用，发扬主人翁精神和高度的职业责任心，精心操作和监护，才能实现正确倒闸操作的目的。

进行倒闸操作时，应注意以下几点：

(1) 改变后的运行方式应正确、合理及可靠，优先采用运行规程中规定的各种运行方式，使电气设备及继电保护尽可能处在最佳状态运行。

(2) 倒闸操作是否会影响继电保护及自动装置的运行。在倒闸操作过程中，如果预料有可能引起某些保护自动装置误动或失去正确配合，要提前采取措施或将其停用。

(3) 系统高峰负荷期间、直流设备接地期间以及操作设备所在系统发生交流接地期间，一般不进行操作。

(4) 要严格把关，防止误送电，避免发生设备事故及人身触电事故。为此，在倒闸操作前应遵守以下要求。

1）在送电的设备及系统上，不得有人工作，工作票应全部收回。同时设备要具备以下运行条件：①发电厂的设备送电，线路及厂用的设备必须具备受电条件；②一次设备送电，相应的二次设备（控制、保护、信号、自动装置等）应处于备用状态；③电动机送电，所带机械必须具备转动条件，否则靠背轮应甩开；④防止下错令，将检修中的设备误接入系统送电。

2）设备预防性试验合格，绝缘电阻符合规程要求，无影响运行的重大缺陷。

3）严禁约时停送电、约时拆挂地线或约时检修设备。

4）新建电厂，在基建、安装、调试结束及工程验收后，设备正式投运前，应经本单位主管领导同意及电网调度所下令批准，方可投入运行，以免忙中出错。

①应制订倒闸操作中防止设备异常的各项安全技术措施，并进行必要的准备。②进行事故预想。电网的重大操作，调度员及操作人员均应做好事故预想；发电厂内的重大电气操作，值长及集控值班人员要做好事故预想，事故预想要从电气操作可能出现的最坏情况出发，结合本专业的实际，全面考虑。拟定的对策及应急措施要具体可行。③正确使用绝缘安全工具。即绝缘棒、绝缘手套、绝缘垫等。

2. 倒闸操作的原则及顺序

倒闸操作的基本原则有：

（1）不致引起非同期并列和供电中断，保证设备出力、满发满供，不窝出力、不过负荷；

（2）保证运行的经济性、系统功率潮流合理，机组能较经济地分配负荷；

（3）保证短路容量在电气设备的允许范围之内；

（4）保证继电保护及自动装置正确运行及配合；

（5）厂用电可靠；

（6）运行方式灵活，操作简单，事故处理方便、快捷，便于集中监视。

倒闸操作必须由两人执行，一人操作，一人监护。复杂操作应由熟练的值班员操作，由值班负责人或值长监护。操作时，应首先核对设备双重编号，确认无误方可开始操作。操作要逐项进行，不准跳项、倒项、添项、漏项以及干任何与操作无关的工作。每项操作前，由监护人高声唱票，操作人手指设备，重复操作命令，等监护人核对无误后，发出“对”或“执行”的命令时，操作人经 3s 思考后再进行操作。倒闸操作应区别不同工作内容，遵守一定的顺序进行：

（1）切断电源时、先拉开开关，然后拉开刀闸。拉开刀闸时，应先拉开负荷侧刀闸，后拉开电源侧刀闸。合上电源时，操作顺序与此相反。防止发生带负荷拉、合刀闸的事故。

（2）拉开三相水平排列的单极刀闸或高压跌落保险时，应先拉开中间相、再拉开两边相。合刀闸时，操作顺序与此相反。

（3）在装设临时携带型接地线时，应先接接地端，后接导体端。拆除时的操作顺序与此相反。

（4）保护和自动装置的投入，应先送交流电源，后送直流电源，检查继电器正常后，再投入有关连接片。退出时与此相反。

3. 倒闸操作质量的检验

操作质量的检查是电气倒闸操作中一个重要的方面，是一个相对重要的操作票项目，一般均在操作始末实施，也是切实保证操作安全的技术措施，操作之前慎重检查，可以对所带负荷做出正确估计，对所操作对象加以审查，安全把关。操作后要对整体操作作全面检查，一般主要通过以下几个方面来进行：

（1）信号指示灯，信号指示灯包括表明开关状态的红、绿灯及储能状态的储能灯，一般通过开关的辅助接点、机械行程开关来切换，也有再经过中间继电器转换后切换的，可直观地表明开关的状态，同时可反映操作回路的完好性。但信号显示正常与否受接点接触情况、控制回路电源电压、接线、设备良好状态等因素的影响。

（2）开关的机械指示。是利用开关操作机构位置的变化来指示开关的状态，不受开关接点接触情况、控制回路等因素的影响，但不能反映开关触头接触是否良好等情况。

（3）电压表。可反映设备带电情况，便于远方监视，需要经过电压互感器、熔断器、变送器等中间转换设备。

（4）带电显示灯。一般装在开关柜内负荷侧，用以表明该间隔的带电情况。其信号接自柜内电流互感器。

（5）声音。电气设备带电运行时，会因电磁、鼓风、摩擦、转动等因素产生声音、振动等现象，据此变化可区分设备状态的变化。

（6）电流表。通过电流互感器、分流器等设备测量、显示设备的电流参数，反映设备的工作状态，在倒闸操作中，系统的解列、并列、启动、停运等，都会使电流发生变化。

（7）光字信号。某些光字信号，如“备用电源无压”、“电压回路断线”等具有监控功能，可根据操作前后信号的变化来辅助检查操作质量。

（8）直接测量。包括电压、电流的测量，以及转速、温度等的检查。注意所使用的安全用具均应在有效试验期之内，应进行模拟试验，检查声光显示正常，设备电路完好。

由于生产现场情况复杂，单就依据某一方面来判定操作完成情况，有时会有偏差，比如，辅助接点接触不良或信号灯损坏，将导致信号切换异常；开关内主触头接触不良，信号灯、机械指示会正常转换，但电流、设备运行声音将异常。所以，应综合考虑各个方面，特别是电压、电流及声音的变化，对所进行的操作得出准确的判断，避免回路中有接触不良或未接通等问题出现，认真执行操作票制度，把好倒闸操作质量关。

（四）寿命管理

寿命管理就是寻求机组合理的启停方式及变工况运行时合理地控制各种参数的变化及其变化率，在启停过程中，使机组各部件的热应力、热变形、汽轮机转子与汽缸的胀差和转动部件的振动均维持在较好的水平上。

合理安排机组的启停方式，减少异常工况出现是减小应力的有效措施。如冷态启动时降低升温升压速度，正常运行中防止超温、超压或低汽温运行，工况变动时注意控制参数变化率。但在改变运行方式时，不仅要考虑机组寿命，也要顾及机组的经济性。单元机组的滑参数启停可以有效地减小应力，延长设备寿命。

目前，由于科学技术的发展和计算机技术的开发应用，大型单元机组均安装设备应力及寿命在线监测装置对寿命进行实时管理。利用计算机实时应力计算，指导运行人员在机组启动、变工况运行及停机过程中，保持应力接近许可最大值进行升速、升负荷或降负荷，可以在不增加额外寿命消耗的情况下缩短启动和停机时间，增加发电量，降低能耗。

另外，对汽轮机转子温度、应力场的实时计算，可以得到每次负荷变化的寿命消耗，到目前为止的寿命累积和消耗、自动报警。对老机组，可估算出转子剩余寿命，根据运行要求决定不同启动和变工况情况下，许可寿命消耗及相应应力许可值。随着单元机组控制水平的不断提高，大型单元机组已实现计算机自启停控制。

四、供热式汽轮机的几个特性

（一）蒸汽初/终参数对电厂经济性的影响

1. 提高蒸汽初始温度对循环热效率的影响

在一定的蒸汽初始压力和排汽压力下，蒸汽在汽轮机内所做的功是随着过热蒸汽初始温度的增加而增加了，但同时在汽轮机的冷源损失也增加了；当吸热的平均温度增加，而放热平均温度不变，则吸热与放热的平均温度差增大，使朗肯循环的热效率提高了。

提高蒸汽初始温度后，可使进入汽轮机的蒸汽容积流量增加，汽轮机的高压部分叶片高度增大，漏汽损失相对减小，汽轮机的排汽湿度减小，使汽轮机的相对内效率提高了。统计资料表明：蒸汽初始温度由315℃提高到510℃，效率可以提高10％～14％。

2. 提高初压力对循环热效率的影响

提高初压力蒸汽的比体积减小，进入汽轮机的蒸汽容积流量减小，级内叶栅损失和级间漏汽损失相对增大，导致汽轮机的相对内效率降低。对于大容量机组蒸汽初参数提高时，相对内效率的降低不是很大，所以大容量机组选用高参数其经济性较高。资料统计表明：初压力由1.5MPa提高到9MPa，效率可以提高10％。

3. 初温度压力同时改变对热效率的影响

从以上分析可知：当排汽压力不变时，无论是提高初温度或初压力，都能使循环的热效率增加，显然，同时提高热效率则增加更多，经理论计算，蒸汽初参数从 3.5MPa、435℃提高到 9.0MPa、535℃，可节省燃料 12%～16%，非常可观。

对 600MW 机组，循环效率每提高 1%，每小时可节煤 2t。

4. 提高初参数的限制

初温度的提高受高温材料的制约。当初温度升高时，钢材的强度极限、屈服点、蠕变极限都会降低很快，而且高温下金属的氧化、腐蚀使材料的强度大大降低。一些耐高温材料（如奥氏体钢）可在 580～600℃高温下使用，但价格非常昂贵，造价高。目前使用的较多的还是 550～570℃的珠光体钢材，只有部分高温受热面（如山东某县 600MW 机组锅炉屏式过热器、高压过热器）采用奥氏体不锈钢。另外奥氏体钢膨胀系数大、导热系数小，对温度变化的适应性抗蠕变能力差，加工、焊接困难，所以该 600MW 机组锅炉屏式过热器停炉后经常焊口漏。

提高蒸汽压力主要受汽轮机末级叶片允许的最大湿度的限制。初压力提高后，对无再热系统的机组，其排汽湿度增大，易于引起叶片侵蚀、降低使用寿命，同时汽轮机的相对内效率也降低了。大型汽轮机的排汽湿度应控制在 10%以下，因此对蒸汽提出再热要求。

5. 终参数对发电厂经济性的影响

降低排汽压力 p_n 可使循环放热平均温度 T_n 降低，从而提高循环热效率。在决定热经济性的三个主要参数——初压力、初温度、排汽压力中，排汽压力对汽耗量、热经济性的影响最大。大约 60%热量经凝汽器排掉。经计算表明：在蒸汽参数为 9.0MPa、490℃时，排汽温度降低 10℃，热效率增加 3.5%；排汽压力由 0.006MPa 降到 0.004MPa，热效率增加 2.2%。排汽压力越低热效率越高。但是，降低排汽压力，将使汽轮机低压部分蒸汽湿度增大，影响叶片寿命，同时降低汽轮机的相对内效率；降低排汽压力，排汽比体积增大，汽轮机末级排汽面积和凝汽器尺寸增大，投资增大。因此，在一定条件下凝汽器真空并非越低越好，必须确定凝汽器的最佳真空。

（二）蒸汽中间再热的优点

为了提高发电厂的热经济性和适应大机组发展的需要，蒸汽参数不断得到提高，但是随着初压力的提高，汽轮机的排汽湿度增大，使乏汽中含有大量的水珠，碰击汽轮机末几级叶片，引起腐蚀和损坏。根据运行经验，汽轮机乏汽湿度最大不得超过 12%～14%；如不采取再热措施，则必须将主汽温升到 570℃以上才能保证乏汽的湿度。汽轮机末级叶片采用特殊合金钢来制作价格昂贵，而采取中间再热循环即可有效解决这个问题。

中间再热循环的优点有以下几点：

（1）提高排汽干度，减少对叶片的侵蚀。

（2）采用蒸汽再热使工质的焓降增大，汽耗量减少，提高热经济性，一次中间再热能提高效率 5%，而采用二次中间再热则能提高效率 7%。

（3）汽耗率降低，减轻给水泵、凝汽器的负担。

（4）能够采用更高的初压力，单机容量增大。

（三）给水回热循环

从朗肯循环的分析可以看出，大部分的热量损失是凝汽器中的冷却水带走的热量（60%

左右），这也是火力发电厂效率低的重要原因。

如：在 p_2＝0.04 绝对大气压，饱和温度只有 28.6℃，当锅炉压力 p_1＝14 绝对大气压时，相应的饱和温度为 309.53℃，若将 1kg 28.6℃的水在锅炉中加热到饱和温度就约需 300kcal（1256kJ）的热量，在朗肯循环中，这部分热量直接由锅炉的燃料燃烧放出的热量供给。由于乏汽温度太低，只能部分利用，故利用乏汽带走热量不可行。即从汽轮机中间抽出做了一部分功的蒸汽，把它送入加热器中，利用这部分抽汽加热由凝汽器来的凝结水，提高给水温度。而抽汽部分不在凝汽器中凝结，又可减少冷却水带走的热量损失，从而节省燃料，提高循环的热效率。这种利用汽轮机抽汽以加热给水的方法叫给水回热。

分析如下：

（1）采用回热循环后的热效率要比朗肯循环高。

（2）从理论上讲，当抽汽次数无穷多时，回热循环的热效率能达到同温度下卡诺循环的热效率。

（3）汽耗加大了，加大了高压缸的通流面积，减小了低压缸通流面积，有利于蒸汽流动，而且使汽轮机低压缸和末级叶片尺寸大大减小。辅助设备的容量等都相应简化。

无论如何，凝汽器内损失的热量是不可用能量，无论采用什么循环，只能将凝汽器内损失的热量降到 50%左右。因此，一定要发展热电联合循环，这样才能尽可能地减少/降低余热损失。

五、空冷机组的防冻和过夏

对于北方寒冷地区的直接空冷机组来说，由于冬、夏两季的温差较大，空冷系统受环境气温的影响很大，怎样才能经济、安全地度过这两个季节也是一个十分值得注意的地方。

（一）空冷机组的防冻

目前，直接空冷系统的散热器绝大多数都采用的是鼓风式机械通风，且以高架、三角形地布置在空旷的大气环境中。散热器的冷却能力在一定热负荷与风量的条件下，是取决于空气的干球温度的。在冬季低温情况下，如果空冷系统设计不合理，散热器的各个翅片管内的饱和蒸汽等温冷凝段缩短，使得凝结水的冷凝段增加、过冷度增大。当气温进一步下降到一定限度以后，翅片管内就会产生冻结现象，轻则会使散热器的传热性能大大降低，重则造成散热器管束被冰块堵塞、真空下降，最后可能使机组被迫停运。因此，对于在寒冷地区的直接空冷机组的防冻问题必须引起足够的重视。

对直接空冷机组的防冻措施主要有以下几种：

1. 翅片管的设计

它是经历了多排管、两排管、单排管的发展过程。在空冷机组凝汽器翅片管内，饱和蒸汽产生冻结现象的一个主要原因就是翅片管束冷却能力与饱和蒸汽热负荷的不平衡。比如早期的多排管设计方式中，由于各排翅片管的管内外温差不同，第一排的凝汽量最大，管内压降也最大；第二排、第三排管依次递减，而翅片管出口端压力则相反。因此，第二、三排管内的蒸汽会倒流至第一排管，导致第一排管的下部存在死区，很容易产生冻结现象。为避免这种冻结现象，以前曾经考虑过三种解决的办法：第一种方法是将第二排、第二排管的管束的管径依次缩小，使其进入不同的排汽量；第二种方法是各排管的管径保持不变，在第二排、第三排的管束的管内装设节流孔板，以改变其进入的排汽量；第三种方法是各排管采用不同的翅化比，第二排管的翅化比大于第一排的，第三排管的翅化比大于第二排的。出于制造成本、工艺方面的原因，目前生产多排管、两排管的公司都采用第三种方法，在与冷空气接触的第一排管选择采用翅化比较小的翅片管。如国外某公司的两排管方案中，迎风面第一排管的翅片间距为4.0mm，第二排管的翅片间距为2.5mm。这样就很好地解决了问题。

2. 空冷凝汽器型式的设计

为防止凝结水产生冻结，将根据传热计算所求得的散热面积分为主凝汽管束（顺流）和辅助凝汽管束（逆流）两部分。其中，顺流管束是冷凝蒸汽的主要部分，管束中蒸汽由上而下可冷凝75%～80%的蒸汽。剩余蒸汽携带不凝结气体进入逆流式管束，在其中蒸汽是由下而上，凝结水则是由上而下。设置逆流管束的主要目的就是为了能够比较顺畅地将系统内的空气和不凝结气体排出，避免冬季运行中在主空冷凝汽器内的某些部位形成死区、形成冻结的情况；同时，因为逆流式空冷凝汽器还要冷凝剩余的一部分排汽，在空冷凝汽器翅片管热交换过程中，排汽与管外空气进行热交换的同时还与管壁凝结水膜进行着热交换。此时，无论是顺流管束还是逆流管束，其管内的凝结水膜被加热，保持了较好的等温状态而避免了冻结。

顺/逆流管束的面积比根据气候条件、管内蒸汽流速、翅片管几何尺寸等多方面因素决定，其值从67∶33到95∶5不等，这种管束又称为*K*/*D*结构。在国外，众多的空冷凝汽器的管束都采用了*K*/*D*结构。实践证明，管束的这种*K*/*D*结构对防止凝结水的冻结是很有效的。

3. 排除不凝结气体

由于蒸汽中含有不凝结气体，如不及时将不凝结气体抽出，就很容易造成气阻。而不凝结气体的焓值较低，当气温下降到一定极限时，极易造成空冷凝汽器管束内冻结现象的发生。因此，及时、有效地排除空冷凝汽器管束内的不凝结气体是防冻和提高管束传热性能的有效措施之一。

4. 根据具体工程对风量进行的合理控制

这也是一种有效的防冻措施，对风量的控制有以下几种方法：

（1）采用单速风机。在冬季根据气温停止部分空冷风机运行，用运行风机数目控制风量，一般是风机台数较多时采用这种方法较好。

（2）配备双速运行风机。这样既可以全速供应大风量，又可以半速供应小风量。

（3）配备能够反转运行风机，以形成内部热风循环。如美国Wyodak电厂，当排汽流量少于17%时，风机就会自动反转运行。

（4）采用变频调速控制风机。这种方式一方面可以根据气温的变化合理地调节风量，另一方面还可以节能。一般当风机台数较少或负荷变化较大时最适合采用这种方式。

5. 对空冷系统的防冻保护控制

随着运行控制水平的提高，对空冷系统的防冻保护控制也是一种有效的手段，如对凝结水温的控制。在有些情况下，来自空冷凝汽器各个管束的凝结水的温度，由于冷却程度的不同而可能有很大的差异。如果某个管束排出的凝结水的温度低于某个设定值的话，则这个管束的风机就会自动地减速或停止运行，直至凝结水温度回升。像Wyodak电厂，一般冬季运行时凝结水温度不低于27℃。

6. 其他防冻措施

（1）在空冷凝汽器平台设置挡风墙。这样，一方面在夏季高温时可防止热风回流、提高机组出力；另一方面在冬季寒冷气候条件下，可防止管束受到侧向风的影响而出现的冷却能力不均匀、压力分布不均匀而导致最后结冰。这在已经运行的电厂得到过证实，最初的挡风墙高度设计为2.0m，效果不好，目前的挡风墙高度一般是从空冷凝汽器平台到管束入口水平蒸汽分配管的标高处。

（2）当冬季的负荷低于30%时，在汽轮机的排汽管到各个空冷凝汽器的蒸汽分配管上，设置隔离的电动真空蝶阀，以隔离每组空冷凝汽器单元。在寒冷气候条件下，机组启动或持续低负荷运行时，将某些阀门关闭来减少投入运行的空冷凝汽器单元数量，使其与汽轮机的排汽量相适应、减少凝结水的过冷度、提高机组的运行背压，就可以起到防冻的目的。

（3）当冬季带10%及以下的电负荷工况时，可在汽轮机排汽管上设置旁路来排空，就不必进入空冷凝汽器了。

（4）在冬季低气温启动程序是：启动抽气器（或真空泵）→暖空冷凝汽器翅片管束群→启动汽轮机→待汽轮机背压升到一定值时，再启动空冷风机。即此时的启动方式为先启动汽轮机，后启动空冷风机。

（二）直接空冷系统过夏

直接空冷系统的冷却原理是将汽轮机排出的乏汽，由管道引入空冷凝汽器的钢制散热器中，与环境空气表面对流以实现热交换。因此冷凝的凝结水温度与环境空气干球温度相对应，即汽轮机排汽背压与环境干球温度密切相关。

在常规的湿冷系统设计中，由于循环水是与空气直接接触，换热的主要形式是由于热水的蒸发而带走热量，因此它的极限冷却温度是空气的湿球温度。而在空冷系统中，冷热介质的主要换热形式是通过散热器表面进行对流换热，它的极限冷却温度是空气的干球温度。在我国北方地区干、湿球温度相差约6℃左右，因此在相同的气温条件下，配置空冷系统的汽轮机背压要比配置湿冷系统的汽轮机背压要高。尤其在夏季大气干球温度较高时，如何能够保证汽轮机满发，是重点考虑的问题之一。

一般而言，解决夏季机组满发从两个方面来考虑，一是适当地增大配置空冷系统的冷却面积，二是要求汽轮机的满发背压要高。同时，也可以考虑采取其他的一些特殊措施。

对空冷系统而言，在机组定型的情况下，即满发背压已定时，对应地要求满发气温越高，空冷系统需要配置的冷却面积就越多，空冷系统的投资就要增加。为使空冷系统的投资不致增加太多，因此要求汽轮机的满发背压就要有所提高，但机组背压提高后，热效率就要降低，增加煤耗、运行费用增加。空冷系统和汽轮机尾部参数如何匹配最经济，是系统优化的问题。当然，空冷系统和汽轮机尾部参数的优化是根据当地的实际情况，根据年总费用最小的原则来确定空冷系统的容量和汽轮机的尾部参数，保证机组夏季满发的措施有：

1. 直接空冷系统对汽轮机的要求

从空冷系统的角度出发，为使空冷系统的投资不致增加太多，希望汽轮机在安全运行的前提下，能够尽量提高汽轮机的最高满发背压，即需要配置一个经过优化设计的末级叶片，使它能够保证在高背压、小容积流量工况下安全运行，同时能够适应背压范围变化大的条件，满足各种工况条件下的安全可靠性和经济性。

我国各汽轮机制造厂对适合配置空冷汽轮机的研究已进行多年，从对湿冷机组的末级叶片的改造到研究出适合空冷系统特点的专用的空冷末级叶片，从末级叶片的最佳叶高论证、汽动成型、强度、振动结构及材料选用等方面进行了大量研究。因此说，国产化的、能够在高背压工况下运行的汽轮机组已趋于成熟。

2. 合理配置空冷系统冷却面积

在汽轮机满发背压基本确定之后，空冷系统的冷却面积的配置就取决于各个电厂要求的汽轮机满发气温了，要求的满发气温越高，空冷系统的冷却面积要求就越大。

3. 其他手段

(1) 切高压加热器特殊运行。由于汽轮机满发背压提高而使汽轮机进汽量增大，将会增加锅炉的蒸发容量。如果不希望增加锅炉的蒸发量而引起其他系统有太大的变化，可考虑无事故切高压加热器运行。有关汽轮机专家认为，如果配套锅炉仍采用通用的常规锅炉，但又希望提高汽轮机夏季满发背压，最简单也是最有效的办法就是无事故切高压加热器运行。在安全设计范围内，全切高压加热器运行，将使全机功率增加约 30MW，或可保证满发背压提高 15kPa 左右，这种方法因运行时间短，对全年经济性影响不大。

(2) 向散热器外表面进行水喷雾。在我国北方地区，最热时段相对较短，如果单纯考虑要满足这个时段汽轮机的满发，增加空冷系统的冷却面积，将会导致空冷系统投资增加较大很多，而增加的冷却面积在全年大部分时间内又几乎闲置不用，造成浪费，得不偿失。

在不增加冷却面积的情况下，可考虑设置尖峰冷却水喷雾系统。在气温较高（如 32℃以上）时，就在空冷凝汽器入口进行水喷雾。雾状的水蒸发后，一部分降低空气温度，另一部分就冷却了翅片表面直接蒸发换热，这样即可提高空冷凝汽器的散热效率。大致估算下来，可降低凝结水温 2℃，相当于降低了 3kPa 背压。

由于喷雾时间较短，消耗的水量也不是很大。如果环境空气中的含尘量较多，则有可能增加散热器表面污垢，因此在喷雾后应及时冲洗散热器表面。

第五章

安全知识

第一节 公共安全知识

1992年，原能源部《关于防止电力生产重大事故的二十项重点要求》颁发后，在防止重大、特大事故方面收到明显效果。在电网容量增加、系统不断扩大的条件下，各项事故普遍呈下降趋势，其中锅炉灭火放炮、汽轮机超速、开关损坏、互感器爆炸、系统稳定破坏等事故有了较大幅度的下降。但是，随着我国电力工业快速发展和电力工业体制改革的不断深化，主参数、大容量机组不断投运和高电压、跨区电网逐步形成，尤其是现代计算机技术不断应用于安全生产管理工作也提出了新的要求。近年来，某些恶性事故已大大减少，但有些频发性事故至今仍时有发生，并且有的变得越来越突出，新的事故类型也不断地出现。近来，连续发生了多年来未曾发生过的重大事故，如轴系断裂事故、锅炉缺水事故、电缆着火事故以及全厂停电事故。

为了进一步落实《中共中央关于国有企业改革和发展若干重大问题的决定》中关于“坚持预防为主，落实安全措施，确保安全生产”的要求，更好地推动安全生产工作有目标、有重点地防止重大恶性事故，国家电力公司在原能源部《防止电力生产重大事故的二十项重点要求》的基础上，增加了防止枢纽变电所全停、重大环境污染、分散控制系统失灵、热工保护拒动、锅炉尾部再次燃烧、锅炉满水和缺水等事故的重点要求，制定了《防止电力生产重大事故的二十五项重点要求》。根据这个《要求》中的有关内容和我们了解的部分电厂的实际情况，现把与现场设备密切相关的内容和各项重点要求摘列如下，以起到防止特大、重大和频发性事故发生的一些警醒作用。

1. 防止火灾事故

为了防止火灾事故的发生，应逐项落实《电力设备典型消防规程》（DL 5027—1993）以及其他有关规定，并重点要求如下：

（1）电缆防火。

1）新、扩建工程中的电缆选择与敷设应按《火力发电厂与变电所设计防火规范》（GB 50229—1996）和《火力发电厂设计技术规程》中的有关部分进行设计。严格按照设计要求完成各项电缆防火措施，并与主体工程同时投产。

2）主厂房内架空电缆与热体管路应保持足够的距离，控制电缆不小于0.5m，动力电缆不小于1m。

3）在密集敷设电缆的主控制室下电缆夹层和电缆沟内，不得布置热力管道、油气管以及其他可能引起着火的管道和设备。

4）对于新建、扩建的火力发电机组主厂房、输煤、燃油及其他易燃易爆场所，宜选用阻燃电缆。

5）严格按正确的设计图册施工，做到布线整齐，各类电缆按规定分层布置，电缆的弯曲半径应符合要求，避免任意交叉并留出足够的人行通道。

6）控制室、开关室、计算机室等通往电缆夹层、隧道、穿越楼板、墙壁、柜、盘等处的所有电缆孔洞和盘面之间的缝隙（含电缆穿墙套管与电缆之间缝隙）必须采用合格的不燃或阻燃材料封堵。

7）扩建工程敷设电缆时，应加强与运行单位密切配合，对贯穿在役机组产生的电缆孔洞和损伤的阻火墙，应及时恢复封堵。

8）电缆竖井和电缆沟应分段做防火隔离，对敷设在隧道和厂房内构架上的电缆要采取分段阻燃措施。

9）靠近高温管道、阀门等热体的电缆应有隔热措施，靠近带油设备的电缆沟盖板应密封。

10）应尽量减少电缆中间接头的数量。如需要，应按工艺要求制作安装电缆头，经质量验收合格后，再用耐火防爆槽盒将其封闭。

11）建立健全电缆维护、检查及防火、报警等各项规章制度。坚持定期巡视检查，对电缆中间接头定期测温，按规定进行预防性试验。

12）电缆沟应保持清洁，不积粉尘，不积水，安全电压的照明充足，禁止堆放杂物。锅炉、燃煤储运车间内架空电缆上的粉尘应定期清扫。

（2）汽轮机油系统防火。

1）油系统应尽量避免使用法兰连接，禁止使用铸铁阀门。

2）油系统法兰禁止使用塑料垫、橡皮垫（含耐油橡皮垫）和石棉纸垫。

3）油管道法兰、阀门及可能漏油部位附近不准有明火，必须明火作业时要采取有效措施，附近的热力管道或其他热体的保温应紧固完整，并包好铁皮。

4）禁止在油管道上进行焊接工作。在拆下的油管上进行焊接时，必须事先将管子冲洗干净。

5）油管道法兰、阀门及轴承、调速系统等应保持严密不漏油，如有漏油应及时消除，严禁漏油渗透至下部蒸汽管、阀保温层。

6）油管道法兰、阀门的周围及下方，如敷设有热力管道或其他热体，这些热体保温必须齐全，保温外面应包铁皮。

7）检修时如发现保温材料内有渗油时，应消除漏油点，并更换保温材料。

8）事故排油阀应设两个钢质截止阀，其操作手轮应设在距油箱 5m 以外的地方，并有两个以上的通道，操作手轮不允许加锁，应挂有明显的“禁止操作”标志牌。

9）油管道要保证机组在各种运行工况下自由膨胀。

10）机组油系统的设备及管道损坏发生漏油，凡不能与系统隔绝处理的或热力管道已渗入油的，应立即停机处理。

（3）燃油罐区及锅炉油系统防火。

1）严格执行《电业安全工作规程（热力和机械部分）》第四章的各项要求。

2）储油罐或油箱的加热温度必须根据燃油种类严格控制在允许的范围内，加热燃油的蒸汽湿度，应低于油品的自燃点。

3）油区、输卸油管道应有可靠的防静电安全接地装置，并定期测试接地电阻值。

4）油区、油库必须有严格的管理制度。油区内明火作业时，必须办理明火工作票，并应有可靠的安全措施。对消防系统应按规定定期进行检查试验。

5）油区内易着火的临时建筑要拆除，禁止存放易燃物品。

6）燃油罐区及锅炉油系统的防火还应遵守第2（4）、（6）、（7）条的规定。

7）燃油系统的软管，应定期检查更换。

（4）制粉系统防火。

1）严格执行《电业安全工作规程（热力和机械部分）》有关锅炉制粉系统防爆的有关规定。

2）及时消除漏粉点，清除漏出的煤粉。清理煤粉时，应杜绝明火。

3）磨煤机出口湿度和煤粉仓温度应严格控制在规定范围内，出口风温不得超过煤种要求的规定。

（5）防止氢气系统爆炸着火。

1）严格执行《电业安全工作规程（热力和机构部分）》中“氢冷设备和制氢、储氢装置运行与维护”的有关规定。

2）氢冷系统和制氢设备中的氢气纯度和含氧量必须符合《氢气使用安全技术规程》（GB 4962—1985）。

3）在氢站或氢气系统附近进行明火作业时，应有严格的管理制度。明火作业的地点所测量空气含氢量应在允许的范围内，并经批准后才能进行明火作业。

4）制氢场所应按规定配备足够的消防器材，并按时检查和试验。

5）密封油系统平衡阀、压差阀必须保证动作灵活、可靠，密封瓦间隙必须调整合格。

6）空、氢侧备用密封油泵应定期进行联动试验。

（6）防止输煤皮带着火。

1）输煤皮带停止上煤期间，也应坚持巡视检查，发现积煤、积粉应及时清理。

2）煤垛发生自燃现象时应及时扑灭，不得将带有火种的煤送入输煤皮带。

3）燃用易自燃煤种的电厂应采用阻燃输煤皮带。

4）应经常清扫输煤系统、辅助设备、电缆排架等各处的积粉。

（7）必须有完善的消防设施和建立训练有素的群众性消防组织，加强管理，力求在起火初期及时发现、及时扑灭；并使当地公安部门了解掌握电业部门火灾抢救的特点，以便及时扑救。

（8）在新、扩建工程设计中，消防水系统应同工业水系统分开，以确保消防水量、水压不受其他系统影响；消防泵的备用电源应由保安电源供给。

（9）发供电生产、施工企业应配备必要的正压式空气呼吸器，以防止灭火时人员中毒和窒息。

2. 防止电气误操作事故

为了防止电气误操作事故的发生，应逐项落实《电业安全工作规程》、《防止电气误操作装置管理规定（试行）》（能源安保［1990］1110号）以及其他有关规定，并重点要求如下：

（1）严格执行操作票、工作票制度，并使两票制度标准化，管理规范化。

（2）严格执行调度命令，操作时不允许改变操作顺序，当操作发生疑问时，应立即停止操作，并报告调度部门，不允许随意修改操作票，不允许解除闭锁装置。

（3）应结合实际制定防误装置的运行规程及检修规程，加强防误闭锁装置的运行、维护管理，确保已装设的防误闭锁装置正常运行。

（4）建立完善的万能钥匙使用和保管制度。防误闭锁装置不能随意退出运行，停用防误闭锁装置时，要经本单位总工程师批准；短时间退出防误闭锁装置时，应经值长或变电站站长批准，并应按程序尽快投入运行。

（5）采用计算机监控系统时，远方、就地操作均应具备电气闭锁功能。

（6）断路器或隔离形状闭锁回路不能用重动继电器，应直接用断路器或隔离开关的辅助触点；操作断路器或隔离开关时，应以现场状态为准。

（7）对已投产尚未装设防误闭锁装置的发、变电设备，要制定切实可行的规划，确保在1年内全部完成装设工作。

（8）新、扩建的发、变电工程，防误闭锁装置应与主设备同时投运。

（9）成套高压开关柜五防功能应齐全，性能应良好。

（10）应配备充足的经过国家或省、部级质检机构检测合格的安全工作器具和安全防护用具。为防止误登室外带电设备，应采用全封闭（包括网状）的检修临时围栏。

（11）强化岗位培训，提高人员的技术素质，要求持证上岗。

3. 防止大容量锅炉承压部件爆漏事故

为了防止大容量锅炉承压部件爆漏事故的发生，应严格执行《锅炉压力容器安全监察暂行条例》、《蒸汽锅炉安全技术监督规程》、《压力容器安全技术监察规程》、《电力工业锅炉压力容器监察规程》（DL 612—1996）、《电力工业锅炉压力容器检验规程》（DL 647—1998）、《火力发电厂金属技术监督规程》（DL 438—1991）以及其他有关规定，把防止锅炉承压部件爆破泄漏事故的各项措施落实到设计、制造、安装、运行、检修和检验的全过程管理工作中，并重点要求如下：

（1）新建锅炉在安装阶段应进行安全性能检查。新建锅炉投运1年后要结合检查性大修进安全性能检查。在役锅炉结合每次大修开展锅炉安全性能检验。锅炉检验项目和程序按有关规定进行。

（2）防止超压超温。

1）严防锅炉缺水和超温超压运行，严禁在水位表数量不足（指能正确指示水位的水位表数量）、安全阀解列的状况下运行。

2）参加电网调峰的锅炉，运行规程中应制定相应的技术措施。按调峰设计的锅炉，其调峰性能应与汽轮机性能相匹配；非调峰设计的锅炉，其调峰负荷的下限应由水动力计算、试验及燃烧稳定性试验确定，并制定相应的反事故措施。

3）对直流锅炉的蒸发段、分离器、过热器、再热器出口导汽管等应有完整的管壁温度测点，以便监视各导汽管间的温度偏差，防止超温爆管。

4）锅炉超压水压试验和安全阀整定应严格按规程进行。

a. 大容量锅炉超压水压试验和热态安全阀校验工作应制定专项安全技术措施，防止升压速度过快或压力、汽温失控造成超压超温现象。

b. 锅炉在超压水压试验和热态安全阀整定时，严禁非试验人员进入试验现场。

（3）防止设备大面积腐蚀。

1）严格执行《火力发电机组及蒸汽动力设备水汽质量》（GB 12145—1999）、《火力发电厂水汽化学监督导则》(DL/T 561—1995)、《关于防止火力发电厂凝汽器铜管结垢腐蚀的意见》[(81)生技字52号]和《防止电厂锅炉结垢腐蚀的改进措施和要求》[(88)电生字81号、基火字75号]以及其他有关规定，加强化学监督工作。

2）凝结水的精处理设备严禁退出运行。在凝结器铜管发生泄漏凝结水品质超标时，应及时查找、堵漏。

3）品质不合格的给水严禁进入锅炉，蒸汽品质不合格严禁并汽。水冷壁结垢超标时，要及时进行酸洗，防止发生垢下腐蚀及氢脆。

4）按照《火力发电厂停（备）热力设备防锈蚀导则》(SD 223—1987）进行锅炉停用保护，防止炉管停用腐蚀。

5）加强锅炉燃烧调整，改善贴壁气氛，避免高温腐蚀。

6）安装或更新凝汽器铜管前，要对铜管全面进行探伤检查。

(4）防止炉外管道爆破。

1）加强对炉外管道的巡视，对管系振动、水击等现象应分析原因，必须立即查明原因、采取措施，若不能与系统隔离进行处理时，应立即停炉。

2）定期对导汽管、汽连络管、水连络管、下降管等炉外管道以及弯管、弯头、联箱封头等进行检查，发现缺陷（如表面裂纹、冲刷减薄或材质问题）应及时采取措施。

3）加强对汽水系统中的高中压疏水、排污、减温水等小径管的管座焊缝、内壁冲刷和外表腐蚀现象的检查，发现问题及时更换。

4）按照DL 438中的规定，对汽包、集中下降管、联箱、主蒸汽管道、再热蒸汽管道、弯管、弯头、阀门、三通等大口径部件及其相关焊缝进行定期检查。

5）按照《火力发电厂汽水管道与支吊架维修调整导则》(DL/T 616—1997）的要求，对支吊架进行定期检查。对运行达100kh的主蒸汽管道、再热蒸汽管道的支吊架要进行全面检查和调整，必要时应进行应力核算。

6）对于易引起汽水两相流的疏水、空气等管道，应重点检查其与母管相连的角焊缝、母管开孔的内孔周围、弯头等部位，其管道、弯头、三通和阀门，运行100kh后，宜结合检修全部更换。

7）要加强锅炉及大口径管道制造和安装质量监督、检查。电站等件制造单位应持有有关的资质证书。

8）要认真进行锅炉监造、安全性能检验和竣工验收的检验工作。

9）加强焊工管理及完善焊接工艺质量的评定。杜绝无证（含过期证）上岗和超合格证允许范围施焊现象。焊接工艺、质量、热处理及焊接检验应符合《电力建设施工及验收技术规范（火力发电厂焊接篇)》(DL 5007—1992）有关规定。

10）在检修中，应重点检查可能因膨胀和机械原因引起的承压部件爆漏的缺陷。

11）定期对喷水减温器检查，防止减温器喷头及套筒断裂造成过热器联箱裂纹。

12）加强锅炉安全监察工作，锅炉第一次投入使用前必须到有关部门进行注册登记办理使用证。

(5）防止锅炉四管泄漏。

1）严格执行《防止火电厂锅炉四管爆漏技术导则》(能源电[1992]1069号)。

2）过热器、再热器、省煤器管发生爆漏时，应及早停运，防止扩大冲刷损坏其他管段。

大型锅炉在有条件的情况下，可采用泄漏监测装置。

3）定期检查水冷壁刚性梁四角连接及燃烧器悬吊机构，发现问题及时处理。防止因水冷壁晃动或燃烧器与水冷壁鳍片处焊缝受力过载拉裂而造成水冷壁泄漏。

（6）达到设计使用年限的机组和设备，必须按规定对主设备特别是承压管路进行全面检查和试验，组织专家进行全面安全性评估，经主管部门审批后，方可继续投入使用。

（7）按照要求，加强司炉工的培训，持证上岗；200MW及以上机组的司炉须经模拟机培训，并考试合格。

（8）火电厂、火电安装单位应配备锅炉压力容器监督工程师，并持证上岗。

4. 防止压力容器爆破事故

为了防止压力容器爆破事故的发生，应严格执行《压力容器安全技术监察规程》、《压力容器使用登记管理规则》以及其他有关规定，并重点要求如下：

（1）防止超压。

1）根据设备特点和系统的实际情况，制定每台压力容器的操作规程。操作规程中应明确异常工况的紧急处理方法，确保在任何工况下压力容器不超压、超温运行。

2）各种压力容器安全阀应定期进行校验和排放试验。

3）运行中的压力容器及其安全附件（如安全阀、排污阀、监视表计、连锁、自动装置等）应处于正常工作状态。设有自动调整和保护装置的压力容器，其保护装置的退出应经总工程师批准，保护装置退出后，实行远控操作并加强监视，且应限期恢复。

4）除氧器的运行操作规程应符合《电站压力式除氧器安全技术规定》(能源安保［1991］709号）的要求。除氧器两段抽汽之间的切换点，应根据《电站压力式除氧器安全技术规定》进行核算后在运行规程中明确规定，并在运行中严格执行，严禁高压汽源直接进入除氧器。

5）使用中的各种气瓶严禁改变涂色，严防错装、错用；气瓶立放时应采取防止倾倒的措施；液氯钢瓶必须水平放置；放置液氯、液氨钢瓶、溶解乙炔气瓶场所的温度要符合要求。使用溶解乙炔气瓶者必须配置防止回火装置。

6）压力容器内部有压力时，严禁进行任何修理或紧固工作。

7）压力容器上使用的压力表，应列为计量强制检验表计，按规定周期进行强检。

8）结合压力容器定期检验或检修，每两个检验周期至少进行一次耐压试验。

9）检查进入除氧器、扩容器的高压汽源，采取措施消除除氧器、扩容器超压的可能。推广滑压运行，逐步取消二段抽汽进入除氧器。

10）单元制的给水系统，除氧器上应配备不少于两只全启式安全门，并完善除氧器的自动调压和报警装置。

11）除氧器和其他压力容器安全阀的总排放能力，应能满足其在最在进汽工况下不超压。

（2）氢罐。

1）制氢站应采用性能可靠的压力调整器，并加装液位差越限连锁保护装置和氢侧氢气纯度表，在线氢中含氧量监测仪表，防止制氢设备系统爆炸。

2）对制氢系统及氢罐的检修要进行可靠地隔离。

3）氢罐应按照要求进行定期检验，重点是壁厚测量，封头、筒体外形检验。防止腐蚀鼓包。

（3）在役压力容器应结合设备、系统检修，按照《压力容器安全技术监察规程》的规定，实行定期检验制度。

1）火电厂热力系统压力容器定期检验时，应对与压力容器相连的管系进行检查，特别应对蒸汽进口附近的内表面热疲劳和热器疏水管段冲刷、腐蚀情况进行检查，防止爆破汽水喷出伤人。

2）禁止在压力容器上随意开孔和焊接其他构件。若必须在压力容器筒壁上开孔或修理，应先核算其结构强度，并参照制造厂工艺制定技术工艺措施，经锅炉监督工程师审定、总工程师批准后，严格按工艺措施实施。

3）停用超过2年以上的压力容器重新启用时要进行再检验，耐压试验确认合格才能启用。

4）在订购压力容器前，应对设计单位和制造厂商的资格进行审核，其供货产品必须附有压力容器产品质量证明书和制造厂所在地锅炉压力容器监检机构签发的监检证书。要加强对所购容器的质量验收，特别应参加容器水压试验等重要项目的验收见证。

5）对在役压力容器检验中，安全状况等级评定达不到监督使用标准（三级）的，要在最近一次检修中治理升级。检验后定为五级的容器应按报废处理。

（4）压力容器投入使用必须按照《压力容器使用登记管理规则》办理注册登记手续，申领使用证。不按规定检验、申报注册的压力容器，严禁投入使用。1982年4月《压力容器使用登记管理规则》颁布前制造的老容器，若设计资料不全、材质不明及经检验安全性能不良者，应安排计划进行更换。

5. 防止锅炉尾部二次燃烧事故

（1）锅炉空气预热器的传热元件在出厂和安装保管期间不得采用浸油防腐方式。

（2）锅炉空气预热器在安装后第一次投运时，应将杂物彻底清理干净，经制造、施工、建设、生产等各方验收合格后方可投入运行。

（3）回式空气预热器应设有可靠的停转报警装置、完善的水冲洗系统和必要的碱洗手段，并宜有停炉时可随时投入的碱洗系统。消防系统要与空气预热器蒸汽吹灰系统相连接，热态需要时投入蒸汽进行隔绝空气式消防。回转式空气预热器在空气及烟气侧应装设消防水喷淋水管，喷淋面积应覆盖整个受热面。

（4）在锅炉设计时，油燃烧器必须配有调风器及稳燃器，保证油枪根部燃烧所需用氧量。新安装的油枪，在投运前应进行冷态试验。

（5）精心调整锅炉制粉系统和燃烧系统运行工况，防止未完全燃烧的油和煤粉存积在尾部受热面或烟道上。

（6）锅炉燃用渣油或重油时应保证燃油湿度和油压在规定值内，保证油枪雾化良好、燃烧完全。锅炉点火时应严格监视油枪雾化情况，一旦发现油枪雾化不好应立即停用，并进行清理检修。

（7）运行规程应明确省煤器、空气预热器烟道在不同工况的烟气湿度限制值，当烟气温度超过规定值时，应立即停炉。利用吹灰蒸汽管或专用消防蒸汽将烟道内充满蒸汽，并及时投入消防水进行灭火。

（8）回转式空气预热器出入口烟风挡板，应能电动投入且挡板能全开、关闭严密。

（9）回转式空气预热冲洗水泵应设再循环，每次锅炉点火前必须进行短时间启动试验，以保证空气预热器冲洗水泵及其系统处于良好的备用状态，具备随时投入条件。

（10）若发现回转式空气预热器停转，立即将其隔绝，投入消防蒸汽和盘车装置。若挡板隔绝不严或转子盘不动，应立即停炉。

（11）锅炉负荷低于25%额定负荷时应连续吹灰，锅炉负荷大于25%额定负荷时至少每8h吹灰一次，当回转式空气预热器烟气侧压差增加或低负荷煤、油混烧时应增加吹灰次数。

（12）若锅炉较长时间低负荷燃油或煤油混烧，可根据具体情况利用停炉对回转式空气预热器受热面进行检查，重点是检查中层和下层传热元件；若发现有垢时要碱洗。

（13）锅炉停炉1周以上时必须对回转式空气预热器受热面进行检查，若有存挂油垢或积灰堵塞的现象，应及时清理并进行通风干燥。

6. 防止锅炉炉膛爆炸事故

为防止锅炉炉膛爆炸事故发生，应严格执行《大型锅炉燃烧管理的若干规定》、《火电厂煤粉锅炉燃烧室防爆规程》（DL 435—1991）以及其他有关规定，并重点要求如下：

（1）防止锅炉灭火。

1）根据有关防止炉膛灭火放炮的规定以及设备的状况，制定防止锅炉灭火放炮的措施，应包括煤质监督、混配煤、燃烧调整、低负荷运行等内容，并严格执行。

2）加强燃煤的监督管理，完善混煤设施。加强配煤管理和煤质分析，并及时将煤质情况通知司炉，做好调整燃烧的应变措施，防止发生锅炉灭火。

3）新炉投产、锅炉改进性大修后或当实用燃料与设计燃料有较大差异时，应进行燃烧调整，以确定一次风量、二次风量、风速、合理的过剩空气量、风煤比、煤粉细度、燃烧器倾角或旋流强度及不投油最低稳燃负荷等。

4）当炉膛已经灭火或已局部灭火并将全部灭火时，严禁投助燃油枪。当锅炉灭火后，要立即停止燃料（含煤、油、燃气、制粉乏气风）供给，严禁用爆燃法恢复燃烧。重新点火前必须对锅炉进行充分通风吹扫，以排除炉膛和烟道内的可燃物质。

5）100MW及以上等级机组的锅炉应装设锅炉灭火保护装置。加强锅炉灭火保护装置的维护与管理，防止火焰探头烧毁、污染失灵、炉膛负压管堵塞等问题的发生。

6）严禁随意退出火焰探头或连锁装置，因设备缺陷需退出时，应经总工程师批准，并事先做好安全措施。热工仪表、保护、给粉控制电源应可靠，防止因瞬间失电造成锅炉灭火。

7）加强设备检修管理，重点解决炉膛严重漏风、给粉机下粉不均匀和煤粉自流、一次风管不畅、送风不正常脉动、堵煤（特别是单元式制粉系统堵粉）、直吹式磨煤机断煤和热控设备失灵等缺陷。

8）加强点火油系统的维护管理，消除泄漏，防止燃油漏入炉膛发生爆燃。对燃油速断阀要定期试验，确保动作正确、关闭严密。

（2）防止严重结焦。

1）采用与锅炉相匹配的煤种，是防止炉膛结焦的重要措施。

2）运行人员应经常从看火孔监视炉膛结焦情况，一旦发现结焦，应及时处理。

3）大容量锅炉吹灰器系统应正常投入运行，防止炉膛粘污结渣造成超温。

4）受热面及炉底等部位严重结渣，影响锅炉安全运行时，应立即停炉处理。

7. 防止制粉系统爆炸和煤尘爆炸事故

为防止制粉系统爆炸和煤尘爆炸事故，应严格执行有关要求以及其他有关规定，并重点要求如下：

（1）防止制粉系统爆炸。

1）要坚持执行定期降粉制度和停炉前煤粉仓空仓制度。

2）根据煤种控制磨煤机的出口温度，制粉系统停止运行后，对输粉管道要充分进行抽粉；有条件的，停用时宜对煤粉仓实行充氮或二氧化碳保护。

3）加强燃用煤种的煤质分析和配煤管理，燃用易自燃的煤种应及早通知运行人员，以便加强监视和巡查，发现异常及时处理。

4）当发现粉仓内温度异常升高或确认粉仓内有自燃现象时，应及时投入灭火系统，防止因自燃引起粉仓爆炸。

5）根据粉仓的结构特点，应设置足够的粉仓温度测点和温度报警装置，并定期进行校验。

6）设计制粉系统时，要尽量减少制粉系统的水平管段，煤粉仓要做到严密、内壁光滑、无积粉死角，抗爆能力应符合规程要求。

7）热风道与制粉系统连接部位，以及排粉机出入口风箱的连接，应达到防爆规程规定的抗爆强度。

8）加强防爆门的检查和管理工作，防爆薄膜应有足够的防爆面积和规定的强度。防爆门动作后喷出的火焰和高温气体，要改变排放方向或采取其他隔离措施。以避免危及人身安全、损坏设备和烧损电缆。

9）定期检查仓壁内衬钢板，严防衬板磨漏、夹层积粉自燃。每次大修煤粉仓应清仓，并检查粉仓的严密性及有无死角，特别要注意仓顶板KK大梁搁置部位有无积粉死角。

10）粉仓、绞龙的吸潮管应完好，管内通畅无阻，运行中粉仓要保持适当负压。

11）制粉系统煤粉爆炸事故后，要找到积粉着火点，采取针对性措施消除积粉。必要时可改造管路。

（2）防止煤尘爆炸。

1）消除制粉系统和输煤系统的粉尘泄漏点，降低煤粉浓度。大量放粉或清理煤粉时，应杜绝明火，防止煤尘爆炸。

2）煤粉仓、制粉系统和输煤系统附近应有消防设施，并备有专用的灭火器材，消防系统水源应充足、水压符合要求。消防灭火设施应保持完好，按期进行（试验时灭火剂不进入粉仓）。

3）煤粉仓投运前应做严密性试验。凡基建投产时未作过严密性试验的要补做漏风试验，如发现有漏风、漏粉现象要及时消除。

8. 防止锅炉汽包满水和缺水事故

（1）汽包锅炉应至少配置两只彼此独立的就地汽包水位计和两只远传汽包水位计。水位计的配置应采用两种以上工作原理共存的配置方式，以保证在任何运行工况下锅炉汽包水位的正确监视。

（2）汽包水位计的安装。

1）取样管应穿过汽包内壁隔层，管口应尽量避开汽包内水汽工况不稳定区（如安全阀排汽口、汽包进水口、下降管口、汽水分离器水槽处等），若不能避开时，应在汽包内取样管口加装稳流装置。

2）汽包水位计水侧取样管孔位置应低于锅炉汽包水位停炉保护动作值，一般应有足够的裕量。

3）水位计、水位平衡容器或变送器与汽包连接的取样管，一般应至少有 1∶100 的斜度，汽侧取样管应向上向汽包方向倾斜，水侧取样管应向下向汽包方面倾斜。

4）新安装的机组必须核实汽包水位取样孔的位置、结构及水位计平衡容器安装尺寸，均符合要求。

5）差压式水位计严禁采用将汽水取样管引到一个连通容器（平衡容器），再在平衡容器中段引出差压水位计的汽水侧取样的方法。

（3）对于过热器出口压力为 13.5MPa 及以上的锅炉，其汽包计应以差压式（带压力修正回路）水位计为基准。汽包水位信号采用三选中值的方式进行优选。

1）差压水位计（变送器）应采用压力补偿。汽包水位测量应充分考虑平衡容器的温度变化造成的影响，必要时采用补偿措施。

2）汽包水位测量系统，应采取正确的保温、伴热及防冻措施，以保证汽包测量系统的正常运行及正确性。

（4）汽包就地水位计的零位应以制造厂提供的数据为准，并进行核对、标定。随着锅炉压力的升高，就地水位计指示值越低于汽包真实水位，表 5-1 给出不同压力下就地水位计的正常水位示值和汽包实际零水位的差值 Δh，仅供参考。

表 5-1　　就地水位计的正常水位示值和汽包实际零水位的差值 Δh

汽包压力（MPa）	16.14～17.65	17.66～18.39	18.40～19.60
水位差值 Δh（mm）	−76	−102	−150

（5）按规程要求对汽包水位计进行零位校验。当各水位计偏差大于 30mm 时，就立即汇报，并查明原因予以消除。当不能保证两种类型水位计正常运行时，必须停炉处理。

（6）严格按照运行规程及各项制度，对水位计及其测量系统进行检查及维护。机组启动调试时应对汽包水位校正补偿方法进行校对、验证，并进行汽包水位计的热态调整及校核。新机验收时应有汽包水位计安装、调试及试运专项报告，列入验收主要项目之一。

（7）当一套水位测量装置因故障退出运行时，应填写处理故障的工作票，工作票应写明故障原因、处理方案、危险因素预告等注项，一般应在 8h 内恢复。若不能完成，应制定措施，经总工程师批准，允许延长工期，但最多不能超过 24h，并报上级主管部门备案。

（8）锅炉高、低水位保护。

1）锅炉汽包水位高、低保护应采用独立测量的三取二的逻辑判断方式。当有一点因某种原因须退出运行时，应自动转为二取一的逻辑判断方式，并办理审批手续，限期（不宜超过 8h）恢复；当有两点因某种原因须退出运行时，应自动转为一取一的逻辑判断方式，应制定相应的安全运行措施，经总工程师批准，限期（8h 以内）恢复，如逾期不能恢复，应立即停止锅炉运行。

2）锅炉汽包水位保护在锅炉启动前和停炉前应进行实际传动校验。用上水方法进行高水位保护试验、用排污门放水的方法进行低水位保护试验，严禁用信号短接方法进行模拟传动替代。

3）在确认水位保护定值时，应充分考虑因温度不同而造成的实际水位与水位计（变送器）中水位差值的影响。

4）锅炉水位保护的停退，必须严格执行审批制度。

5）汽包锅炉水位保护是锅炉启动的必备条件之一，水位保护不完整严禁启动。

（9）对于控制循环汽包锅炉，炉水循环泵差压保护采取二取二方式时。当有一点故障退出运行时，应自动转为一取一的逻辑判断方式，并办理审批手续，限期恢复（不宜超过8h)。当两点故障超过4h时，应立即停止该炉水循环泵的运行。

（10）当在运行中无法判断汽包确实水位时，应紧急停炉。

（11）高压加热器保护装置及旁路系统应正常投入，并按规程进行试验，保证其动作可靠。当因某种原因需退出高压加热器保护装置时，应制定措施，经总工程师批准，并限期恢复。

（12）给水系统中各备用设备应处于正常备用状态，按规程定期切换。当失去备用时，应制定安全运行措施，限期恢复投入备用。

（13）建立锅炉汽包水位测量系统的维修和设备缺陷档案，对各类设备缺陷进行定期分析，找出原因及处理对策，并实施消缺。

（14）运行人员必须严格遵守值班纪律，监盘思想集中，经常分析各运行参数的变化，调整要及时，准确判断及处理事故。不断加强运行人员的培训，提高其事故判断能力及操作技能。

9. 防止汽轮机超速和轴系断裂事故

为了防止汽轮机超速和轴系断裂事故的发生，应认真贯彻原水利电力部《防止20万kW机组严重超速事故的技术措施》和《防止国产200MW机组轴系断裂事故暂行措施》，并提出以下重点要求：

（1）防止超速。

1）在额定蒸汽参数下，调节系统应能维持汽轮机在额定转速下稳定运行，甩负荷后能将机组转速控制在危急保安器动作转速以下。

2）各种超速保护均应正常投入运行，超速保护不能可靠动作时，禁止机组启动和运行。

3）机组重要运行监视表计，尤其是转速表，显示不正确或失效，严禁机组启动。运行中的机组，在无任何有效监视手段的情况下，必须停止运行。

4）透平油和抗燃油的油质应合格。在油质及清洁度不合格的情况下，严禁机组启动。

5）机组大修后必须按规程要求进行汽轮机调节系统的静止试验或仿真试验，确认调节系统工作正常。在调节部套存在有卡涩、调节系统工作不正常的情况下，严禁启动。

6）正常停机时，在打闸后应先检查有功功率是否到零，确认千瓦时表停转或逆转以后，再将发电机与系统解列，或采用逆功率保护动作解列。严禁带负荷解列。

7）在机组正常启动或停机的过程中，应严格按运行规程要求投入汽轮机旁路系统，尤其是低压旁路；在机组甩负荷或事故状态下，旁路系统必须开启。机组再次启动时，再热蒸汽压力不得大于制造厂规定的压力值。

8）机械液压型调节系统的汽轮机应有两套就地转速表，有各自独立的变送器（传感器)，并分别装设在沿转子轴向不同的位置上。

9）抽汽机组的可调整抽汽止回阀应严密、连锁动作可靠，并必须设置有能快速关闭的抽汽截止门，以防止抽汽倒流引起超速。

10）对新投产的机组或汽轮机调节系统经重大改造后的机组必须进行甩负荷试验。对已投产尚未进行甩负荷试验的机组，应积极创造条件进行甩负荷试验。

11）坚持按规程要求进行危急保安器试验、汽门严密性试验、门杆活动试验、汽门关闭时间测试、抽汽逆密性试验、门杆活动试验、汽门关闭时间测试、抽汽止回阀关闭时间测试。

12）危急保安器动作转速一般为额定转速的110%±1%。

13）进行危急保安器试验时，在满足试验条件下，主蒸汽和再热蒸汽压力尽量取低值。

14）数字式电液控制系统（DEH）应设有完善的机组启动逻辑和严格的限制启动条件；对机械液压调节系统的机组，也应有明确的限制条件。

15）汽机专业人员，必须熟知DEH的控制逻辑、功能及运行操作，参与DEH系统改造方案的确定及功能设计，以确保系统实用、安全、可靠。

16）电液伺服阀（包括各类型电液转换器）的性能必须符合要求，否则不得投入运行。运行中要严密监视其运行状态，不卡涩、不泄漏和系统稳定。大修中要进行清洗、检测等维护工作。发现问题及时处理或更换。备用伺服阀应按制造厂的要求条件妥善保管。

17）主油泵轴与汽轮机主轴间具有齿型联轴器或类似联轴器的机组，定期检查联轴器的润滑和磨损情况，其两轴中心标高、左右偏差，应严格按制造厂规定的要求安装。

18）要慎重对待调节系统的重大改造，应在确保系统安全、可靠的前提下，进行全面的、充分的论证。

19）严格执行运行、检修操作规程，严防电液伺服阀（包括各类型电液转换器）等部套卡涩、汽门漏汽和保护拒动。

（2）防止轴系断裂。

1）机组主、辅设备的保护装置必须正常投入，已有振动监测保护装置的机组，振动超限跳机保护应投入运行；机组正常运行瓦振、轴振应达到有关标准的优良范围，并注意监视变化趋势。

2）运行100kh以上的机组，每隔3～5年应对转子进行一次检查。运行时间超过15年、寿命超过设计使用寿命的转子、低压焊接转子、承担调峰启停频繁的转子，应适当缩短检查周期。

3）新机组投产前、已投产机组每次大修中，必须进行转子表面和中心孔探伤检查。对高温段应力集中部位可进行金相和探伤检查，选取不影响转子安全的部位进行硬度试验。

4）不合格的转子绝不能使用，已经过主管部门批准并投入运行的有缺陷转子应进行技术评定，根据机组的具体情况、缺陷性质制定运行安全措施，并报主管部门审批后执行。

5）严格按超速试验规程的要求，机组冷态启动带25%额定负荷（或按制造要求），运行3～4h后立即进行超速试验。

6）新机组投产前和机组大修中，必须检查平衡块固定螺栓、风扇叶片固定螺栓、定子铁芯支架螺栓、各轴承和轴承座螺栓的坚固情况，保证各联轴器螺栓的紧固和配合间隙完好，并有完善的防松措施。

7）新机组投产前应对焊接隔板的主焊缝进行认真检查。大修中应检查隔板变形情况，最大变形量不得超过轴向间隙的1/3。

8）防止发电机非同期并网。

(3) 建立和完善技术档案。

1) 建立机组试验档案，包括投产前的安装调试试验、大小修后的调整试验、常规试验和定期试验。

2) 建立机组事故档案。无论大小事故均应建立档案，包括事故名称、性质、原因和防范措施。

3) 建立转子技术档案。

a. 转子原始原料，包括制造厂提供的转子原始缺陷和材料特性。

b. 历次转子检修检查资料。

c. 机组主要运行数据、运行累计时间、主要运行方式、冷热态启停次数、启停过程中的汽温汽压负荷变化率、超温超压运行累计时间、主要事故情况的原因和处理。

10. 防止汽轮机大轴弯曲、轴瓦烧损事故

为了防止汽轮机转子弯曲和轴瓦烧损事故的发生，应认真贯彻《防止 20 万 kW 机组大轴弯曲事故的技术措施》[(85) 电生火字 87 号、基火字 64 号] 等有关规定，并提出以下重点要求：

(1) 防止汽轮机大轴弯曲。

1) 应具备和熟悉掌握的资料。

a. 转子安装原始弯曲的最大晃动值（双振幅），最大弯曲点的轴向位置及在圆周方向的位置。

b. 大轴弯曲表测点安装位置转子的原始晃动值（双振幅），最高点在圆周方向的位置。

c. 机组正常启动过程中的波德图和实测轴系临界转速。

d. 正常情况下盘车电流和电流摆动值，以及相应的油温和顶轴油压。

e. 正常停机过程的惰走曲线，以及相应的真空和顶轴油泵的开启时间。紧急破坏真空停机过程的惰走曲线。

f. 停机后，机组正常状态下的汽缸主要金属温度的下降曲线。

g. 通流部分的轴向间隙和径向间隙。

h. 应具有机组在各种状态下的典型启动曲线和停机曲线，并应全部纳入运行规程。

i. 记录机组启停全过程中的主要参数和状态。停机后定时记录汽缸金属温度、大轴弯曲、盘车电流、汽缸膨胀、胀差等重要参数，直到机组下次热态启动或汽缸金属温度低于 150℃为止。

j. 系统进行改造、运行规程中尚未作具体规定的重要运行操作或试验，必须预先制定安全技术措施，经上级主管部门批准后再执行。

2) 汽轮机启动前必须符合以下条件，否则禁止启动。

a. 大轴晃动、串轴、胀差、低油压和振动保护等表计显示正确，并正常投入。

b. 大轴晃动值不应超过制造厂的规定值，或原始值的±0.02mm。

c. 高压外缸上、下缸温差不超过 5℃，高压内缸上、下缸温差不超过 35℃。

d. 主蒸汽温度必须高于汽缸最高金属温度 50℃，但不超过额定蒸汽温度。蒸汽过热度不低于 50℃。

3) 机组启、停过程操作措施。

a. 机组启动前连续盘车时间应执行制造厂的有关规定，至少不得少于 2～4h，热态启动

不少于 4h。若盘车中断应重新计时。

b. 机组启动过程中因振动异常停机必须回到盘车状态，应全面检查、认真分析、查明原因。当机组已符合启动条件时，连续盘车不少于 4h 才能再次启动，严禁盲目启动。

c. 停机后立即投入盘车。当盘车电流校正常值大、摆动或有异声时，应查明原因及时处理。当汽封摩擦严重时，将转子高点置于最高位置，关闭汽缸疏水，保持上下缸温差，监视转子弯曲度，当确认转子变曲度正常后，再手动盘车 180°，待盘车正常后及时投入连续盘车。

d. 停机后因盘车故障暂时停止盘车时，应监视转子弯曲度的变化，当弯曲度较大时，应采用手动盘车 180°，待盘车正常后及时投入连续盘车。

e. 机组热态启动前应检查停机记录，并与正常停机曲线进行比较，若有异常应认真分析，查明原因，采取措施及时处理。

f. 机组热态启动投轴封供汽时，应确认盘车装置运行正常，先向轴封供汽，后抽真空。停机后，凝汽器真空到零，方可停止轴封供汽。应根据缸温选择供汽汽源，以使供汽温度与金属温度相匹配。

g. 疏水系统投入时，严格控制疏水系统各容器水位，注意保持凝汽器水位低于疏水联箱标高。供汽管道应充分暖管、疏水，严防水或冷汽进入汽轮机。

h. 停机后应认真监视凝汽器、高压加热器水位和除氧器水位，防止汽轮机进水。

i. 启动或低负荷运行时，不得投入再热蒸汽减温器喷水。在锅炉熄火或机组甩负荷时，应及时切断减温水。

j. 汽轮机在热状态下，若主、再蒸汽系统截止门不严密，则锅炉不得进行打水压试验。

4）发生下列情况之一，应立即打闸停机。

a. 机组启动过程中，在中速暖机之前，轴承振动超过 0.03mm。

b. 机组启动过程中，通过临界转速时，轴承振动超过 0.10mm 或相对轴振动值超过 0.26mm，应立即打闸停机，严禁强行通过临界转速或降速暖机。

c. 机组运行中要求轴承振动不超过 0.03mm 或相对轴振动不超过 0.080mm，超过时应设法消除，当相对轴振动大于 0.260mm 应立即打闸停机；当轴承振动变化±0.015mm 或相对轴振动变化±0.05mm，应查明原因设法消除，当轴承振动突然增加 0.05mm，应立即打闸停机。

d. 高压外缸上、下缸温差超过 50℃，高压内缸上、下缸温差超过 35℃。

e. 机组正常运行时，主、再热蒸汽温度在 10min 内突然下降 50℃。

5）应采用良好的保温材料（不宜使用石棉制品）和施工工艺，保证机组正常停机后的上下缸温差不超过 35℃，最大不超过 50℃。

6）疏水系统应保证疏水畅通。疏水联箱的标高应高于凝汽器热水井最高点标高。高、低压疏水联箱应分开，疏水管应按压力顺序接入联箱，并向低压侧倾斜 45°。疏水联箱或扩容器应保证在各疏水门全开的情况下，其内部压力仍低于各疏水管内的最低压力。冷段再热蒸汽管的最低点应设有疏水点。防腐蚀汽管直径应不小于 $\phi76$。

7）减温水管路阀门应能关闭严密，自动装置可靠，并应设有截止门。

8）门杆漏汽至除氧器管路，应设置止回阀和截止门。

9）高压加热器应装设急疏水阀，可远方操作和根据疏水水位自动开启。

10）高、低压轴封应分别供汽。特别注意高压轴封段或合缸机组的高中压轴封段，其供汽管路应有良好的疏水措施。

11）机组监测仪表必须完好、准确，并定期进行校验。尤其是大轴弯曲表、振动表和汽缸金属温度表，应按热工监督条例进行统计考核。

12）凝汽器应有高水位报警并在停机后仍能正常投入。除氧器应有水位报警和高水位自动水装置。

13）严格执行运行、检修操作规程，严防汽轮机进水、进冷气。

（2）防止汽轮机轴瓦损坏。

1）汽轮机的辅助油泵及其自启动装置，应按运行规程要求定期进行试验，保证处于良好的备用状态。机组启动前辅助油泵必须处于联动状态。机组正常停机前，应进行辅助油泵的全容量启动、连锁试验。

2）油系统进行切换操作（如冷油器、辅助油泵、滤网等）时，应在指定人员的监护下按操作票顺序缓慢进行操作，操作中严密监视润滑油压的变化，严防切换操作过程中断油。

3）机组启动、停机和运行中要严密监视推力瓦、轴瓦钨金温度和回油温度。当温度超过标准要求时，应按规程规定的要求果断处理。

4）在机组启停过程中应按制造厂规定的转速停起顶轴油泵。

5）在运行中发生了可能引起轴瓦损坏（如水冲击、瞬时断油等）的异常情况下，应在确认轴瓦未损坏之后，方可重新启动。

6）油位计、油压表、油温表及相关信号装置，必须按规程要求装设齐全、指示正确，并定期进行校验。

7）油系统油质应按规程要求定期进行化验，油质劣化及时处理。在油质及清洁度超标的情况下，严禁机组启动。

8）应避免机组的振动不合格的情况下运行。

9）润滑油压低时应能正确、可靠的联动交流、直流润滑油泵。为确保防止在油泵联动过程中瞬间断油的可能，要求当润滑油压降至0.08MPa时报警，降至0.07～0.075MPa时联动交流润滑油泵，降至0.06～0.07MPa时联动直流润滑油泵，并停机投盘车，降至0.03MPa时停盘车。

10）直流润滑油泵的直流电源系统应有足够的容量，其各级熔断器应合理配置，防止故障时熔断器熔断使直流润滑泵失去电源。

11）交流润滑油泵电源的接触器，应采取低电压延时释放措施，同时要保证自投装置动作可靠。

12）油系统严禁使用铸铁阀门，各阀门不得水平安装。主要阀门应挂有“禁止操作”警示牌。润滑油压管道原则上不宜装设滤网，若装设滤网，必须有防止滤网堵塞和破损的措施。

13）安装和检修时要彻底清理油系统杂物，并严防检修中遗留杂物堵塞管道。

14）检修中应注意主油泵出口止回阀的状态，防止停机过程中断油。

15）严格执行运行、检修操作规程，严防轴瓦断油。

11. 防止发电机损坏事故

为了防止发电机的损坏事故发生，应严格执行《发电机反事故技术措施》[(86)电生火字193号]、《关于转发20万kW氢冷发电机防止漏氢漏油技术措施细则》[(88)电生计字17号]、《发电机反事故技术措施补充规定》(能源部发[1990]14号)、《防止200、300MW汽轮发电机定子绕组端部发生短路的技术改进措施》(能源部、机电部电发[1991]87号)和《汽轮发电机运行规程》(1999年版)等各项规定,并重点要求如下:

(1)防止定子绕组端部松动引起相间短路。检查定子绕组端部线圈的磨损、紧固情况。200MW及以上的发电机在大修时应做定子绕组端振型模态试验,发现问题应采取针对性的改进措施。对模态试验频率不合格(振型为椭圆、固有频率在94～115Hz之间)的发电机,应进行端部结构改造。

(2)防止定子绕组相间短路。

1)加强对大型发电机环形接线、过渡引线、鼻部手包绝缘、引水管水接头等处缘的检查。按照《电力设备预防性试验规程》(DL/T 596—1996),对定子绕组端部手包绝缘施加直流电压测量,不合格的应及时消缺。

2)严格控制氢冷发电机氢气的温度在规程允许的范围内,并做好氢气湿度的控制措施。

(3)防止定、转子水路堵塞、漏水。

1)防止水路堵塞过热。

a. 水内冷系统中的管道、阀门的橡胶密封圈应全部更换成聚四氟乙烯垫圈。

b. 安装定子内冷水反冲洗系统,定期对定子线棒进行反冲洗。反冲洗系统的所有钢丝滤网应更换为激光打孔的不锈钢板新型滤网,防止滤网破碎进入线圈。

c. 大修时,对水内冷定子、转子线棒应分路做流量试验。

d. 扩大发电机两侧汇水母管排污口,并安装不锈钢法兰,以便清除母管中的杂物。

e. 水内冷发电机水质应严格控制规定范围。水中铜离子含量超标时,为减缓铜管腐蚀,125MW及以下机组允许运行时在水中加缓蚀剂,但必须控制pH值大于7.0。

f. 严格保持发电机转子进水支座石棉盘根冷却水压低于转子内冷水进水压力,以防石棉材料破损物进入转子分水盒内。

g. 定子线棒层间测温元件的温差和出水支路的同层各定子线棒引水管出水温差应加强监视。温差控制值应按制造厂规定,制造厂未明确规定的,应按照以下限额执行:定子线棒层间最高与最低温度间的温差达8℃或定子线棒引水管出水温差达8℃时应报警,应及时查明原因,此时可降低负荷。定子线棒温差达14℃或定子引水管出水温差达12℃,或任一定子槽内层间测温元件温度超过90℃或出水温度超过85℃时,在确认测温元件无误后,应立即停机处理。

2)为防止发电机漏水,重点应对绝缘引水管进行检查,引水管外表应无伤痕,严禁引水管交叉接触,引水管之间、引水管与端罩之间应保持足够的绝缘距离。

3)防止转子漏水。

a. 水内冷发电机发出漏水报警信号,经判断确认是发电机漏水时,应立即停机处理。

b. 选装灵敏度可靠的漏水报警装置,应做好调试、维护和定期检验工作,确保装置反应灵敏、动作可靠。

c. 转子绕组复合引水管应更换为有钢丝编织护套的复合绝缘引水管。

d. 为了防止转子线圈拐角断裂漏水,至少将QFS2-100-2型和QFS-125-2型机组的出水铜拐角全部更换为不锈钢材质。

e. 推广双水内冷发电机用气密试验代替水压试验。

（4）防止转子匝间短路。

1）调峰运行的发电机，应在停机过程和大修中分别进行动态、静态匝间短路试验，有条件的可加装转子绕组动态匝间短路在线监测装置，以便及早发现异常。

2）已发现转子绕组匝间短路较严重的发电机应尽快消缺，以防转子、轴瓦磁化，差压阀失控造成严重漏氢、漏油。若检修时发现转子、轴承、轴瓦已磁化，应退磁处理。退磁后要求剩磁值为：轴瓦、轴颈不大于 2×10^{-4}T，其他部件小于 10×10^{-4}T。

（5）防止漏氢。

1）大修后气密试验不合格的氢冷发电机严禁投入运行。

2）为防止氢冷发电机的氢气漏入封闭母线，在发电机出线箱与封闭母线连接处应装设隔氢装置，并在适当地点设置排气孔和加装漏氢监测装置。

3）应按时检测氢冷发电机油系统、主油箱内、封闭母线外套内的氢气体积含量，超过1%时，应停机查漏消缺。当内冷水箱内的含氢量达到3%时报警，在120h内缺陷未能消除或含氢量升至20%时，应停机处理。

4）密封油系统平衡阀、压差阀必须保证动作灵活、可靠，密封瓦间隙必须调整合格。若发现发电机大轴密封瓦处轴颈有磨损的沟槽，应及时处理。

（6）防止发电机非全相运行。发电机变压器组的主断路器出现非全相运行时，其相关保护应及时启动断路器失灵保护，在主断路器无法断开时，断开与其连接在同一母线上的所有电源。

（7）防止发电机非同期并网。

（8）防止发电机局部过热。

1）发电机绝缘过热监测器过热报警时，应立即取样进行色谱分析，必要时停机进行消缺处理。

2）应对氢内冷转子进行通风试验。

3）全氢冷发电机定子线棒出口风温差达到8℃，应立即停机处理。

（9）防止发电机内遗留金属异物。

1）建立严格的现场管理制度，防止锯条、螺钉、螺母、工具等金属杂物遗留在定子内部，特别应对端部线圈的夹缝、上下渐伸线之间位置作详细检查。

2）大修时应对端部紧固件（如压板紧固的螺栓和螺母、支架固定螺母和螺栓、引线夹板螺栓、汇流管所用卡板和螺栓等）紧固情况以及定子铁芯边缘矽钢片有无断裂等进行检查。

（10）当发电机定子回路发生单相接地故障时，允许的接地电流值满足表5-2规定。发电机定子接地保护的动作整定值按表5-2的要求确定。当定子接地保护报警时，应立即停机。200MW及以上容量的发电机的接地保护装置宜作为跳闸。

表5-2　　　　发电机定子绕组单相接地故障电流允许值

发电机额定电压（kV）	10.5	13.8～15.75	18～20
发电机额定容量（MW）	100	125～200	300～600
接地电流允许值（A）	3	2（对于氢冷发电机为2.5A）	1

(11) 当发电机的转子绕组发生一点接地时，应立即查明故障点与性质。如系稳定性的金属接地，应立即停机处理。

(12) 发电厂应准确掌握有串联补偿电容器送出线路的汽轮发电机组轴系扭转振动频率，协助电网管理部门共同防止次同步谐振。

(13) 防止励磁系统故障引起发电机损坏。

1) 有进相运行工况的发电机，其低励限制的定值应在制造厂给定的容许值内，并定期校验。

2) 自动励磁调节器的过励限制和过励保护的定值应在制造厂给定的容许值内，并定期校验。

3) 励磁调节器的自动通道发生故障时应及时修复并投入运行。严禁发电机在手动励磁调节（含按发电机或交流励磁机的磁场电流的闭环调节）下长期运行。

4) 在电源电压偏差为－15%～10%、频率偏差为－6%～4%时，励磁控制系统及其继电器、开关等操作系统均能正常工作。

5) 在机组启动、停机和其他试验过程中，应有机组低转速时切断发电机励磁的措施。

12. 防止分散控制系统失灵、热工保护拒动事故

为了防止分散控制系统（DCS）失灵、热工保护拒动造成的事故，要认真贯彻《火力发电厂热工仪表及控制装置技术监督规定》（国电安运［1998］483号）、《单元机组分散控制系统设计若干技术问题规定》（电规发［1996］214号）、《火力发电厂锅炉炉膛安全监控系统在线验收测试规程》(DL/T 656—1998)、《火力发电厂模拟量控制系统在线验收测试规程》(DL/T 657—1998)、《火力发电厂顺序控制系统在线验收测试规程》(DL/T 658—1998)、《火力发电厂分散控制系统在线验收测试规程》(DL/T 659—1998)等有关技术规定，并提出以下重点要求：

(1) 分散控制系统配置的基本要求。

1) DCS系统配置应能满足机组任何工况下的监控要求（包括紧急故障处理），CPU负荷率应控制在设计指标之内并留有适当裕度。

2) 主要控制器应采用冗余配置，重要I/O点应考虑采用非同一板件的冗余配置。

3) 系统电源应设计有可靠的后备手段（如采用UPS电源），备用电源的切换时间应小于5ms（应保证控制器不能初始化）。系统电源故障应在控制室内设有独立于DCS之外的声光报警。

4) 主系统及与主系统连接的所有相关系统（包括专用装置）的通信负荷率设计必须控制在合理的范围（保证在高负荷运行时不出现瓶颈现象）之内，其接口设备（板件）应稳定可靠。

5) DCS的系统接地必须严格遵守技术要求，所有进入DCS系统控制信号的电缆必须采用质量合格的屏蔽电缆，且有良好的单端接地。

6) 操作员站及少数重要操作按钮的配置应能满足机组各种工况下的操作要求，特别是紧急故障处理的要求。紧急停机停炉按钮配置，应采用与DCS分开的单独操作回路。

(2) DCS故障的紧急处理措施。

1) 已配备DCS的电厂，应根据机组的具体情况，制定在各种情况下DCS失灵后的紧急停机停炉措施。

2）当全部操作员站出现故障时（所有上位机黑屏或死机），若主要后备硬手操及监视仪表可用且暂时能够维持机组正常运行，则转用后备操作方式运行，同时排除故障并恢复操作员站运行方式，否则应立即停机、停炉。若无可靠的后备操作监视手段，也应停机、停炉。

3）当部分操作员站出现故障时，应由可用操作员站继续承担机组监控任务（此时应停止重大操作），同时迅速排除故障，若故障无法排除，则应根据当时运行状况酌情处理。

4）当系统中的控制器或相应电源故障时，应采取以下对策：

a. 辅机控制器或相应电源故障时，可切至后备手动方式运行并迅速处理系统故障，若条件不允许则应将该辅机退出运行。

b. 调节回路控制器或相应电源故障时，应将自动切至手动维持运行，同时迅速处理系统故障，并根据处理情况采取相应措施。

c. 涉及机炉保护的控制器故障时应立即更换或修复控制器模件，涉及机炉保护电源故障时则应采用强送措施，此时应做好防止控制器初始化的措施。若恢复失败则应紧急停机停炉。

5）加强对 DCS 系统的监视检查，特别是发现 CPU、网络、电源等故障时，应及时通知运行人员并迅速做好相应对策。

6）规范 DCD 系统软件和应用软件的管理，软件的修改、更新、升级必须履行审批授权及责任人制度。在修改、更新、升级软件前，应对软件进行备份。未经测试确认的各种软件严禁下载到已运行的 DCS 系统中使用，必须建立有针对性的 DCS 系统防病毒措施。

（3）防止热工保护拒动。

1）DCS 部分的锅炉炉膛安全监控系统（FSSS）的系统配置应符合要求，FSSS 的控制器必须冗余配置且可自动无扰切换，同时 FSSS 装置应具有在线自动/手动火焰检测器和全部逻辑的试验功能。

2）对于独立配置的锅炉灭火保护应保证装置（系统）本身完全符合相应技术规范的要求，所配电源必须可靠；系统涉及的炉膛压力的取压装置、压力开关必须定期校验，确保动作灵敏、可靠。

3）定期进行保护定值的核实检查和保护的动作试验，在役的锅炉炉膛安全监视保护装置的动态试验（指在静态试验合格的基础上，通过调整锅炉运行工况，达到 MFT 动作的现场整套炉膛安全监视保护系统的闭环试验）间隔不得超过 3 年。

4）对于已配有由 DCS 构成的 FSSS 及含有相关软逻辑的热工保护系统，在进行机、炉、电连锁与联动试验时，必须将全部软逻辑纳入到相关系统的试验中。

5）汽轮机紧急跳闸系统（ETS）和汽轮机监视仪表（TSI）应加强定期巡视检查，所配电源必须可靠，电压波动值不得大于±5%。TSI 的 CPU 及重要跳机保护信号和通道必须冗余配置，输出继电器必须可靠。

6）汽轮机超速、轴向位移、振动、低油压保护、低真空等保护（装置）每季度及每次机组检修后启动前应进行静态试验，以检查跳闸逻辑、报警及停机动作值。所有检测用的传感器必须在规定的有效检验周期内。

7）若发生热工保护装置（系统、包括一次检测设备）故障，必须开具工作票经总工程师批准后迅速处理。锅炉炉膛压力、全炉膛灭火、汽包水位和汽轮机超速、轴向位移、振动、低油压等重要保护装置在机组运行中严禁退出；其他保护装置被迫退出运行的，必须在

24h内恢复，否则应立即停机、停炉处理。

13. 防止继电保护事故

为了防止继电保护事故的发生，应认真贯彻《继电保护和安全自动装置技术规程》（GB 14285—1993）、《继电保护及安全自动装置运行管理规程》、《继电保护及安全自动装置检验条例》、《继电保护和安全自动装置现场工作保安规定》、《3～110kV电网继电保护装置运行整定规程》（DL/T 584—1995）、（220～500kV电网继电保护装置运行整定规程）（DL/T 559—1994）、《电力系统继电保护技术监督规定（试行）》（电安生[1997]356号）、《电力系统继电保护和安全自动装置运行反事故措施管理规定》(调[1994]143号)、《电力系统断电保护及安全自动装置反事故措施要点》、《电力系统继电保护和安全自动装置运行评价规程》（DL/T 623—1997）及相关规程，并提出以下重点要求：

（1）高度重视继电保护工作，充实配备技术力量，加强继电保护工作人员专业技能和职业素质的培训，保持继电保护队伍的稳定。

（2）要认真贯彻各项规章制度及反事故措施，严格执行各项安全措施，防止继电保护“三误”事故的发生。

（3）各级调度应根据电网结构的变化，贯彻执行继电保护装置整定运行规程，制定电网继电保护整定方案和调度运行说明。适应现代电网的发展需要，积极稳妥采用继电保护新术设备，组织编写新装置的检验规程。进一步加强电网继电保护运行管理工作，合理安排电网运行方式，充分发挥继电保护效能，提高电网安全稳定运行水平，防止由于保护拒动、误动引起系统稳定破坏和电网瓦解、大面积停电事故的发生。

（4）网、省公司调度部门继电保护机构要进一步发挥专业管理的职能作用，强化继电保护技术监督力度，指导、协助发、供电单位加强继电保护工作，提高全网继电保护工作水平。

（5）确保大型发电机、变压器的安全运行，重视大型发电机、变压器保护的配置和整定计算，包括与相关线路保护的整定配合。

（6）对于220kV主变压器的微机保护必须双重化。

（7）保证继电保护操作电源的可靠性，防止出现二次寄生回路，提高继电保护装置抗干扰能力。

（8）加强110kV及以下的电网和厂用系统的继电保护工作，降低发生继电保护事故的几率。

（9）针对电网运行工况，加强备用电源自动投入装置的管理。

14. 防止系统稳定破坏事故

为了加强电网安全管理，防止系统稳定破坏事故的发生，经继续贯彻执行《电力系统安全稳定导则》，并提出以下重点要求：

（1）加强和完善电网一次、二次设备建设。

1）重视和加强电网规划管理，制定完善电网结构的发展规划和实施计划，建设结构合理的电网；对电网中的薄弱环节，应创造条件加以解决，从电网一次结构上保证电网的安全可靠。

2）电源点布置要合理，负荷中心地区应有必要的电源支撑。负荷中心受电要按多条通道，多个方向来进行规划和实施，每条通道输送容量占负荷中心地区最大负荷比例不宜过大，故障失去一个通道不应导致电网崩溃。同时应加强枢纽发电厂、变电站及负荷中心的无功补偿建设，防止电网发生电压崩溃事故。

3）输送通道建设要与电源建设同步完成。

4）要加强高频、母差、开关失灵等快速保护的建设。对500kV设备的主保护应实现双重化；220kV及以上环网运行线路应配置双套快速保护；新建500kV和重要的220kV厂、所的220kV母线应做到双套母差、开关失灵保护；已建500kV和重要220kV厂、所的220kV母线可逐步做到双套母差、开关失灵保护。

5）设计安装的低频减载装置和保护系统稳定运行的安全自动装置应与一次系统同步投运。大电网规划阶段应加强保电网安全稳定最后防线设置的研究，从电网结构上设计配置振荡、低频、低压等解列装置。对于存在大功率、远距离输送，采用自并励的机组，应加装电力系统稳定器（PSS）。

（2）要强化电网运行的安全管理和监督。

1）严格控制主网联络线重要输电断面潮流，禁止超稳定极限运行。

2）电网运行必须按有关规定保留一定的旋转备用容量。

3）对联网运行的大区电网，要采取必要措施防止一侧发生稳定破坏事故向另一侧扩大。对重要电网（政治、经济、文化中心）要采取必要措施防止相邻电网发生事故向重要电网扩大或恶化重要电网的安全运行状况。

4）电网内大机组配置的高频率、低频率、过电压、欠电压保护及振荡解列装置的定值必须经电网调度机构审定。

5）要尽可能减少电磁环网或采取可靠措施防止电网故障时引起电网稳定破坏。

6）要加强电网安全稳定最后一道防线的管理。低频减载装置和保护系统稳定运行的安全自动装置应可靠、足额投入。要从电网结构上完善振荡、低频、低压解列等装置的配置。

7）应避免枢纽厂、所的线路、母线、变压器等设备无快速保护运行。要加强开关设备的检修维护，确保电网故障的可靠切除。在受端系统的关键枢纽厂、所，当发生继电保护定值整定困难时，要侧重防止保护拒动。

（3）为了防止次同步谐振，在串联补偿电容投切运行（包括串联补偿电容部分退出和各种系统运行方式）时，应注意避免与机组产生机电谐振。

15. 防止大型变压器损坏和互感器爆炸事故

为了防止大型变压器损坏，互感器爆炸事故的发生，应严格执行《关于印发“变压器类设备管理规定”的通知》(电安生[1996]589号)、《关于发送“全国变压器类设备专业工作会纪要”的通知》(调网[1996]89号)、《关于加强变压器消防设施的通知》[能源部(87)电生火字117号]以及其他有关规定，并提出以下重点要求：

（1）加强对变压器类设备从选型、订货、验收到投运的全过程管理，明确变压器专责人员及其职责。

（2）严格按有关规定对新购变压器类设备进行验收，确保改进措施落实在设备制造、安装、试验阶段，投产时不遗留同类型问题。

1）订购前，应向制造厂索取做过突出短路试验变压器的试验报告和抗短路能力动态计算报告；在设计联络会前，应取得所订购变压器的抗短路能力计算报告。

2）220kV及以上电压等级的变压器应赴厂监造和验收，按变压器赴厂监造关键控制点的要求进行监造，监造验收工作结束后，赴厂人员应提交监造报告，并作为设备原始资料存档。

3）出厂局放试验的合格标准。

a. 220kV 及以上变压器，测量电压为 $1.5U_m/\sqrt{3}$时，自耦变中压端不大于 200pC，其他不大于 100pC。

b. 110kV 变压器，测量电压为 $1.5U_m/\sqrt{3}$时，不大于 300pC。

c. 中性点接地系统的互感器，测量电力为 $1.0U_m/\sqrt{3}$时，液体浸渍不大于 10pC，固体形式不大于 50pC。测量电压为 $1.2U_m/\sqrt{3}$时，液体浸渍不大于 5pC，固体形式不大于 20pC。

d. 对 220kV 及以上电压等级互感器应进行高电压下的介损试验。

4）向制造厂索取主要材料和附件的工厂检验报告和生产厂家出厂试验报告；工厂试验时应将供货的套管安装在变压器上进行试验；所有附件在出厂时均应按实际使用方式整体预装过。

5）认真执行交接试验规程；对 110kV 及以上电压等级变压器在出厂和投产前应做低电压短路阻抗测试或用频响法测组变形以留原始记录。220kV 及以上电压等级和 120MVA 及以上容量的变压器在新安装时必须进行现场局部放电试验。220kV 及以上电压等级变压器在大修后，必须进行现场局部放电试验。

6）大型变压器在运输过程中应按规范安装具有时标且有合适量程的三维冲击记录仪，到达目的地后，制造厂、运输部门和用户三方人员应共同验收，记录纸和押运记录应提供用户留存。

（3）设备采购时，应要求制造厂有可靠、密封措施。对运行中的设备，如密封不良，应采取改进措施，确保防止变压器、互感器进水或空气受潮。加强运行巡视，应特别注意变压器冷却器潜油泵负压区出现的渗漏油。防止套管、引线、分接开关引起事故。套管的伞裙间距低于标准的，应采取加硅橡胶伞裙套等措施，防止雨闪事故。

（4）潜油泵的轴承，应采用 E 级或 D 级，禁止使用无铭牌、无级别的轴承。油泵应选用转速不大于 1000r/min 的低速油泵。为保证冷却效果，风冷却器应定期进行水冲洗。

（5）变压器的本体、有载开关的重瓦斯保护应投跳闸，若需退出重瓦斯保护时，应预先制定安全措施，并经总工程师批准，并限期恢复。

（6）对 220kV 及以上电压等级变电设备还需每年进行至少一次红外成像测温检查。在技术和管理上采取有效措施，尽可能防止或减少变压器的出口短路，改善变压器的运行条件。变压器在遭受近区突发短路后，应做低电压短路阻抗测试或用频响法测试绕组变形，并与原始记录比较，判断变压器无故障后，方可投运。

（7）新建或扩建变压器一般不采用水冷却方式，对特殊场合必须采用水冷却系统的，应采用双层铜管冷却系统。对目前正在正常使用的单铜管水冷却的变压器，应始终要保持油压大于水压，并要加强维护，采取有效的运行监视方法，及时发现冷却系统泄漏故障。

（8）对薄绝缘变压器，可按一般变压器设备进行技术监督，如发现严重缺陷，变压器本体不宜再进行改造性大修，对更换下来的薄绝缘变压器也不应再迁移安装。

（9）对新的变压器油要加强质量控制，用户可根据运行经验选用合适的油种。油运抵现场后，应取样试验合格后，方能注入设备。加强油质管理，对运行中油应严格执行有关标准，对不同油种的混油应慎重。

（10）按规定完善变压器的消防设施，并加强管理，重点防止变压器着火时的事故扩大。

（11）防止套管存在的问题。

1）套管安装就位后，带电前必须静放。500kV 套管静放时间不得少于 36h，110～220kV 套管不得少于 24h。

2）对保存期超过 1 年的 110kV 及以上套管，安装前应进行局放试验、额定电压下的介损试验和油色谱分析。

3）事故抢修所装上的套管，投运后的 3 个月内，应取油样做一次色谱试验。

4）作为备品的 110kV 及以上套管，应置于户内且竖直放置。如水平存放，其抬高角度应符合制造厂要求，以防止电容芯子露出油面而受潮。

5）套管渗漏油时，应及时处理，防止内部受潮而损坏。

16. 防止开关设备事故

为防止高压开关设备事故，应认真贯彻《高压开关设备管理规定》、《高压开关设备反事故技术措施》和《高压开关设备质量监督管理办法》（发输电[1999]72 号）等有关规定，并提出以下重点要求：

（1）采用五防装置运行可靠的开关柜，严禁五防功能不完善的开关柜进入系统使用，已运行的五防功能不完善的开关柜应尽快完成完善化改造。

（2）根据可能出现的系统最大负荷运行方式，每年应核算开关设备安装地点的断流容量，并采取措施防止由于断流容量不足而造成开关设备烧损或爆炸。

（3）开关设备断口外绝缘应满足不小于 1.15 倍（252kV）或 1.2 倍（363kV 及 550kV）相对地外绝缘的要求，否则应加强清扫工作或采用防污涂料等措施。

（4）加强运行维护，确保开关设备安全运行。对气动机构应定期清扫防尘罩、空气过滤器，排放储气罐内积水，做好空气压缩机的累计启动时间记录。对液压机构应定期检查回路有无渗漏油现象，做好油泵累计启动时间记录。发现缺陷应及时处理。

（5）对手车柜每次推入柜内之前，必须检查开关设备的位置，杜绝合闸位置推入手车。

（6）根据设备现场的污秽程度，采取有效的防污闪措施，预防套管、支持绝缘子和绝缘提升杆闪络、爆炸。

（7）开关设备应按规定的检修周期，实际累计短路开断电流及状态进行检修，尤其要加强对机构的检修，防止断路器拒分、拒合和误动以及灭弧室的烧损或爆炸，预防液压机构的漏油和慢分。

（8）隔离开关应按规定的检修周期检修。对失修的隔离开关应积极申请停电检修或开展带电检修，防止恶性事故的发生。

（9）结合电力设备预防性试验，应加强对隔离开关转动部件、接触部件、操作机构、机械及电气闭锁装置的检查和润滑，并进行操作试验，防止机械卡涩、触头过热、绝缘子断裂等事故的发生，确保隔离开关操作与运行的可靠性。

（10）充分发挥 SF_6 气体质量监督管理中心的作用，应做好新气管理、运行设备的气体监测和异常情况分析，监测应包括 SF_6 压力表和密度继电器的定期校验。

17. 防止接地网事故

为防止接地网事故的发生，应认真贯彻《交流电气装置的接地》（DL/T 621—1997）以及其他有关规定，并重点要求如下：

（1）根据地区短路容量的变化，应校核接地装置（包括设备接地引下线）的热稳定容量，并根据短路容量的变化及接地装置的腐蚀程度对接地装置进行改造。对于变电站中的不接地、经消弧线圈接地、经低阻或高阻接地系统，必须按异点两相接地校核接地装置的热稳定容量。

（2）在发、供电工程设计时，要吸取接地网事故的教训，设计单位应提出经过改进的、完善的接地网设计，施工单位应严格按设计进行施工。

（3）基建施工时，必须在预留的设备、设施的接地引下线经确认合格（正式文字记录）以及隐蔽工程必须经监理单位和建设单位验收合格后，方可回填上，并应分别对两个最近的接地引下线之间测量其回路电阻，测试结果是交接验收资料的必备内容，竣工时应全部交甲方备存。

（4）接地装置的焊接质量、接地试验应符合规定，各种设备与主接地网的连接必须可靠，扩建接地网与原接地网间应为多点连接。

（5）接地装置腐蚀比较严重的枢纽变电所宜采用铜质材料的接地网。

（6）对于高土壤电阻率地区的接地网，在接地电阻难以满足要求时，应有完善的均压及隔离措施，方可投入运行。

（7）变压器中性点应有两根与主接地网不同地点连接的接地引下线，且每根接地引下线均应符合热稳定的要求。重要设备及设备架构等宜有两根与主接地网不同地点连接的接地引下线，且每根接地引下线均应符合热稳定的要求。连接引线应便于定期进行检查测试。

（8）接地装置引下线的导通检测工作应每年进行一次。根据历次测量结果进行分析比较，以决定是否需要进行开挖、处理。

（9）为防止在有效接地系统中出现孤立不接地系统并产生较高的工频过电压的异常运行工况，110～220kV 不接地变压器的中性点过电压保护应采用间隙保护方式。对于 110kV 变压器，当中性点绝缘的冲击耐受电压不大于 185kV 时，还应在间隙旁并联金属氧化物避雷器，间隙距离及避雷器参数配合要进行校核。

（10）认真执行《电力设备预防性试验规程》（DL/T 596—1996）中对接地装置的试验要求，同时还应测试各种设备与接地网的连接情况，严禁设备失地运行。

18. 防止污闪事故

为降低输变电设备的污闪跳闸率，避免主网架重要线路和枢纽变电站的污闪事故以及杜绝大面积污内事故的发生，应严格执行《高压架空线路和发电厂、变电站环境污秽分级及外缘选择标准》（GB/T 16434—1996）、《关于防止电网大面积污闪事故若干措施的实施要求》（能源办［1990］606 号）、《加强电力系统防污闪技术措施（试行）》（调网［1997］91 号文附件）和《电力系统电瓷防污闪技术管理规定》以及其他有关规定，并提出以下重点要求：

（1）完善防污闪管理体系，明确防污闪主管领导和专责人的具体职责。

（2）严格执行电力系统绝缘子质量的全过程管理规定，加强管理，保证质量。

（3）坚持定期对输变电设备外绝缘表面的盐密测量、污秽调查和运行巡视，及时根据变化情况采取防污秽区分布图，做好防污闪的基础工作。

（4）新建和扩建的输变电设备外绝缘配置应以污秽区分布图为基础并根据城市发展、设备的重要性等，在留有裕度的前提下选取绝缘子的种类、伞型和爬距。

（5）运行设备外绝缘的爬距，原则上应与污秽分级相适应，不满足的应予以调整，受条件限制不能调整爬距的应有主管防污闪领导签署的明确的防污闪措施。

（6）坚持适时的、保证质量的清扫，落实清扫责任制和质量检查制，带电水冲洗要严格执行《带电水冲洗规程》，并配备训练有素的熟练操作员。

（7）硅橡胶复合绝缘子具有很强的抗污闪能力，可以有效地防止输电线路的污闪事故，按《合成绝缘子使用指导性意见》（调网［1997］93号）的要求使用执行，并密切注意其端头密封质量和控制鸟粪闪络。

（8）变电设备表面涂RTV涂料和加装防污闪辅助伞裙是防止设备发生污闪的重要措施，按《防污闪辅助伞裙使用指导性意见》和《防污闪RTV涂料使用指导性意见》（调网［1997］130号）的要求使用，但避雷器不宜加装辅助伞裙。

（9）室内设备外绝缘爬距要符合《户内设备技术条件》，并适时安排清扫，严重潮湿的地区要提高爬距。

19. 防止倒杆塔和断线事故

为了防止倒杆塔和断线事故的发生，应严格执行《110～500kV架空送电线路设计规程》（DL/T 5092—1999）和《架空送电线路运行规程》（SDJ 3—1976）以及其他有关规定，并提出以下重点要求：

（1）设计时要充分考虑特殊地形、气象条件的影响（尽量避开可能引起导线、地线严重覆冰或导线舞动的特殊地区），合理选取杆（塔）型、杆塔强度。对地形复杂、气象条件恶劣、交通困难地段的杆塔，应适当增加杆塔强度。原则上，500kV线路不宜采用拉线塔。

（2）对重要跨越处，如铁路、高等级公路和高速公路、通航河流以及人口密集地区应采用独立挂点的双悬垂串绝缘子结构。

（3）设计中应有防止导地线断线的措施，对导地线、拉线金具要有明确要求。

（4）对可能遭受洪水、暴雨冲刷的杆塔应采用可靠的防汛措施；采用高低腿结构塔的基础护墙要有足够强度，并有良好的排水措施。

（5）严格按设计进行施工，隐蔽工程应经监理单位质量验收合格后方可掩埋，否则严禁立杆塔、放线。

（6）线路器材应符合有关国家标准和设计要求，不合格的金具不准安装使用，禁止在安装中沿合成绝缘子上下导线。

（7）加强线路杆塔的检查巡视、发现问题应及时消除，线路历经恶劣气象条件后应组织人员进行特巡。

（8）城区线路杆、塔有可能引起误碰线区域，应悬挂限高警示牌。

（9）积极开展利用红外测温技术监测接线金具（如压接管、线夹等）的发热情况。发现导、地线有断股现象要及时消除，特别应注意地线复合光缆（OPGW）外层断股。

（10）要积极取得当地政府和公安部门的支持，严格贯彻《电力设施保护条例》，充分发挥电力企业保卫部门的作用，依靠群众搞好护线工作，并严厉打击盗窃线路器材的犯罪活动。

（11）应制定倒杆塔、断线事故的反事故措施，并在材料、人员上给予落实，应集中储备一定数量的事故抢修塔。

20. 防止枢纽变电所全停事故

为了防止枢纽变电站全停事故的发生，严格执行有关的规程、规定，并提出以下重点要求：

（1）完善枢纽变电站的一、二次设备建设。

1）枢纽变电站宜采用双母分段接线方式或3/2接线方式。根据电网结构的变化，应满足变电站设备的短路容量。

2）开关设备选型时应严格按照有关的标准进行，对运行中不符合标准的开关设备应进行改造，未改造前应加强对设备的运行监视和试验。

3）枢纽变电站直流系统。

a. 枢纽变电站直流系统宜采用两组蓄电池、三台充电装置的方案，每组蓄电池和充电装置应分别接于一段直流母线上，第三台充电装置（备用充电装置）可在两段母线之间切换，任一工作充电装置退出运行时，手动投入第三台充电装置。

b. 直流母线应采用分段运行的方式，每段母线应分别采用独立的蓄电池组供电，并在两段直流母线之间设置联络断路器，正常运行时断路器处于断开位置。

c. 直流熔断器应按有关规定分级配置，加强直流熔断器的管理。对直流熔断器应采用质量合格的产品，防止因直流熔断器不正常熔断而扩大事故。

4）为提高继电保护的可靠性，对重要的线路和设备必须坚持设立两套互相独立主保护的原则，并且两套保护宜为不同原理和不同厂家的产品。对重要元件应充分考虑后备保护的设备。

5）应认真考虑保护用TA的安装位置，尽可能地避免由于TA安装位置不当而产生保护的死区。

6）对新建、扩建和生产改进工程新订购的电气设备，必须是符合国家及行业标准，具有一定运行经验的产品，否则不得在枢纽变电所中安装运行。

（2）强化电网的运行管理和监督。

1）运行人员要严格执行电网运行的有关规程、规定。操作前要认真核对接线方式，检查设备的状况。严格执行“两票三制”，操作中不跳项、不漏项，严防发生误操作事故。

2）对于双母线接线方式的变电所，在一条母线停电检修时，要做好另一条母线的安全措施，防止因人为因素造成运行母线停电。当给停电的母线送电时，有条件的要利用外部电源；若用母联断路器给停电母线送电，母联断路器必须带有充电保护。

3）要定期对枢纽变电所支柱绝缘子，特别是母线支柱绝缘子、母线侧隔离开关支柱绝缘子进行检查，以防止绝缘子断裂引起母线事故。

4）变电站的带电水冲洗工作必须保证水质的要求，并严格按照《带电水冲洗实施导则》进行操作，母线冲洗要投入可靠的母差保护。

5）加强防误闭锁装置的运行、维护管理，确保已装设的防误闭锁装置正常运行。微机五防闭锁装置中电脑钥匙的管理必须严格按规定执行。

6）继电保护及安全自动装置要选用抗干扰能力符合规程规定的产品，并采取必要的抗干扰措施，防止继电保护及安全自动装置在外界电磁干扰下的不正确动作。

7）保护装置的配置及整定计算方案应充分考虑系统可能出现的不利情况，尽量避免在复杂、多重故障情况下的继电保护、安全自动装置的不正确动作。

8）对枢纽变电站中的电气设备应定期开展带电测温工作，尤其是对套管及其引线接头、隔离开关触头、引线接头的温度监测，每年应至少进行一次红外成像测温。

9）订购变压器时，应要求厂家提供变压器绕组频率响应特性曲线、做过突发短路试验变压器的试验报告和抗短路能力动态计算报告；安装调试应增做频率响应特性试验；运行中发生变压器出口短路故障后应进行频率响应特性试验，绕组变形情况的测试结果，作为变压器能否继续运行的判据之一。

10）在运行方式上和倒闸操作过程中，应避免用带断口电容器的断路器切带电磁式电压互感器的空载母线，以防止因谐振过电压损坏设备。

11）定期对设备外绝缘进行有效清扫，加强户内设备的外绝缘监督，防止高压配电室的门、窗及房屋漏雨进水引起户内配电装置的闪络事故。

（3）应避免开关设备故障造成枢纽变电站全停事故的发生，并应遵守相关规定。

（4）应避免接地网故障造成枢纽变电所全停事故的发生，并应遵守相关规定。

21. 防止垮坝、水淹厂房及厂房坍塌事故

为了防止水电厂垮（漫）坝、水淹厂房及厂房坍塌事故发生，各单位应认真贯彻《中华人民共和国防洪法》和其他有关规定措施，并提出以下重点要求：

（1）健全防汛组织机构，强化防汛抗洪责任制。汛期前应进行汛前检查，制定科学、具体、切合实际的防汛预案；汛期后应及时总结，对存在的隐患进行整改，并报上级主管部门。

（2）做好大坝安全检查、监测、维修及加固工作，确保大坝处于良好状态。对已确认的病、险坝，必须立即采取补强加固措施，并制定险情预计和应急处理计划。

（3）积极采取有效措施，提高防洪工作的预见性以及电力设施防御和低抗洪涝灾害能力。

1）火电厂防洪标准满足防御百年一遇洪水的要求，水电厂防洪标准应符合国家有关规定要求。

2）汛前应做好防止水淹厂房、泵房、变电站、进厂铁（公）路以及其他生产、生活设施的可靠防范措施；特别是地处河流附近低洼地区、水库下游地区、河谷地区的生产、生活建筑。

3）在重视防御江河洪水灾害的同时，应落实防御和低抗上游水库垮坝及局部暴雨造成的山洪、山体滑坡、泥石流等山地灾害的各项措施。

4）备足必要的防洪抢险器材、物资。

（4）水电厂应按照《水电厂防汛工程检查大纲》的规定，做好汛前安全检查，明确防汛重点部位、薄弱环节。

（5）火电厂应认真进行汛前检查，重点是防止供水泵房（含升压泵房）和厂房进水、零米以下部位和灰场的排水设施、取水泵房供电线路，以及一切可能进水的沟道的封堵。

（6）强化水电厂运行管理，必须根据批准的调洪方案和防汛指挥部门的指令进行调洪方案调度，按规程规定的程序操作闸门；应按照有关规定和标准，对大坝及水电站建筑物进行安全监测和检查，及时掌握大坝运行状况，保证大坝和闸门起闭设备完好。发现异常现象和不安全因素时，应及时采取措施，并报告上级主管部门。

（7）火电厂应切实加强灰场管理，落实责任制，健全巡视检查、观测记录、请示报告制度。汛期或地震活跃期火电厂的灰场，要采取低水位运行。加强对灰场的排水（排洪）系统、坝体浸润线、坝下渗流溢出点的巡视、检查、监测工作，发现异常立即上报，及时采取

措施，严防灰场垮坝造成灾害。

（8）对影响大坝、灰坝安全和防洪度汛的缺陷、隐患及水毁工程，应实施永久性的工程措施，优先安排资金，抓紧进行检修、处理。工程必须由具有相应设计资格的单位设计，经审批后组织实施，并确保工程质量。

（9）对屋顶积灰严重的机、炉等厂房，要及时组织清理，防止除氧器排汽结冰及雨雪时厂房屋顶荷重超载而塌落。

（10）对建成20年及以上厂房及建筑物应加强检测和维修，防止坍塌事故的发生。当可能在短期内发生破坏性事故时，应立即采取有效的除险加固措施，并立即上报主管单位，避免建筑物运行状况恶化、结构损坏扩大，防止事故发生。

22. 防止人身伤亡事故

为防止人身伤亡事故发生，应严格执行国家电力公司《安全生产工作规定》及《电业安全工作规程》以及其他有关规定，并重点要求如下：

（1）工作或作业场所的各项安全措施必需符合《电业安全工作规程》和《电力建设安全工作规程》（DL 5009.1—1992）的有关要求。

（2）领导干部应重视人身安全，认真履行自己安全职责。认真掌握各种作业的安全措施和要求，并模范地遵守安全规程制度。做到敢抓敢管，严格要求工作人员认真执行安全规程制度，严格劳动纪律，并经常深入现场检查，发现问题及时整改。

（3）定期对人员进行安全技术培训，提高安全技术防护水平。

1）应经常进行各种形式的安全思想教育，提高职工的安全防护意识和安全防护方法。

2）要对执行安全规程制度中的主要人员如工作票签发人、工作负责人、工作许可人、工作操作监护人等定期进行正确执行安全规程制度的培训，务使熟练地掌握有关安全措施和要求，明确职责，严把安全关。

（4）加强对各种承包工程的安全管理，反对对工程项目进行层层转包，明确安全责任，做到严格管理，安全措施完善，并根据有关规定严格考核。

（5）在防止触电、高处坠落、机器伤害、灼烫伤等类事故方面，应认真贯彻安全组织措施和技术措施，并配备经国家或省、部级质检机构检测合格的、可靠性高的安全工器具和防护用品。完善设备的安全防护设施（如输煤系统等），从措施上、装备上为安全作业创造可靠的条件。淘汰不合格的工器具和防护用品，以提高作业的安全水平。

（6）提高人在生产活动中的可靠性是减少人身事故的重要方面，违章是人的可靠性降低的表现，要通过对每次事故的具体分析，找出规律，从中积累经验，采取针对性措施提高人在生产活动中的可靠性，防止伤亡事故的发生。

23. 防止全厂停电事故

为防止全厂停电事故，要严格执行《防止全厂停电措施》［能源部安保安放（1992）40号］以及其他有关规定，并提出以下重点要求：

（1）加强蓄电池和直流系统（含逆变电源）及柴油发电机组的维修，确保主机交直流润滑油泵和主要辅机小油泵供电可靠。

（2）带直配线负荷的电厂应设置低频率、低电压解列的装置，确保在系统事故时，解列1台或部分机组能单独带厂用电和直配线负荷运行。

（3）加强继电保护工作，主保护装置应完好并正常投运，后备保护可靠并有选择性的动作，投入开关失灵保护，严防开关拒动、误动扩大事故。

(4) 在满足接线方式和短路容量的前提下，应尽量采用简单的母差保护。对有稳定问题要求的大型发电厂和重要变电站可配置两套母差保护，对某些有稳定问题的大型发电厂要缩短母差保护定检时间，母差保护停用时尽量减少母线倒闸操作。

(5) 开关设备的失灵保护均必须投入运行，并要做好相关工作，确保保护正确地动作。

(6) 根据《继电保护和安全自动装置技术规程》(GB 14285—1993) 的规定，完善主变压器零序电流电压保护，以用于跳开各侧断路器，在事故时能保证部分机组运行。

(7) 应优先采用正常的母线、厂用系统、热力公用系统的运行方式，因故改为非正常运行方式时，应事先制定安全措施，并在工作结束后尽快恢复正常运行方式。应明确负责管理厂用电运行方式的部门。

(8) 厂房内重要辅机（如送风机、引风机、给水泵、循环水泵等）电动机事故按钮要加装保护罩，以防误碰造成停机事故。

(9) 对 400V 及以上的重要动力电缆应选用阻燃型电缆，已采用非阻燃型塑料电缆的电厂，应复查电缆在敷设中是否已采用分层阻燃措施，否则应尽快采取补救措施或及时更换电缆，以防电缆过热着火时引发全厂停电事故。

(10) 母线侧隔离开关和硬母线支柱绝缘子，应选用高强度支柱绝缘子，以防运行或操作时断裂，造成母线接地或短路。

24. 防止交通事故

(1) 建立健全交通安全管理机构（如交通安全委员会），按照“谁主管、谁负责”的原则，对本单位所有的车辆、船只和驾驶人员进行安全管理和安全教育。交通安全应与安全生产同布置、同考核、同奖惩。

(2) 建立健全交通安全监督、考核、保障制约机制，必须实行准驾证制度，无本企业准驾证人员，严禁驾驶本企业车辆。落实责任制，对所管辖车辆和驾驶员能够进行安全有效制约。

(3) 各级行政领导，必须要经常督促检查所属单位车船交通安全情况，把车船交通安全作为重要工作纳入议事日程，并及时总结，解决存在的问题，严肃查处事故责任者。

(4) 必须认真执行国家交通法规和本企业有关车船交通管理规章制度，逐渐完善车船交通安全管理制度，严密安全管理措施（含场内车辆和驾驶员），做到不失控、不漏管、不留死角，监督、检查、考核工作到位，保障车船运输安全。

(5) 各种车辆、船只的技术状况必须符合国家规定，安全装置完善可靠。对车辆、船只必须定期进行检修维护，在行驶前、行驶中、行驶后对安全装置进行检查，发现危及交通安全问题，必须及时处理，严禁带病行驶。

(6) 加强对驾驶员的管理，提高驾驶员队伍素质。定期组织驾驶员进行安全技术培训，提高驾驶员的安全行车意识和驾驶技术水平。对考核、考核不合格或经常违章肇事的应不准从事驾驶员工作。

(7) 严禁酒后驾车，私自驾车，无证驾车，疲劳驾驶，超速行驶，超载行驶。严禁领导干部迫使驾驶员违章驾车。

(8) 在装运整体重物时，严禁人货混载。

(9) 在厂（局）内的车辆速度应有明确的限制。

（10）叉车、翻斗车、起重车，除驾驶员、副驾驶员座位以外，任何位置在行驶中不得有人坐立。

（11）吊车、翻斗车、起重车，除驾驶员、副驾驶员座位以外，任何位置在行驶中不得有人坐立。

25. 防止重大环境污染事故

为防止重大环境污染事故的发生，必须认真贯彻《电力工业环境保护管理办法》（电力工业部第9号令）、《国家电力公司火电厂环境技术监督规定》和《火电行业环境监测管理规定》，并提出以下重点要求：

（1）加强火电厂的灰坝坝体安全管理。新建大坝应充分考虑大坝的强度和安全性，已建灰坝要对危及大坝安全的缺陷、隐患及时处理和加固。对分区使用的灰场，必须做好防尘工作。

（2）新建电厂应严格执行环保“三同时”原则。新建电厂应按废水零排放要求设计和建设灰水回水系统。新厂灰水设施投运前必须做灰管压力试验。

（3）应定期对灰坝及其排水设施进行检查，发现缺陷和隐患及早解决。

（4）应定期对灰管进行检查，重点是灰管的磨损和接头处、各支撑装置（含支点及管桥）的状况等，防止管道断裂事故的发生。

（5）加强对灰水系统运行参数和污染物排放情况的监测分析，发现问题及时采取措施。

（6）已建电厂应做到废水集中处理。冲洗水应引入灰水前池，其他废水和无法引入灰水前池的冲洗水应做到集中处理，处理后的废水应充分利用，禁止超标废水外排，对环境造成污染。

（7）锅炉进行化学清洗时必须有废水处理方案，并经审批后执行。处理的废液，必须经处理合格后方能排放。

（8）努力提高除尘器的运行水平，严格执行电除尘运行维护导则。对设备运行中存在的故障和问题及时处理，保证除尘器运行效率。

（9）火电厂要定期进行可能会造成环境污染的事故预想和反事故操作演习，至少每年两次。

（10）加强对环保知识的培训和宣传，提高环保意识。

第二节　汽轮机的几种典型事故

（一）单元机组事故特点

单元机组由于炉机电自成一体，不像母管制那样停炉可以不停机。单元机组某一辅机发生故障，轻则降出力运行，严重时可导致整个机组的停运，故运行中要求机电炉在操作和调整中成为不可分割的整体，要求协调操作。

单元机组事故特点如下。

（1）单元机组容量大，事故停运后损失巨大。大型机组结构复杂，发生事故可能造成设备损坏，检修费用高，周期长，即使未造成设备损坏，由于受金属热应力的限制，其启停时间也较长。

（2）单元机组特别是大容量单元机组停运，对电力系统的影响巨大，机组启停费用也较高。

（3）单元机组发生严重的机组损坏事故，检修难度大，技术要求高，即使经过长时间的检修，有时也难以恢复至原来的状态，从而影响机组正常使用和设备寿命。

(4) 单元机组纵向联系紧密，机电炉任一环节发生故障，都将影响整台机组的运行。另外，随着主机容量的增大，对辅机及辅助设备的要求也增高，不论是辅机还是辅助设备损坏，都可能造成机组降出力运行或停运。

(5) 在单元机组故障中，辅机故障占的比例相当高。

(6) 单元机组横向联系较弱，单元机组内部故障一般不影响其他机组运行，与母管制相比，事故可以限制在本机范围内。

(7) 单元机组一般为高参数大容量机组，金属材料在设计时留的裕量极为有限，故运行中对管壁温度、运行参数有更为严格的限制。尽管如此，因参数超限、管壁超温而造成的设备事故仍占很大的比例。

(8) 由于自动装置及保护装置制造质量不良、系统设计不佳和使用不当，均会造成设备的停运，甚至还会造成设备损坏事故。

(9) 单元机组要求机电炉，特别是机炉之间协调操作，如协调不当，也可能造成机组参数超限，甚至造成机组停运或设备损坏事故。

(二) 单元机组故障处理原则

大容量单元机组是电力系统的主力机组，它的安全稳定运行对电力系统至关重要。当机组发生故障时的处理原则如下：

(1) 首先要采取措施，尽可能迅速解除对人身和设备安全的直接威胁。

(2) 保持厂用电系统的正常运行，特别是公用段和直流系统的正常运行。

(3) 尽量缩小事故波及范围，并尽力保持机组安全运行。汽轮机或发电机发生事故时，应尽可能维持锅炉运行，以降低启动费用，缩短恢复时间。

(4) 在事故处理过程中，要始终树立保设备意识，防止主辅设备的严重损坏。

(5) 在事故处理中，要求炉机电密切配合，统筹兼顾，全面考虑，绝不能各自为政。

(6) 单元机组结构复杂，参数众多，一般均具有较完善的自动调整及保护装置。当机组发生事故时，应根据各方面的因素综合分析，不能只凭某一现象或某一表计判断事故的性质和范围，从而造成误判断，以至扩大事故。

(三) 辅助设备紧急停运的条件

1. 转动设备紧急停止条件

(1) 转动设备强烈振动或有较大碰撞声；

(2) 转动设备内部有明显金属摩擦声；

(3) 轴承温度高，或者冒烟着火；

(4) 滑动轴承温度超过75℃，滚动轴承温度超过85℃；

(5) 电动机冒烟着火；

(6) 电动机冒烟或电流过大，电机温度上升过快超过规定值；

(7) 油箱油位降至最低，看不到油位，冷却水中断，轴承渗水；

(8) 设备严重泄漏及危及人身和设备安全时。

2. 紧急停止电动机运行的情况

(1) 发生需要立即停用电动机的人身事故时；

(2) 电动机及所带机械损坏至危险程度时；

（3）电动机转子与静子摩擦冒火；

（4）电动机组产生强烈振动时；

（5）电动机及电缆冒烟冒火，有短路象征；

（6）电动机转速降低，并有鸣声；

（7）电动机被水淹没。

下面就以曾发生过的一些汽轮机设备方面的特殊事故案例为例，来简略地剖析一下这些事故的产生原因及其预防措施。

一、通流部分磨损事故及其预防措施

大型中间再热汽轮机组，轴系长度较长，汽缸数目多，高、中、低压缸多采用内外缸双层结构，汽缸和转子的膨胀关系比较复杂。汽缸外型尺寸大，受热后刚度降低、变形量较大，运行过程中，内部动静间隙改变易发生动静磨损。只要逐步地掌握机组的运行规律，就可以避免磨损事故的发生。

（一）引起机组动静磨损的原因

造成汽轮机组动静磨损事故的原因是多方面的，归纳起来主要有以下几种：

（1）动静部套加热或冷却膨胀不均匀。由于大型汽轮机汽缸的体积与面积比，一般都大于转子的体积与面积比。这样在启动过程中转子加热比汽缸快，停机时转子比汽缸冷却得快，当转子与汽缸的胀差超过了运行控制的正负极限值，就会在轴向产生动静摩擦。另外，由于上下汽缸保温条件不同、上下汽缸法兰内外的受热条件不同等因素，会使上下汽缸产生温差、使汽缸产生变形，从而改变了动静部分的间隙。当间隙变化值大于动静间隙时，就会产生径向动静摩擦。

（2）动静间隙调整不当。在汽轮机启停和运转过程中，汽缸热应力和热变形以及各受力部件的机械变形，必然会引起动静间隙的变化。所以要求全面考虑各种因素的影响，制定出合理的动静间隙，在检修过程中进行认真的检查和调整，如果动静间防调整不当，就会引起动静摩擦。国产 300MW 机组低压缸在启动、停机过程中变形量较大，曾发生过动静摩擦，后根据对变形的监测，适当增大了内部隔板汽封间隙，从而避免了动静摩擦的产生。

（3）汽缸法兰加热装置与快速冷却装置使用不当。机组启动过程中合理地使用汽缸和法兰加热装置可以减小胀差，避免动静部分摩擦。如果加热过度，就会使法兰外壁温度高于内壁温度，使汽缸产生危险的变形，而且破坏了胀差的分布规律和引起径向间隙的变化。经验证明，即使胀差表指示没有超过允许值，也会产生严重的动静摩擦。

在停机后投入快速冷却装置，如进入缸内和法兰联箱的热空气温度与缸壁温度差超过允许值，则温降率过快，会使汽缸和转子胀差超限，引起动静摩擦。

（4）受力部件机械变形超过允许值。通流部分部件如隔板叶轮等，由于设计刚度不足或在异常工况下运行使工作应力增加，会使这些部件产生过大的热变形，从而造成严重的动静摩擦事故。这类事故在一些大容量机组上曾多次发生。

（5）推力和支持轴承损坏。由于推力或支持轴承的损坏，转子随之产生很大的轴向位移从而导致动静摩擦。

（6）机组的强烈振动。由于转子的强烈振动，轴振动的振幅超出辐向动静间隙时将产生动静摩擦。

（7）在转子挠曲或汽缸严重变形情况下强行盘车，动静将产生严重磨损。

(8) 通流部分部件破损或硬质杂物进入通流部分，引起动静磨损。

(二) 通流部分磨损所造成的危害

高速运转的汽轮机组，具有强大的转动力矩。一旦在动静之间发生摩擦，部件往往因摩擦发热膨胀，膨胀又加剧摩擦，形成恶性循环，从而造成严重的设备损坏，从磨损事故中设备的损坏情况来看，主要表现有如下几个方面：

(1) 大轴弯曲。因摩擦使转子局部过热，产生塑性变形而使转子永久变形，转子平衡遭到破坏，而引起不平衡振动。

(2) 叶片断裂。主要表现为因磨损削弱了叶片强度，或因铆钉头磨损、围带飞脱，破坏了原有的成组连接时的振动频率，在运行中产生共振而断裂。

(3) 叶轮损坏。因磨损会使叶轮的强度降低，而且摩擦发热会引起叶轮内部金相组织变化，在材料内部造成内应力，以致在运行中产生裂纹破损。

(4) 隔板变形破裂。局部摩擦会使摩擦部位过热，使铸铁隔板产生大量的辐向裂纹，使焊接隔板沿圆周呈波浪变形，以致从隔板套中拆装困难。

(三) 防止通流部分磨损的措施

(1) 运行人员应根据机组的结构特点，认真分析转子和汽缸的膨胀特点，制定出合理的启动方式。

(2) 加强对启动、停机和变工况时对胀差的监视，及时对胀差进行控制和调整。

(3) 在启停过程中，严格按照运行规程进行操作，严格控制蒸汽参数的变化；控制汽缸金属升温和降温速度，控制汽缸上、下缸温差和法兰内外壁温差；适时投入法兰加热装置(一般在出现胀差之后，才投入法兰加热)；适当控制汽封的进汽温度和汽缸排汽温度（排汽温度过高时，会引起机组振动）；启动前和启动过程中严格监视转子挠度的指示值，不得超限；停机过程中按时投入顶轴油泵，防止轴瓦碾研；停机后按规定投入盘车，若盘车不能投入或手动也不能盘车，不可强行盘车，待其自然冷却，摩擦消失后，方可投入盘车；严格控制机组的振动指标，振动超限不允许长期运行；在运行过程中严格控制监视段压力，以防止隔板等通流部分过负荷，轴向推力过大；由满负荷甩负荷到零，并不能迅速恢复时，如果负胀差增大，应采取措施，如果难以控制则应迅速停机。

(四) 通流部分磨损事故典型事例

某台200MW机组发生严重的通流部分磨损事故。事故前，机组带90MW负荷运行，仪表指示正常。因发电机差动保护误动作，突然甩负荷到零，由于Ⅰ、Ⅱ级旁路未能投入，锅炉熄火。汽轮机利用锅炉余汽空转65min后锅炉重新点火。当发电机并网时，中压胀差由1.3mm很快增加到2.8mm，低压胀差由3.5mm突增到5.0mm（表计极限），这时发现5号轴承处冒烟起火，被迫打闸停机，转子惰走9min静止。经揭缸检查发现，第28、29、30级动叶片出口与下一级静叶入口及第33、34级反流向的静叶出口与末级动叶入口严重磨损。

造成这次事故的主要原因是中压缸膨胀收缩受阻所致。此次事故发生在甩负荷后的空转过程，中压缸金属温度从430℃降到250℃，而中压缸绝对膨胀却未发生变化。当并网后，由于工况变动及开大低压缸喷水门的影响，汽缸的收缩力大于卡涩的摩擦力，于是中压缸的绝对膨胀从5.7mm急剧收缩到3.5mm，致使中、低压胀差正值的突增。

二、转子的损坏事故及其预防措施

汽轮机大轴弯曲事故，一直是汽轮发电机组恶性事故中最为突出的一种，这种事故多数发生在高压、大容量的汽轮机中。

大轴弯曲通常分为热弹性弯曲和永久性弯曲。热弹性弯曲即热弯曲，是指转子内部温度不均匀，转子受热后膨胀不均或受阻而造成转子的弯曲。这时转子所受应力未超过材料在该温度下的屈服极限，所以，通过延长盘车时间，当转子内部温度均匀后，这种弯曲会自行消失。永久弯曲则不同，转子局部地区受到急剧加热（或冷却），该区域与临近部位产生很大的温度差，而受热部位热膨胀受到约束，产生很大的热应力，其应力值超过转子材料在该温度下的屈服极限，使转子局部产生压缩塑性变形，当转子温度均匀后，该部位将有残余拉应力，塑性变形并不消失，造成转子的永久弯曲。

（一）汽轮机大轴弯曲的原因分析

汽轮发电机组大轴弯曲的原因是多方面的，在运行中造成的大轴弯曲主要有以下几种情况：

(1) 汽轮机在不具备启动条件下启动。启动前，由于上、下汽缸温差过大，大轴存在暂时热弯曲。机组强行启动引起强烈振动，使得动静间隙消失，引起大轴与静止部分发生摩擦，从而使摩擦部分的转子局部过热。由于转子的局部过热，使过热部分的金属膨胀受到周围材质的约束，从而产生压缩应力。如果这种压缩应力超过了材料的屈服极限，就将产生塑性变形。在转子冷却以后，摩擦的局部材质纤维组织变短，故又受到残余拉应力的作用，从而造成大轴弯曲变形。当转速低于第一临界转速时，大轴的弯曲方向和转子不平衡离心力的方向基本一致，所以往往产生越磨越弯，越弯越磨的恶性循环，以致使大轴产生永久弯曲。当转子转速大于第一临界转速时，大轴的弯曲方向和转子的离心力方向趋于相反，故有使摩擦面自动脱离接触的趋向，所以高速时，引起大轴弯曲的危害性比低速时要小得多。大轴永久弯曲后，往往可以发现在事故过程中，转子热弯曲的高位恰好是永久弯曲后的低位，其间有180°的相位差，这也说明了因热弯曲摩擦而发热的部位，恰好是受周围温度低的金属挤压产生塑性变形的部位。

(2) 汽缸进水。停机后在汽缸温度较高时，操作不当会使冷水进入汽缸造成大轴弯曲。因为高温状态的转子，下侧接触到冷水时，会产生局部骤然冷却，这时转子将出现很大的上下温差，产生热变形。汽缸和转子的热变形将很快使盘车中断，转子被冷却的局部在材料收缩时，因受到周围温度较高的材质的约束，从而产生很大的拉应力，如果这种拉应力超过了材料的屈服极限，就会产生塑性变形，即大轴形成永久弯曲。

(3) 机械应力过大。转子的原材料存在过大的内应力或转子自身不平衡，引起同步振动。套装转子在装配时偏斜也会造成大轴弯曲。

(4) 轴封供汽操作不当。当汽轮机热态启动使用高温轴封蒸汽时，轴封蒸汽系统必须充分暖管，否则疏水将被带入轴封内，致使轴封体不对称地冷却，大轴产生热弯曲。

（二）防止大轴弯曲的技术措施

在运行操作方面通常采取以下措施：

(1) 汽轮机冲转前的大轴晃动度、上下缸温差、主蒸汽及再热蒸汽的温度等必须符合有关规程的规定，否则禁止启动。

(2) 冲转前进行充分盘车，一般不少于2～4h（热态启动取最大值），并尽可能避免中间停止盘车。若盘车短时间中断，则应适当延长连续盘车时间。

(3) 热态启动时，应严格遵守运行规程中的操作规定，当轴封需要使用高温汽源时，应注意与金属温度相匹配，轴封管路经充分疏水后方可投入。

(4) 启动升速中，应有专人监视轴承振动，如果发现异常，应查明原因并进行处理。中速以前，轴承振动超过允许值时，应打闸停机。过临界转速时，振动超过 0.10mm 应打闸停机，严禁硬闯临界转速开机。

(5) 机组启动中，因振动异常而停机后，必须经过全面检查，并确认机组已符合启动条件，仍要连续盘车 4h，才能再次启动。

(6) 启动过程中疏水系统投入时，应注意保持凝汽器水位低于疏水扩容器标高。

(7) 当主蒸汽温度较低时，调节汽阀的大幅度摆动，有可能使汽轮机发生水冲击。

(8) 机组在启、停和变工况运行时，应按规定的曲线控制参数变化。当汽温下降过快时，应立即打闸停机。

(9) 机组在运行中，轴承振动超标应及时处理。

(10) 停机后应立即投入盘车。当盘车电流较正常值大、摆动或有异声时，应及时分析、处理。当轴封摩擦严重时，应先改为手动的方式盘车 180°，待摩擦基本消失后，投入连续盘车。当盘车盘不动时，禁止强行盘车。

(11) 停机后应认真检查、监视凝汽器、除氧器和加热器的水位，防止冷汽、冷水进入汽轮机，造成转子弯曲。

(12) 汽轮机在热状态下，如主蒸汽系统截止阀不严，则锅炉不宜进行水压试验。如确需进行，应采取有效措施，防止水漏入汽轮机。

(13) 热态启动前，应检查停机记录并与正常停机曲线比较，发现异常情况应及时处理。

(14) 热态启动时，应先投轴封后抽真空，高压轴封使用的高温汽源与金属温度相匹配，轴封蒸汽管道应充分暖管、疏水，防止水或冷汽从轴封进入汽轮机。

(三) 大轴弯曲事故典型事例

某机组在运行中发现锅炉再热器泄漏，决定滑参数停机。在开始滑参数停机的 1h，降温速度为 2.7℃/min（规程规定降温速度为 1～1.5℃/min），随后 1h 的降温速度为 3.6℃/min。从额定参数降到汽压 2MPa、汽温 260℃时，按照规定应为 6h，而这次实际只用了 2.5h。由于降温速度过快，使汽缸急剧冷却变形。当差胀急剧变化并达到负值时，运行人员没有及时打闸停机、延误了停机时间，最终致使大轴弯曲值达 0.23mm。

三、动叶片的损坏事故及其预防措施

叶片损坏事故在汽轮机事故中占的比例较大，给设备安全、经济运行带来一定影响。叶片损坏的原因是多方面的，它与设计、制造、安装工艺、运行维护等因素有关。此外，电网低周波运行，某些机组不适当的超出力、低参数运行等，又是加剧叶片损坏的重要因素。

叶片损坏的情况包括叶片断落、裂纹、围带飞脱、拉金开焊或断裂、叶片水蚀等。在正常运行中，如发生叶片断裂，断落的叶片将夹在间隙很小的动静部分中造成碰磨，或断落的叶片在本级碰磨后，其残骸沿汽流进入后几级造成动静部分碰磨，使设备严重损坏，其破坏力很大，并具有突发性。

(一) 叶片损坏的原因

叶片损坏的原因很多，但不外乎以下 3 个方面：

1. 叶片本身的原因

(1) 振动特性不合格。由于叶片频率不合格，运行时产生共振而损坏者，在汽轮机叶片

事故中为数不少。叶片在运行中如果动应力、离心力超标或产生共振疲劳，将导致叶片断裂。如果叶片设计、制造上不能满足正常的动应力、离心力的需要以及叶片自身频率躲不开共振，在正常运行中也将造成叶片断裂。

(2) 设计不当。叶片设计应力过高或叶栅结构不合理，以及振动强度特性不合格等，均会导致叶片损坏。个别机组叶片甚薄，若钢钉应力较大，则铆装围带时容易产生裂纹，因而造成的围带断裂事故发生的情况也不在少数。

(3) 材质不良或错用材料。叶片材料机械性能差，金属组织有缺陷或有夹渣、裂纹等，在经过长期运行后材料疲劳性能及衰减性能变差，或腐蚀冲刷机械性能降低，这些都导致叶片损坏。

(4) 加工工艺不良。加工工艺不严格，例如表面粗糙度不好、留有加工刀痕、扭转叶片的接刀处不当、围带铆钉孔、拉金孔处无倒角或倒角不够或尺寸不准确等，均能引起应力集中，从而导致叶片损坏。

2. 运行方面的原因

(1) 偏离额定频率运行。汽轮机叶片的振动特性都是按运行频率为50Hz设计的，因此当电网频率降低时，可能使机组叶片的共振安全率变化而落入共振状态下运行，使叶片加速损坏和断裂。

(2) 过负荷运行。一般机组过负荷运行时各级叶片应力增大，特别是最后几级叶片，除叶片应力随蒸汽流量的增大而成正比增大外，还随该几级焓降的增加而增大。因此机组过负荷运行时，应进行详细的热力和强度核算。

(3) 汽温过低。新蒸汽温度降低时，带来两种危害：一是最后几级叶片处湿度过大，叶片受冲蚀，截面减小、应力集中，从而引起叶片的损坏；二是当汽温降低而出力不降低时，流量势必增加，从而引起叶片的过负荷，这同样能引起叶片损坏。

(4) 蒸汽品质不良。蒸汽品质不良会使叶片结垢，造成叶片损坏。叶片结垢使通道减小，造成焓降增加、叶片应力增大；另外结垢也容易引起叶片腐蚀，使强度降低。

(5) 真空过高或过低。真空过高时，可能使末级叶片过负荷和湿度增大，加速叶片的水蚀，容易引起叶片的损坏。另外，真空过低仍维持最大出力不变时，也可能使最后几级过负荷而引起叶片损坏。

(6) 水冲击。运行时汽轮机进水的可能性很多，特别的近代大容量再热机组，由于汽水系统相应复杂化，汽轮机进水的可能性更有所增加。蒸汽与水一起进入汽轮机，产生水击和汽缸等部件不规则冷却和变形，造成动静部件碰磨，使叶片受到严重损坏。

(7) 机组振动过大。机组振动过大，容易造成动静碰磨致使叶片损坏或使叶片进入共振区域而损坏。

(8) 启动、停机与增减负荷时操作不当。如改变速度太快、胀差过大等，使动静部分发生摩擦，导致叶片损坏。

(9) 叶片腐蚀。停机后主汽阀关闭不严而未开启疏水阀，有可能使蒸汽漏入机内，引起叶片腐蚀等。

3. 检修方面的原因

属于检修不当的主要原因有：动静间隙不合标准，隔板安装不当，起吊搬运过程中碰伤损坏叶片，或机内和管道内留有杂物等。新安装机组管道冲洗不干净，通流部分零件安装不牢固，运行时有异物或零件松脱等，均有可能打坏叶片。检修中对叶片拉金、围带等的修理要特别注意，过去曾因拉金和叶片铆焊时发生过热而使叶片断裂的事故也为数不少，而且对这种事故的原因一般较难分析。

此外，调节系统不能维持空负荷运行、危急保安器失灵，以及抽汽系统止回阀失灵，汽轮机甩负荷时发生超速，或超速试验时发生异常情况等，均能使机组严重超速而引起叶片损坏。

（二）叶片断落的现象

在运行中叶片或围带脱落的一般现象为：

（1）单个叶片或围带飞脱时，可能发生金属碰击声或尖锐的声响，并伴随着突然振动，有时会很快消失。

（2）当调节级复环铆钉头被导流环磨平、复环飞脱时，如果堵在下一级导叶上，则将引起调节级压力升高，机组发生强烈振动或振动明显增大，这是由于叶片断落而引起转子平衡破坏或转子与断落叶片发生碰撞摩擦所致。但有时叶片的断落发生在转子的中间级，发生动静部分摩擦时，机组就不一定发生强烈振动或振动明显增大，这在容量较大机组的高、中压转子上有时会遇到。

（3）当叶片损坏较多而且较严重时，由于通流部分尺寸改变，蒸汽流量、调速汽阀开度、监视段压力等与功率的关系都将发生变化。

（4）若断落叶片落入凝汽器，则会将凝汽器的铜管打坏，使循环水漏入凝结水中，从而表现为凝结水硬度和导电度突增。

（5）若机组抽汽部位叶片断落，则叶片可能进入抽汽管道，使抽汽止回阀卡涩，或进入加热器使管子损坏，导致水位升高。

（6）停机过程中，听到机内有金属摩擦声，惰走时间减少。

（7）在停机或升速过程中越过临界转速时，机组振动有明显的增大或变化。

（三）防止叶片断裂事故的措施

在运行管理上，应采取以下措施：

（1）电网应保持在额定频率和正常允许变动范围内稳定运行。根据叶片损坏事故的分析统计，电网频率偏离正常值是造成叶片断裂的主要原因，因此对频率的管理极为重要。

（2）避免机组过负荷运行，特别是防止既是低频率运行又是过负荷运行。对于机组提高出力运行，必须事先对机组进行热力计算和对主要部件进行强度核算，并确认强度允许后才可行，否则是不允许的。

（3）加强运行中的监视。机组启停和正常运行时，必须加强对各运行参数（例如汽压汽温、出力、真空等）的监视，运行中不允许这些参数剧烈波动。严格执行规章制度，启停必须合理，防止动静部件在运行中发生摩擦。

（4）加强汽水品质监督，防止叶片结垢、腐蚀。

（5）机组运行中振动突然增加，听到甩脱叶片的撞击声、机组内部有摩擦声以及凝汽器管子突然泄漏等情况是掉叶片的事故象征，应按规程规定果断停止机组运行进行检查，切不可拖延时机，否则会对高速转动的机组造成严重损坏。

（6）停机后加强对主汽阀严密性的检查，防止汽水漏入汽缸。停机时间较长的机组，包括为消除缺陷安排的工期较长的停机，应认真做好保养工作，防止通流部分锈蚀损坏。

（四）事故实例

某电厂200MW凝汽式汽轮机在带满负荷运行中，轴向位移大保护动作跳闸。运行人员未做详细检查和分析，便错误地判断为保护误动作，进行挂闸，升速后汽轮机又跳闸。运行人员解除保护，重新挂闸。负荷带到30MW时，发现轴向位移与胀差变化异常，下令打闸停机。事故后检查设备损坏情况：推力瓦10块工作瓦块乌金严重磨损，厚度接近3mm：中压缸第13级叶片覆环全部甩出，叶片出口边全部被打瘪：第14级隔板的导叶全部脱出，全部叶片（132片）前侧叶根被磨出深沟，叶片连同覆环全部甩出：第10级隔板、导叶、叶片和叶轮损伤情况与第14级相近。

造成这次事故的直接原因，首先是第13级动叶片的一组覆环被甩出，甩出的覆环打在外围的轴封围板和第14级隔板和导叶上，使覆环掉下、叶片被打弯，引起轴向推力增大。当保护动作后如果立即解列停机，则设备不易造成如此严重的损坏，至少第15、16级叶片、隔板不会有重大损伤。但由于运行人员盲目地两次进行挂闸，扩大了事故。